高等学校数字智能产教融合系列教材

国产操作系统

（统信UOS）

张勇 吴捷 杨芳 主编

郑国华 李昌庆 卢国强 文洪建 副主编

清华大学出版社

北京

内 容 简 介

　　本书是计算机专业学生的专业基础课用书。本书采用项目任务式教材编写方式,让学生逐步了解Linux 操作系统、国产操作系统和统信操作系统的发展历程、优势及特点等,本书使用统信 UOS 统一操作系统专业桌面版进行讲解和实践操作,让读者掌握操作系统的安装、设置和使用方法。全书设置了 12 个项目,读者可以通过学习掌握 Linux 操作系统的基础管理,包括认识操作系统、使用操作系统、了解终端与Shell 解释器、管理用户和组、管理文件、学习 Shell 编程、管理进程、管理磁盘、管理网络、管理应用软件等。全书内容由浅入深,让读者在练中学、学中练,不仅讲解理论知识,更通过项目和任务的设置提高读者的动手操作技能和自主学习能力,为下一步进阶的操作系统管理课程打下坚实的基础。

　　本书适合作为高职、应用型本科类高等院校的教学教材,也适用于相关院校、相关专业的学生进行自主学习,还可用于企事业单位相关人员的学习与培训。

图书在版编目(CIP)数据

　　国产操作系统：统信 UOS/张勇,吴捷,杨芳主编.
北京：清华大学出版社,2024.8. --(高等学校数字智能产教融合系列教材). --ISBN 978-7-302-67119-0

　　Ⅰ. TP316
中国国家版本馆 CIP 数据核字第 2024ZE2341 号

责任编辑：田在儒
封面设计：刘　键
责任校对：袁　芳
责任印制：刘　菲

出版发行：清华大学出版社
　　　网　　　址：https://www.tup.com.cn,https://www.wqxuetang.com
　　　地　　　址：北京清华大学学研大厦 A 座　　　　　　邮　　编：100084
　　　社 总 机：010-83470000　　　　　　　　　　　　邮　　购：010-62786544
　　　投稿与读者服务：010-62776969, c-service@tup.tsinghua.edu.cn
　　　质量反馈：010-62772015, zhiliang@tup.tsinghua.edu.cn
　　　课件下载：https://www.tup.com.cn,010-83470410
印 装 者：三河市人民印务有限公司
经　　销：全国新华书店
开　　本：185mm×260mm　　　印　　张：18.75　　　字　　数：452 千字
版　　次：2024 年 8 月第 1 版　　　　　　　　　　　印　　次：2024 年 8 月第 1 次印刷
定　　价：59.00 元

产品编号：104517-01

前言

一、编写背景

党的二十大报告中强调"我们要坚持教育优先发展、科技自立自强、人才引领驱动,加快建设教育强国、科技强国、人才强国,坚持为党育人、为国育才,全面提高人才自主培养质量,着力造就拔尖创新人才,聚天下英才而用之。"

当今世界信息技术创新日新月异,数字化、网络化、智能化深入发展,在推动经济社会发展、促进国家治理体系和治理能力现代化、满足人民日益增长的美好生活需要方面发挥着越来越重要的作用。其中 CPU 芯片、整机、基础软件、办公软件、云服务、信息/网络安全是信息技术应用创新产业中重要的产业链环节。操作系统、数据库、中间件并列三大基础软件。目前我国的芯片、网络、操作系统及周边配套产品,基本实现了从无到有、从可用到好用的跨越式进步。目前国产芯片和操作系统生态联盟已经逐步建立,涵盖操作系统、CPU、数据库、信息安全、中间件、应用软件等多个方面,主要客户为政府部分和各大高校等。缘于教学需求开发此书,基于国产操作系统——统信 UOS 统一操作系统专业桌面版,打造 Linux 操作系统基础教材。

二、本书内容

本书一共设置了 12 个项目。项目 1　走进操作系统,了解操作系统的定义、五大功能和发展历程等;项目 2　认识 Linux 操作系统,了解 Linux 操作系统的特点和发展历程,了解统信操作系统;项目 3　如何使用统信 UOS 操作系统,学习统信操作系统的安装和使用;项目 4　走进终端与 Shell 解释器,学会使用终端字符界面以及基础 Shell 命令;项目 5　用户和组的操作,学习用户和组以及密码的相关管理方法;项目 6　文件管理,学习文件和目录的创建、删除、移动、检索、复制等相关的操作;项目 7　Shell 编程,学习 Shell 相关语法知识和编程知识;项目 8　认识主机,了解 CPU 处理器的相关理论和知识;项目 9　进程管理,学习关于进程相关操作;项目 10　磁盘管理,学会设备和存储相关的理论知识和操作;项目 11　网络管理,学会网络、共享和远程相关的命令;项目 12　应用软件管理,学会用应用商店和命令的方式下载、安装、卸载软件,实现基础的应用软件管理操作。

三、内容特点

1.结构清晰,组织合理

本书采用项目任务式的编写方法,通过项目组织,让学生了解操作系统管理的几个重要的组成部分；通过任务的划分细化知识，通过任务的实施让学生在掌握理论知识的同时学会动手操作，在知识、技能两方面全面掌握操作系统管理的方法。

2. 系统全面，循序渐进

本书涵盖操作系统管理重点模块的各个方面，让学生学习过此书之后能够掌握 Linux 操作系统管理全面、系统的知识。本书项目设计由浅入深、循序渐进、从易到难，前几个项目难度不大，让学生能够比较容易接受；随着学习的深入，逐步提高难度和知识的全面性，既不会让学生产生畏难心理，又不会过于简单而让学生觉得无聊。在潜移默化中逐步提高 Linux 操作系统管理的能力。

四、数字化资源

本书配备了丰富的数字学习资源，包括教学 PPT、微课视频、技能视频、图表、练习题等。其中教学 PPT 12 个，涵盖了 12 个项目；微课视频 21 个，技能视频 19 个；练习题包括单选题、多选题、填空题、判断题、简答题等，能够让学生完成全面的知识检测，并让学习过程有趣起来。

五、教学建议

本书适合作为高等职业院校计算机类相关专业的专业基础课教材，也可作为企事业单位员工的参考资料和培训用书。

教师可以通过数字资源丰富、完善自己的教学过程，学生能够通过本书和资源进行自主学习和检测。一般情况下，教师可用 64 个课时进行本书的讲解，其中理论部分 32 课时，实验部分 32 课时。不同学校根据自身学校所具有的设备可在课外安排一些相关的实践教学活动。具体学时分配建议如下表所示。

序号	内　　容	理论课时	实验课时
1	项目1　走进操作系统	2	0
2	项目2　认识 Linux 操作系统	1	0
3	项目3　如何使用统信 UOS 操作系统	2	3
4	项目4　走进终端与 Shell 解释器	3	3
5	项目5　用户和组的操作	3	3
6	项目6　文件管理	3	3
7	项目7　Shell 编程	3	4
8	项目8　认识主机	3	3
9	项目9　进程管理	3	3
10	项目10　磁盘管理	3	4
11	项目11　网络管理	3	3
12	项目12　应用软件管理	3	3
合　　计		32	32

六、致谢

本书由北京华晟经世信息技术股份有限公司张勇、泰州职业技术学院吴捷和山西工程科技职业大学杨芳担任主编,日照职业技术学院郑国华、湛江科技学院李昌庆、新疆农业职业技术大学卢国强、文山学院文洪建担任副主编,在此对各位编者的辛勤付出表示由衷的感谢! 在本书编写的过程中,北京华晟经世信息技术股份有限公司的工程师给予了大力支持,在此郑重致谢!

由于技术发展日新月异,加之编者水平有限,书中难免存在不妥之处,恳请广大师生批评、指正。

编 者

2024 年 6 月

本书习题及勘误

目 录

CONTENTS

项目角色引入 ·· 1

项目1 走进操作系统 ··· 3

任务1.1 初识操作系统 ·· 4

1.1.1 操作系统的定义 ·· 4

1.1.2 操作系统的功能 ·· 4

1.1.3 操作系统的发展历程 ·· 7

1.1.4 操作系统的分类 ·· 8

1.1.5 主流的操作系统 ·· 10

1.1.6 操作系统的界面 ·· 11

任务1.2 认识国产操作系统 ·· 13

1.2.1 国产操作系统介绍 ··· 13

1.2.2 统信 UOS 简介 ··· 14

1.2.3 UOS 特性 ··· 14

1.2.4 UOS 应用场景 ··· 15

项目2 认识 Linux 操作系统 ·· 18

任务 2.1 Linux 操作系统介绍 ··· 19

2.1.1 Linux 的性质 ·· 19

2.1.2 Linux 的特点 ·· 19

2.1.3 Linux 的发展历程 ·· 20

任务 2.2 Linux 操作系统处理 ··· 23

2.2.1 Linux 的内核版本 ·· 23

2.2.2 Linux 的组成部分 ·· 24

2.2.3 Linux 的基本功能 ·· 25

2.2.4 Linux 与 Windows 的区别 ··· 27

2.2.5 Linux 的优势 ·· 27

2.2.6 Linux 的应用领域 ·· 28

项目 3　如何使用统信 UOS 操作系统 ··· 30

　　任务 3.1　安装统信 UOS 操作系统 ··· 31

　　　　3.1.1　安装前的准备 ·· 31

　　　　3.1.2　操作系统安装过程 ·· 32

　　任务 3.2　设置统信 UOS 操作系统 ··· 36

　　　　3.2.1　启动原理 ·· 36

　　　　3.2.2　初始化设置 ·· 37

　　　　3.2.3　基本设置操作 ·· 37

项目 4　走进终端与 Shell 解释器 ··· 43

　　任务 4.1　认识终端 ··· 44

　　　　4.1.1　什么是终端 ·· 44

　　　　4.1.2　终端的命令提示符号 ·· 45

　　　　4.1.3　学会使用终端 ·· 45

　　任务 4.2　认识 Shell 解释器 ·· 49

　　　　4.2.1　Shell 解释器是什么 ·· 49

　　　　4.2.2　Shell 的种类 ·· 49

　　　　4.2.3　Shell 脚本简介 ·· 50

　　　　4.2.4　Shell 解释器初次尝试 ·· 50

　　　　4.2.5　尝试简单的 Shell 脚本 ··· 52

　　任务 4.3　初识命令 ··· 53

　　　　4.3.1　命令的格式 ·· 54

　　　　4.3.2　基础命令 ·· 56

　　　　4.3.3　内嵌命令和外部命令 ·· 72

　　　　4.3.4　搜索命令用法的三种方式 ·· 76

　　　　4.3.5　批量管理桌面上的文件和文件夹 ···································· 80

　　任务 4.4　初识系统文件工具和编辑器 ··· 87

　　　　4.4.1　终端的文件工具 VIM ·· 88

　　　　4.4.2　VIM 使用操作方法 ·· 88

　　　　4.4.3　VIM 文件工具基础操作 ··· 89

项目 5　用户和组的操作 ·· 93

　　任务 5.1　建立用户账户 ··· 94

　　　　5.1.1　网络账户 Union ID ·· 94

　　　　5.1.2　创建用户账户 ·· 97

　　　　5.1.3　用户账号操作 ·· 99

　　任务 5.2　建立组账户 ·· 102

　　　　5.2.1　添加用户组 ··· 102

5.2.2 密码管理 ·· 104

5.2.3 配置文件管理 ·· 106

项目 6 文件管理 ·· 109

任务 6.1 文件管理器 ·· 110

6.1.1 文件管理器的打开方式 ···························· 111

6.1.2 文件管理器的基本使用方法 ···················· 112

任务 6.2 目录管理 ·· 114

6.2.1 UOS 文件系统结构 ································· 114

6.2.2 绝对路径和相对路径 ······························ 114

6.2.3 UOS 文件系统类型 ································· 115

6.2.4 系统目录的作用 ···································· 117

任务 6.3 文件目录类命令 ·· 119

6.3.1 常用的 UOS 文件目录类命令 ·················· 120

6.3.2 使用-p 选项递归建立目录 ······················ 124

6.3.3 使用-m 选项自定义目录权限 ··················· 124

6.3.4 删除目录 ··· 124

6.3.5 强制删除 ··· 124

任务 6.4 管理文件权限 ··· 125

6.4.1 一般权限设置 ······································· 125

6.4.2 特殊权限设置 ······································· 127

6.4.3 使用 chmod 和数字改变文件或目录的访问权限 ··· 130

6.4.4 使用 chown 更改文件属主 ······················ 131

6.4.5 文件/文件夹的隐藏权限 ························· 131

6.4.6 文件权限设置 ······································· 132

6.4.7 文件隐藏 ··· 132

任务 6.5 文件检索 ·· 133

6.5.1 文件查找 ··· 133

6.5.2 文件内容的查找 ···································· 134

任务 6.6 文件处理 ·· 136

6.6.1 重定向 ·· 136

6.6.2 管道 ··· 137

6.6.3 其他文件处理命令 ································· 137

任务 6.7 文件归档 ·· 139

6.7.1 归档管理器 ··· 139

6.7.2 归档与压缩命令 ···································· 142

项目 7 Shell 编程 ·· 147

任务 7.1 Shell 编程基础 ·· 148

7.1.1　Shell 编程——变量 ······················· 148

7.1.2　Shell 编程——父子 Shell ················· 151

7.1.3　Shell 编程——运算符 ····················· 152

7.1.4　创建并管理变量 ···························· 157

任务 7.2　Shell 语法进阶 ······························· 159

7.2.1　Shell 编程——分支结构 ·················· 159

7.2.2　Shell 编程——循环结构 ·················· 160

7.2.3　实现分支结构 ······························ 161

7.2.4　实现循环结构 ······························ 162

项目 8　认识主机 ··· 165

任务 8.1　认识 CPU ··································· 166

8.1.1　国内外 CPU 发展现状 ··················· 166

8.1.2　通过设备管理器查看 CPU 配置 ·········· 166

8.1.3　通过终端查看 CPU 和内存信息 ·········· 168

任务 8.2　用命令查看计算机信息 ···················· 170

8.2.1　Linux 版本查看命令的使用 ··············· 170

8.2.2　Linux 主机名查看与定制 ················· 172

项目 9　进程管理 ··· 175

任务 9.1　初识进程 ··································· 176

9.1.1　了解进程、程序与作业 ···················· 176

9.1.2　通过系统监视器监测系统运行情况 ······· 178

9.1.3　通过系统监视器实现进程管理 ············ 181

9.1.4　通过系统监视器实现系统服务管理 ······· 183

任务 9.2　管理进程的命令 ··························· 184

9.2.1　进程状态静态查看命令 ps ················ 185

9.2.2　进程树查看命令 pstree ·················· 190

9.2.3　以动态进程状态查看命令 top ············· 190

9.2.4　kill 命令的使用 ·························· 192

9.2.5　killall 命令的使用 ······················ 194

9.2.6　xkill 命令的使用 ························· 195

9.2.7　nohup 命令的使用 ······················· 195

9.2.8　作业查看及作业控制 ····················· 196

任务 9.3　进程管理进阶 ······························ 199

9.3.1　使用 systemctl 命令管理系统资源 ········ 199

9.3.2　使用 at 命令安排计划任务 ··············· 205

9.3.3　使用 crontab 命令安排周期性计划任务 ··· 207

项目 10　磁盘管理 ……………………………………………………………… 212

　　任务 10.1　视图模式下磁盘分区 …………………………………………… 213

　　　　10.1.1　了解硬盘结构及其常用术语 …………………………………… 213

　　　　10.1.2　图形界面磁盘管理基本操作 …………………………………… 215

　　　　10.1.3　视图模式下磁盘分区管理 ……………………………………… 217

　　任务 10.2　管理磁盘和文件系统 …………………………………………… 222

　　　　10.2.1　块设备文件 ……………………………………………………… 222

　　　　10.2.2　磁盘分区命名规则 ……………………………………………… 223

　　　　10.2.3　分区文件系统 …………………………………………………… 223

　　　　10.2.4　静态分区与文件系统 …………………………………………… 224

　　　　10.2.5　硬盘(文件系统)空间监控 ……………………………………… 239

项目 11　网络管理 ……………………………………………………………… 243

　　任务 11.1　网络基础设置 …………………………………………………… 244

　　　　11.1.1　计算机网络的分类 ……………………………………………… 244

　　　　11.1.2　IP 地址、域名 …………………………………………………… 246

　　　　11.1.3　子网、子网掩码、网关 …………………………………………… 247

　　　　11.1.4　了解 IPv4、IPv6 ………………………………………………… 248

　　　　11.1.5　通过图形界面设置网络 ………………………………………… 249

　　任务 11.2　网络管理基础 …………………………………………………… 252

　　　　11.2.1　connection 修改 ………………………………………………… 253

　　　　11.2.2　device 管理 ……………………………………………………… 255

　　　　11.2.3　使用命令设置网络 ……………………………………………… 255

　　任务 11.3　网络管理进阶 …………………………………………………… 256

　　　　11.3.1　nmtui 工具 ……………………………………………………… 256

　　　　11.3.2　网络诊断 ………………………………………………………… 257

　　　　11.3.3　网络下载 ………………………………………………………… 259

　　　　11.3.4　利用 netstat 命令查看网络信息 ……………………………… 259

项目 12　应用软件管理 ………………………………………………………… 262

　　任务 12.1　安装软件与卸载软件 …………………………………………… 263

　　　　12.1.1　应用商店和安装包 ……………………………………………… 263

　　　　12.1.2　Deb 包的使用 …………………………………………………… 265

　　　　12.1.3　APT 包的使用 …………………………………………………… 266

　　　　12.1.4　内网获取依赖包 ………………………………………………… 267

　　　　12.1.5　源码安装 ………………………………………………………… 267

　　　　12.1.6　安装软件实施 …………………………………………………… 268

　　　　12.1.7　软件下载、安装、更新、卸载、删除全流程 ……………………… 272

任务 12.2　使用应用软件 ·· 276
　　12.2.1　deepin-wine ·· 277
　　12.2.2　输出对比报告 ·· 280
任务 12.3　认识常用软件 ·· 282
　　12.3.1　常用应用软件介绍 ··· 282
　　12.3.2　第三方软件介绍 ·· 283
　　12.3.3　输出报告 ··· 283

附录 ··· 286
　附录 A　核心任务矩阵 ··· 286
　附录 B　答案与解析 ·· 287

项目角色引入

我叫花小新，新入职了一家国产操作系统公司，新公司上班第一天，准备参加周一的晨会。

组长：诸位，我们现在接到了新的项目，负责完成一家企业操作系统的配置工作，张中成作为这个项目的负责人在这方面比较有经验。（组长目光看向我们新入职的员工）花小新，你熟悉统信 UOS 操作系统吗？

花小新：我在学校学过 Linux 操作系统，对统信操作系统不太熟悉，但我可以努力学习。

组长：那好，你来协助张中成，快速熟悉工作内容，共同完成这个项目。

我刚入公司就能参与项目，我很开心，希望我真的能在这次项目中发挥一定作用，并从中学到知识，积累经验。

项目 1

走进操作系统

 项目引入

张中成：在计算机系统结构中，软件系统和硬件系统发挥着同样重要的作用。在软件系统中，操作系统是计算机的管家，它管理着计算机的所有软、硬件资源。我们先来一起认识一下这个计算机管家，对它有个全面的基础了解吧。

花小新：好的！

 知识图谱

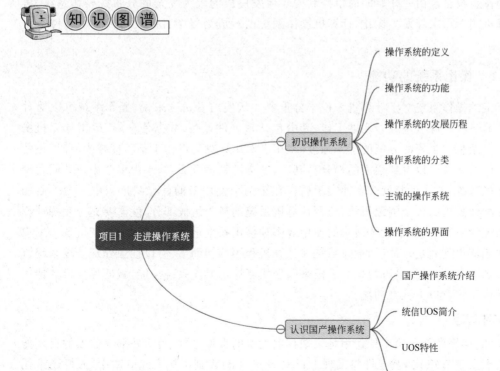

任务 1.1　初识操作系统

任务描述

张中成：操作系统是计算机的核心软件环境，学习过程中注意理解操作系统的发展历程及功能，对于辅助学习具体的操作系统有很大的帮助。由于操作系统的抽象性，在学习过程中可以注意使用类比的方法加强理解。

知识储备

1.1.1　操作系统的定义

操作系统（operating system，OS）是管理计算机硬件与软件资源的计算机程序。

操作系统需要处理管理与配置内存、决定系统资源供需的优先次序、控制输入设备与输出设备、操作网络、管理文件系统等基本事务。操作系统同时提供一个让用户与系统交互操作的界面。

在计算机中，操作系统是其最基本也是最为重要的基础性系统软件。从计算机用户的角度来说，计算机操作系统为其提供各项服务；从程序员的角度来说，其主要是指用户登录的界面或者接口；从设计人员的角度来说，就是指各式各样模块和单元之间的联系。事实上，全新操作系统的设计和改良的关键工作是对体系结构的设计，经过几十年以来的发展，计算机操作系统已经由一开始的简单控制循环体发展成为较为复杂的分布式操作系统，再加上计算机用户需求越发多样化，计算机操作系统已经成为复杂且庞大的计算机软件系统之一。

1.1.2　操作系统的功能

计算机的操作系统对于计算机来说十分重要。从使用者角度来说，操作系统可以对计算机系统的各项资源板块开展调度工作，其中包括软硬件设备、数据信息等，运用计算机操作系统可以减少人工资源分配的工作强度，使用者对于计算的操作干预程度减少，计算机的智能化工作效率就可以得到很大的提升。其次，在资源管理方面，如果由多个用户共同管理一个计算机系统，那么可能就会有冲突矛盾存在于两个使用者的信息共享当中。为了更加合理地分配计算机的各个资源板块，协调计算机系统的各个组成部分，就需要充分发挥计算机操作系统的职能，对各个资源板块的使用效率和使用程度进行最优化调整，使得各个用户的需求都能够得到满足。最后，操作系统在计算机程序的辅助下，可以抽象处理计算系统资源提供的各项基础职能，以可视化的手段来向使用者展示操作系统功能，减低计算机的使用难度。操作系统有以下五大功能。

1. 文件管理

磁盘、闪存等外部存储器的作用是长期存储大量的数据文件，目前外部存储器的存储能力已达数十太字节（TB），甚至即将实现上百太字节（TB）级别。在实际应用中，人们还常把多个存储器以存储阵列的形式连接起来使用，以实现更大的存储空间，这些存储器中的读取和管理功能是操作系统完成的,而操作系统是通过文件管理来实现的。

文件管理由文件系统实现,文件系统本质上是以某种形式组织的数据结构,对文件存储设备的空间进行组织和分配,文件系统中有模块记录了存储器中所有文件和目录的名称、数据位置、修改时间等信息,这与传统图书馆的卡片访问目录或字典检索表类似。文件系统大致可以分为日志式文件系统和非日志式文件系统。日志式文件系统可以对文件发生的变化进行完整的日志记录,因而在系统崩溃时可以通过比较安全的方法进行数据恢复;非日志式文件系统则不具备这种能力,但是由于不需要记录日志,因此非计算日志式文件系统对计算机性能的要求较低。

常见的文件系统有 Windows 操作系统的 NTFS、FAT、exFAT,Linux 操作系统的ext2/3/4,UNIX 操作系统的 ZFS 等。不同的文件系统有自己的组织格式、功能和特点。例如,NTFS 文件系统具有很高的可靠性和效率,并且能够通过访问控制列表(access control list,ACL)来实现对文件的保护和访问授权。FAT 文件系统的跨系统平台具有高兼容性,这使得它被广泛应用于 U 盘等便携式存储器中。exFAT 则在具有 FAT 文件系统高兼容性的同时弥补了 FAT 在大容量、大文件存储能力等方面的不足。

在 Windows 操作系统中,不同的存储器通常以分区盘符的形式(如 C、D、E 盘)实现挂载的,从而让用户和应用软件能够按照盘符和文件路径获取、管理各种数据。人们常常还会将一个磁盘划分为若干连续的区域,在这些区域中分别建立文件系统并为其分配独立的盘符,以实现文件的分类、分组管理。

2. 进程管理

进程管理的工作内容主要是进程调度。在单用户单任务的情况下,进程管理的工作十分简单,处理器仅为一个用户的一个任务所独占。但在多道程序或多用户的情况下,需要组织多个作业或任务时,就要解决处理器的调度、分配和回收等问题。

无论是系统软件还是应用软件,其本质都是程序指令的有序集合,但是程序本身是不能完成任何功能的,它们只是存储在计算机中的可执行文件,只有当处理器将这些可执行文件载入内存,并根据可执行文件中的程序指令有序地执行控制或运算操作时,这个软件才能发挥它的作用。通常把处于执行状态的软件称为进程(process),其中操作系统等系统软件的执行进程称为系统进程(system process),而应用软件的执行进程称为用户进程(user process),操作系统的各大基础模块就是以系统进程的形式实现相应功能的。

在冯·诺依曼最初设计的计算机结构中,每个中央处理器最多只能同时运行一个进程,早期的 DOS 操作系统也是如此,这种只能同时运行一个进程的操作系统称为单任务操作系统。为了充分利用处理器现如今迅速提高的性能,即使只有一个中央处理器,现代操作系统也能够同时运行多个进程,具备这种特性的操作系统称为多任务操作系统。当只有一个中央处理器时,多任务操作系统通过在不同进程之间快速切换来实现多个进程的同时运行,由于中央处理器的计算速度非常快,用户几乎感觉不到这种切换所造成的应用程序运行中断(当同时运行的进程过多而处理器性能或内存有限时,可能会由于切换不及时,出现应用程序卡顿的现象),因而从表现上操作系统就实现了多个进程的同时运行。当然,如果计算机有不止一个中央处理器,操作系统就能够同时运行更多的进程,部分多用户多任务的操作系统能够支持不止一个用户同时登录到系统中并同时执行各自的应用进程。

多任务操作系统要在不同的进程之间实现无缝切换,就需要设计一种完善的机制来稳定地进行这个切换过程,即合理地为这些进程分配 CPU 的使用权限。这种机制是操作系统的基础模块之一,即进程管理。在进程管理中,操作系统会为不同类型的进程指定不同的优先级(priority),优先级越高的进程占用的 CPU 时间越长。在系统资源紧张时,将优先保证最重要的进程运行(如系统进程的优先级一般比用户进程高),以确保操作系统的稳定性。同时,操作系统的进程管理模块还设计了一种机制,让与用户交互频繁的应用进程拥有更高的优先级,以保证应用程序运行的流畅性。此外,对于部分应用软件,如果用户打开两次,操作系统将会创建两个独立的进程,并分别执行各自的任务。例如,登录两个 QQ 号,打开两个 Word 文档等。此外,以 Windows 操作系统为例,它的进程管理模块为用户提供了一个可视化管理界面,即 Windows 任务管理器,用户可以在其中看到 Windows 操作系统中正在运行的所有系统进程和用户进程,甚至是其他已登录用户的进程。操作系统除了为各个进程分配 CPU 使用权限外,还可以实现进程间的通信,如进程异常中止及进程锁死检测等机制。可以看出,操作系统的进程管理机制为计算机同时运行更多应用程序提供了保障。

3. 处理器管理

中央处理单元(center process unit)是指具有运算器和控制器功能的大规模集成电路,简称 CPU 或微处理器。微处理器在计算机中起着最重要的作用,是计算机的心脏,构成了系统的控制中心,对各部件进行统一协调和控制。

处理器管理最重要的部分是时间片管理,到了特定时间,操作系统就会要求处理器挂起当前的任务,进入操作系统的代码将控制处理器。

处理器负责管理、调度和分配计算机系统的重要资源,并控制程序执行。处理器管理中最重要的是处理器调度,即进程调度,也就是控制、协调进程在处理器中的竞争。

处理器管理可以处理中断事件。处理器本身只能发现中断事件并产生中断反应而不能进行处理。配置了操作系统后,处理器便可对各种事件进行处理。处理器管理的另一功能是处理器调度。处理器可能是一个,也可能是多个,不同类型的操作系统将针对不同情况采取不同的调度策略。

4. 设备管理

设备管理主要通过负责内核与外围设备的数据交换,实现对硬件设备的管理,包括对输入输出设备的分配、初始化、维护与回收等。多道程序系统中,设备不允许用户直接使用,而是由操作系统统一调度和控制。设备分配功能是设备管理的基本任务。设备分配程序按照一定的策略,为申请设备的用户程序分配设备,记录设备的使用情况。设备映射在软件运行期间,操作系统的设备管理程序必须将该应用软件对逻辑设备的引用转换成相关物理设备的引用。这种从逻辑设备到物理设备的映射功能,简称为设备映射功能。设备驱动接收上层软件发来的抽象服务请求,例如读、写操作,再把它转化为具体要求,通过一系列的 I/O 指令,控制设备完成请求操作。同时,设备驱动程序还将设备发来的有关信号传送给上层软件,例如设备是否已损坏等。为了缓和处理机与外部设备间速度不匹配的矛盾,提高处理机和外部设备间的并行性,现代操作系统大都在设备管理部分引入了缓冲技术。

5. 存储器管理

存储器管理包括存储分配、存储共享、存储保护、存储扩张等。计算机的存储器分为内部存储器和外部存储器,内存属于计算机硬件系统中主机的一部分,而外存又叫辅存,属于外部设备,常用的外存包括硬盘、光盘、U 盘等。

内存又叫主存,当各类软件以进程的形式启动时,中央处理器首先将软件的可执行程序指令载入计算机的内存中,然后按照程序逻辑执行这些指令,并调度必要的资源。根据安迪·比尔定理,软件会充分发挥硬件的性能。软件进程对 CPU 的占用由操作系统的进程管理模块负责协调,而更为有限的内存资源(即 RAM、寄存器、高速缓存等)则由内存管理模块负责管理。由于现代操作系统几乎都属于多任务操作系统,因此,同时占用内存等高速存储资源的进程通常不止一个,内存管理模块的核心作用就在于为这些进程(包括系统进程和用户进程)分配独立的内存资源,使它们互不影响、和谐共存,并合理地申请和释放内存资源。

此外,因内存资源的总量有限,操作系统的内存管理模块还可以实现将部分外部存储器(主要是硬盘)作为内存来使用的功能,这种技术叫作虚拟内存(virtual memory)。当进程处于非活动态(即未占用 CPU 的计算资源),并且计算机的 RAM 资源紧张时,内存管理模块就会将此进程在内存中存储的数据临时转移到外部存储器中,为其他进程的运行"腾"出空间,这个过程称为换出(roll-out);当进程再次被激活,获得 CPU 控制权时,内存管理模块就会将此进程的数据重新转回内存中,这个过程称为换入(roll-in)。内存管理模块在对一个进程进行换入或换出时,进程本身并不知道这个过程,因此虚拟内存技术实现了对进程的"欺骗",从实际效果上增加了计算机多进程同时运行的能力。当然,使用虚拟内存技术是有一定代价的,外部存储器的读写速度比较慢,频繁地换入换出将在一定程度上影响进程运行的流畅性,这相当于是用时间换空间。因此,只有恰当地设置和使用虚拟内存才能更好地发挥计算机的性能。

1.1.3 操作系统的发展历程

纵观计算机的历史,操作系统与计算机硬件的发展密切相关。特别是中央处理器是随着半导体制造工艺的发展历程演进的,所以两者的发展阶段划分也基本一致。从最早的批量模式开始,分时机制也随之出现,在多处理器时代来临时,操作系统也随之添加多了处理器协调功能,甚至是分布式系统的协调功能。其他方面的演变也类似于此。

1. 第一代操作系统(1946—1955 年):不同功能程序

从 1946 年诞生第一台电子计算机以来,它的每一代进化都以减少成本、缩小体积、降低功耗、增大容量和提高性能为目标。计算机硬件的发展同时加速了操作系统的形成和发展。

使用电子管的第一代计算机性能不高,稳定性也低。在最初阶段,科学家将电缆接到插线板上以形成具有特定逻辑功能的电路,从而实现了对硬件的基本控制,写程序的过程就是把数量庞大的电缆按照电路逻辑进行"编织"的过程。

20 世纪 50 年代,穿孔卡片的出现替代了插线板,这在一定程度上提高了计算机编写程序的效率。在这个阶段中,所有的计算任务通过在插线板或穿孔卡片上编辑机器语言来实现对计算机硬件的直接控制,没有完整的程序设计语言,更没有体系化的操作系统。按照"控制和调度计算机硬件设备"这一定位来界定操作系统,这一阶段的操作系统就是科学家们写在穿孔卡片上的具备不同功能的程序。当要让计算机启动或者执行某一计算任务时,就找到并载入写有启动程序或相应计算机功能程序的卡片。

2. 第二代操作系统（1955—1965 年）：批处理系统

20 世纪 50 年代，晶体管的发明使得计算机的可靠性大大提高，计算机得以实现长时间的连续运行。但是这时的计算机仍然非常昂贵，因此需要尽量避免浪费计算机的使用时间。解决这个问题的办法是引入批处理系统，其工作过程如下。

在收集一批计算机任务（通常还是以穿孔卡片的形式写入）后，卡片数据被读取并写入用于记录任务的输入磁带，随即输入磁带被送到机房并装到磁带机上，操作员在一台性能较好但更加昂贵的计算机（如 IBM7094）上装入一组特殊的程序。这种计算机能够依次读取并运行输入磁带中需要执行的计算任务，并将结果输出到磁带上。一个任务结束后，这组特殊的程序可以自动地从输入磁带上读取下一个任务并继续运行。当输入磁带上的一整批任务都执行完毕后，操作员取下输入磁带和输出磁带，更换下一个输入磁带执行下一批任务，并利用 IBM1401 把输出磁带中的结果打印出来。以上这个在高性能计算机上负责批量地自动读取和执行计算任务，实现输入输出调度的程序就是第二代操作系统，即批处理系统。批处理系统使得昂贵的高性能计算机的计算时间得到最大限度的利用，而不会被频繁的卡片读写任务中断。

3. 第三代操作系统（1965—1980 年）：多道程序

在第二代操作系统中，计算任务是按照顺序执行的，从提交一个计算任务到取回运算结果往往需要长达数小时的时间。而此时已经出现了中小规模集成电路计算机，计算机的可靠性和潜在性能有了很大的提高，迫切需要一种操作系统来发挥硬件的性能、节省用户的时间，因此，分时操作系统出现了。它可以将 CPU 按时间片轮流分配给需要执行的计算任务，从而实现了多计算任务的同时运行。这个特性与现代多任务操作系统类似，但是这一阶段的操作系统还不具备很强的通用性，只能被称为"多道程序"。

4. 第四代操作系统（1980 年至今）：通用操作系统

随着大规模集成电路的发展，在每平方厘米的芯片上可以集成数千个晶体管（发展到今天 Intel 处理器每平方毫米上已经可以集成一亿个晶体管），计算机的性能得到了极大的提升，而其价格却显著降低，人类进入个人计算机时代。在操作系统方面，早期的个人计算机操作系统，如贝尔实验室的 UNIX 和微软公司的 MS-DOS，通过键盘输入命令，以向计算机发送指令，因而具备了很好的通用计算任务执行能力。其中，MS-DOS 提供了简单易学的程序设计语言 BASIC，为个人计算机在更多领域满足人类需求提供了条件。苹果公司受施乐公司实验室的启发，先后开发了具有图形用户界面（graphical user interface，GUI 图形用户界面）的个人计算机 Lisa 和 Macintosh，前者由于过于昂贵而失败，后者则取得了巨大的成功。受到 Macintosh 成功的影响，微软公司开发了名为 Windows 的基于 GUI 的系统，并在随后至今的几十年中成为通用计算机操作系统领域的领先者。

1.1.4 操作系统的分类

计算机的操作系统根据不同的用途可分为不同的种类，从功能角度分析，分别有实时操作系统、分时操作系统、批处理操作系统、分布式操作系统、网络操作系统等。

1. 实时操作系统

实时操作系统又称即时操作系统。主要是指可以快速地对外部命令进行响应，在对应的时间内处理问题、协调工作的系统。它会按照排序运行、管理系统资源,并为应用程序的开发提供一致的系统环境基础。实时操作系统与一般的操作系统相比,最大的特色就是"实时性",如果有一个任务需要执行,实时操作系统会马上(在较短时间内)执行该任务,不会有较长的延时。这种特性保证了各个任务的及时执行。

2. 分时操作系统

可以实现用户的人机交互需要,多个用户共同使用一个主机,很大程度上节约了资源成本。分时系统具有多路性、独立性、交互性、及时性的优点,能够将用户—系统—终端任务实现。对于普通用户来说,分时操作系统是使一台计算机采用时间片轮转的方式,同时为几个、几十个甚至几百个用户提供服务的一种操作系统。在分时系统环境中,将计算机与终端用户相连,此时分时操作系统将内存空间及相应的硬件资源,按照系统处理机时间分割成若干时间片,轮流地切换给各终端用户的程序使用。由于时间间隔很短,每个用户的感觉就像他独占计算机一样。分时操作系统的特点是可有效增加资源的使用率。例如,UNIX 系统就采用剥夺式动态优先的 CPU 调度,有力地支持分时操作。

3. 批处理操作系统

出现于 20 世纪 60 年代,批处理系统能够提高资源的利用率和系统的吞吐量。在批处理系统中,用户所提交的作业都先存放在外存上并排成一个队列,称为"后备队列"。然后,由作业调度程序按一定的算法从后备队列中选择若干个作业调入内存,使它们共享 CPU 和系统中的各种资源。批处理操作系统具有两个特点。一是多道,在内存中同时存放多个作业,一个时刻只有一个作业运行,这些作业共享 CPU 和外部设备等资源;二是成批,用户和作业之间没有交互性,用户自己不能干预自己的作业运行,发现作业错误不能及时改正。

批处理系统的目的是提高系统吞吐量和资源的利用率(系统吞吐量是指系统在单位时间内所完成的总工作量)。

4. 分布式操作系统

分布式系统是由多个处理器通过通信线路互连而成的松散耦合系统。从系统中一个处理器的角度来看,其他处理器和对应的资源都是远程的,只有自己的资源是本地的,分布式系统应该具有以下几个特征。

(1)分布管理。分布式系统由多台计算机组成,这些计算机在地理上是分散的,可以分散在一个单位、一个城市、一个国家甚至全世界。整个系统的功能分布在各个节点上,因此分布式系统具有数据处理的分布性。一个大任务可以分成几个子任务,在不同的主机上执行。

(2)资源共享。分布式系统中的每个节点都包含自己的处理器和内存,并且有自己独立处理数据的功能。通常它们地位平等,可以自主工作,可以用共享的通信线路传递信息,协调处理博客事务。

(3)协同工作。分布式操作系统中,若干台计算机共同协同完成一项任务,即一个大型程序可以由系统自动找到潜在的平等模块,分布在几台计算机上并行运行。

(4)操作透明。系统的分布性指操作和实现对用完全透明,用户只需要提出所需服务,而不必指明由哪一台设备,或采用什么方法来提供这些服务。用户感觉和使用单机操作系统一样。

（5）全局机制。分布式系统中必须有一个单一的、全局的进程通信机制，这样任何一个进程都可以与其他进程进行通信，并且应该有一个全局保护机制，不区分本地通信和远程通信。系统中的所有机器都有一套统一的系统调用，必须适应分布式环境。在所有 CPU 上运行相同的内核使得协调更加容易。

5. 网络操作系统

网络操作系统（NOS）是一种能代替操作系统的软件程序，是网络的心脏和灵魂，是向网络计算机提供服务的特殊操作系统，借由网络达到互相传递数据与各种消息的目的，可分为服务器（server）及客户端（client）。服务器的主要功能是管理服务器和网络上的各种资源和网络设备的共用，加以统一管理并管控流量，避免网络瘫痪。而客户端具有接收服务器所传递的数据并运用的功能，可以清楚地搜索到所需的资源。

1.1.5　主流的操作系统

目前，大家常用的网络操作系统主要是 Windows，比较常见的 Windows 网络操作系统版本有 98Windows Server 2016、Windows Server 2012、Windows Server 2008、Windows Server 2003 等。Windows 网络操作系统一般只适用在中低档服务器中，高端服务器通常采用 UNIX、Linux 或 Solairs 等网络操作系统。

1. 微软 Windows

Windows 操作系统名字反映了它的基本特性"窗口"，操作系统就以一个个图形窗口的方式运行应用程序，这种交互方式为用户提供了良好的多任务使用体验，因而 Windows 操作系统又被称为"视窗操作系统"。

Windows 问世于 1985 年，开始它只是在 MS-DOS 操作系统的核心代码上开发的一个图形界面组件，将原本通过一系列 DOS 命令实现的操作以图形化的方式实现，其后续的多个版本都是如此，但它们在多任务运行、综合性能等方面有了一系列的改进。

1993 年，微软公司推出了名为 Windows NT 的操作系统，Windows NT 在多任务能力、安全性和可靠性等方面有了显著的提高。微软公司基于 NT 内核先后推出了多个成功的 Windows 桌面操作系统和服务器操作系统，包括至今仍应用广泛的 Windows XP 系统，NT 核心代码被优化重构后发行 Windows Vista/7/8 版本，及最新的 Windows 10 版本操作系统，以及用于服务器的 Windows Server 2003/2008/2012/2016 等。

1996 年，微软公司推出 Windows Embedded Compact 操作系统（简称 Windows CE），进入嵌入式操作系统市场。凭借着开放的系统定制能力、良好的应用开发体验，Windows CE 操作系统在工业控制计算机、汽车智能中控系统/导航仪、机顶盒等嵌入式设备领域占有重要地位。

在移动操作系统方面，微软公司早年基于 Windows CE 核心代码推出了 Pocket PC、Windows Mobile、Windows Phone(7.x)等操作系统，后又基于 Windows NT 核心代码推出了 Windows Phone(8.x)、Windows 100 Mobile 等操作系统。Windows 系列移动操作系统曾在智能手机、PDA（personal digital assistant，掌上计算机）市场上占有较高的市场份额，先后出现了多普达全键盘智能手机、魅族 M8、Nokia Lumia 等优秀的移动设备，但由于

Windows 移动平台在应用、设备、制造厂商等平台生态体系上远逊于竞争者,因此在移动操作系统市场中占有的份额较小。

总体上看,Windows 无疑是获得了巨大商业成就的操作系统品牌,作为 Wintel 联盟的核心要素,它见证和支撑了现代计算机的发展和普及,为人们便利且智能化的现代生活奠定了基础。

2. macOS

macOS 麦金塔操作系统(Macintosh operating systems)是苹果公司开发、运行于 Macintosh 系列计算机上的操作系统,新版本的 macOS 使用 BSD 内核(基于 UNIX)开发,底层为开放源代码。从 1984 年发布第一个版本至今,已经发布了很多个版本,是世界上第一个使用图形用户界面的操作系统。目前 macOS 主要用于苹果计算机。macOS 是首个在商用领域成功的图形用户界面操作系统。计算机病毒几乎都是针对 Windows 的,由于 macOS 的架构与 Windows 不同,所以很少受到计算机病毒的袭击。

3. Linux

Linux 又称为 GNU/Linux,是芬兰人里纳斯托瓦兹于 1991 年正式推出的一款多进程多用户的操作系统,主要用于服务器环境,也可以用于个人环境。它的最大特点是开源、自由,主要的发行版有 Ubuntu、Debian、CentOS、RHEL、Arch Linux、Gentoo 等,可以使用的图形界面有 Budgie、GNOME、KDE、XFCE、MATE 等。

Linux 不仅系统性能稳定,而且是开源软件。其核心防火墙组件性能高效、配置简单,保证了系统的安全。在很多企业网络中,为了追求速度和安全,Linux 不仅被网络运维人员当作服务器使用,甚至当作网络防火墙,这是 Linux 的一大亮点。

4. 移动操作系统

随着智能手机的兴起,移动操作系统也逐渐走入人们的生活。手机操作系统有塞班(Sian)及其衍生版本、黑莓智能手机操作系统、三星 BADA 操作系统、英特尔公司推出的 Moblin 手机操作系统等,它们曾经非常优秀,但由于未能得到用户的认可,在强大的"网络外部性"的作用下,迅速被市场淘汰。

目前主流的移动操作系统有两类,分别是谷歌的 Android 和苹果的 iOS。前者属于开源操作系统,后者属于闭源比原操作系统。

目前操作系统市场基本上形成了传统形态计算机以 Windows、macOS、Linux 为主,移动设备以 Android、iOS 为主的格局。

1.1.6 操作系统的界面

操作系统的界面即提供一个让用户与系统交互的操作界面,根据界面的形式不同一般分为两种,命令型交互和图形界面交互,如图 1-1-1 和图 1-1-2 所示。

任务实施

使用自己的计算机现在安装的操作系统进行小组合作,参与讨论对比,输出对比分析报告。报告重点包括哪些组成部分体现了操作系统的五大功能、界面有何不同、属于哪种主流的操作系统、是分时还是实时系统?不同操作系统的优缺点、特色等。

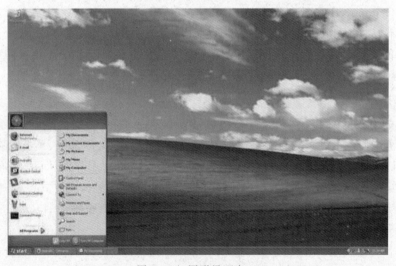

```
驱动器 C 中的卷是 Windows
卷的序列号是 B2A1-78F5

C:\Users\jy123456 的目录

2022/11/06  23:57    <DIR>          .
2022/11/06  23:57    <DIR>          ..
2022/03/05  23:42    <DIR>          .local
2022/05/12  22:54               296 .packettracer
2021/05/27  22:55    <DIR>          3D Objects
2022/04/24  17:45    <DIR>          Cisco Packet Tracer 6.2sv
2022/04/24  17:42    <DIR>          Cisco Packet Tracer 8.0
2021/05/27  22:55    <DIR>          Contacts
2022/11/14  10:16    <DIR>          Desktop
2022/09/13  14:57    <DIR>          Documents
2022/11/10  23:08    <DIR>          Downloads
2021/05/27  22:55    <DIR>          Favorites
2021/05/27  22:55    <DIR>          Links
2021/05/27  22:55    <DIR>          Music
2021/02/05  08:12    <DIR>          OneDrive
2022/10/10  18:26    <DIR>          Pictures
2021/05/27  22:55    <DIR>          Saved Games
2021/05/27  22:55    <DIR>          Searches
2021/06/20  17:48    <DIR>          Videos
               1 个文件            296 字节
              18 个目录  16,580,890,624 可用字节

C:\Users\jy123456>cd..

C:\Users>
```

图 1-1-1 命令型交互

图 1-1-2 图形界面交互

任务回顾

【知识点总结】

（1）掌握操作系统的定义、功能以及分类。

（2）掌握计算机和操作系统的发展历程。

（3）对于当前流行的操作系统有全面的认识。

【思考与练习】

（1）请简述操作系统是什么。

（2）操作系统有哪些功能？

任务 1.2 认识国产操作系统

任务描述

花小新:通过学习操作系统的发展情况,作为计算机用户,我们应该更多地支持国产产品,我还想了解关于国产操作系统更多的知识!

知识储备

1.2.1 国产操作系统介绍

当我们刚开始使用计算机时,微软系列操作系统就是我们使用频率最高的操作系统,它在全球具有绝对的霸主地位。截至 2021 年 7 月,Windows 在全球桌面操作系统市场的占有率为 74.79%,远高于其他操作系统;位居第二名的是苹果 OS X,市占率为 16.16%;Linux、ChromeOS 等占比约 9.05%。即便有其他的 PC 端,可是在微软面前都甘拜下风。对此,我们坚持研发国产系统,从而打造一个专门属于中国人的系统,这样不仅可以增强民族自信心,还可以让青年人勇于创新,开创属于中华民族的信息产业产品,从而让民族科技走向世界。

我国在操作系统领域的探索已长达三十余年,市面上能查询到的国产操作系统至少有15 种。但真正能长期坚持版本迭代的只有麒麟软件、统信软件和中科方德三家。目前,这三家已完成对主流 CPU 和架构的适配,并逐步应用于金融、电信、医疗等领域。

对国产操作系统来说,最核心、最重要的是系统所适配的应用生态。造系统容易,建生态难。由于历史原因,很多硬件很难匹配国产操作系统,要想开发国产操作系统首先必须逆向适配。历年来,许多国产操作系统也都是因为生态匮乏无法形成良性循环,最终被市场淘汰。这样就是为什么国产操作系统在消费级市场,与 Windows 仍存明显差距的原因。

目前,国产操作系统大部分都是基于开源操作系统 Linux 内核的发行版。需要进行应用适配与 Linux 内核解析,以及投入资源进行商业应用适配,这都需要研发厂商具有长期的积累。不完全统计,在众多国产操作系统中,持续迭代发布 15 年的仅中科方德、统信 UOS、银河麒麟三家。

伴随着东数西算、新基建等利好政策相继推出,中科方德、统信 UOS、银河麒麟也动作频频,在操作系统的易用性、稳定性和生态方面不断加码,正逐步从"能用"迈向"好用"。

麒麟软件被称为操作系统"国家队",2019 年年底由天津麒麟和中标软件整合而来,该公司发布的银河麒麟操作系统 V10,被评为"2020 年度央企十大国之重器"。进入 2022 年,麒麟软件相继与龙芯、兆芯、联通、浪潮、新华三等企业展开合作,适配产品数量突破 40 万。

统信软件成立于 2019 年 11 月,由诚迈科技等操作系统厂家共同出资组建。2019 年至2021 年,统信 UOS 适配产品累计达到 20 多万件。2022 年 5 月,该公司宣布将以深度(deepin)社区为基础,建设立足中国、面向全球的桌面操作系统根社区,打造中国桌面操作系统的根系统。

中科方德技术团队相关工作可以追溯到 1999 年,由国内领先的操作系统厂家联合组建,产品主要有服务器操作系统、桌面操作系统等产品线,可提供云计算、高可用集群软件等工具,重点服务于电子政务、通信、国防军工、金融、科教文卫、能源、交通等行业和领域。2022年统信软件入选工信部"信创漏洞库技术支撑单位",并获得"国家重点软件企业"认证。

操作系统每过二十年左右会出现一次跨越式发展机遇,计算环境会发生巨大的变化,操作系统也会随之更新换代,并引导相应的应用场景呈现数量级增长,形成围绕操作系统的丰富产业生态。麒麟软件、统信软件、中科方德等国产操作系统正处在这一周期中,未来表现值得期待。

1.2.2　统信 UOS 简介

统信软件是以"打造中国操作系统创新生态"为使命的中国基础软件公司,由国内领先的操作系统厂家于2019年联合成立。公司专注于操作系统等基础软件的研发与服务,致力于为不同行业的用户提供安全稳定、智能易用的操作系统产品与解决方案。统信软件总部设立在北京,同时在武汉、上海、广州、南京等地设立了地方技术支持机构、研发中心和通用软硬件适配中心。作为国内领先的操作系统研发团队,统信软件拥有操作系统研发、行业定制、国际化、迁移和适配、交互设计、咨询服务等多方面专业人才,能够满足不同用户和应用场景对操作系统产品的广泛需求。基于国产芯片架构的操作系统产品已经和龙芯、飞腾、申威、鲲鹏、兆芯、海光等芯片厂商开展了广泛深入的合作,与国内各主流整机厂商,以及数百家国内外软件厂商展开了全方位的兼容性适配工作。统信软件正努力发展和建设以中国软硬件产品为核心的创新生态,同时不断加强产品与技术研发创新。统信软件将立足中国、面向国际,争取在十年内成为全球主要的基础软件供应商。统信 UOS 操作系统是基于 Linux 内核,同源异构支持四种 CPU 架构(AMD64、ARM64、MIPS64、SW64)和七大 CPU 平台(鲲鹏、龙芯、申威、海光、兆芯、飞腾、海思麒麟),提供高效简洁的人机交互、美观易用的桌面应用、安全稳定的系统服务,是真正可用和好用的自主操作系统。统信 UOS 操作系统通过对硬件外设的适配支持,对应用软件的兼容和优化,以及对应用场景解决方案的构建,完全满足项目支撑、平台应用、应用开发和系统定制的需求,体现了当今 Linux 操作系统发展的最新水平。

1.2.3　UOS 特性

UOS 统信操作系统是基于 Linux 内核,同源异构支持四种 CPU 架构(AMD64、ARM64、MIPS64、SW64)和六大 CPU 平台(鲲鹏、龙芯、申威、海光、兆芯、飞腾),如表 1-2-1 所示,提供高效简洁的人机交互、美观易用的桌面应用、安全稳定的系统服务,是真正可用和好用的自主操作系统。UOS 通过对硬件外设的适配支持,对应用软件的兼容和优化,以及对应用场景解决方案的构建,完全满足项目支撑、平台应用、应用开发和系统定制的需求,体现了当今 Linux 操作系统发展的最新水平。

统信操作系统体现了全方位统一特性。

(1)统一的版本:同源异构,同一份源代码构建支持不同 CPU 架构的 OS 产品。

(2)统一的支撑平台:UOS 桌面和服务器版产品提供统一的编译工具链,并提供统一的社区支持。

(3)统一的应用商店和仓库:集应用展示、安装、下载管理、评论、评分于一体的平台软件,为用户精心筛选和收录了不同类别的应用。每款应用都经过严格的安装和运行测试,保障用户能够通过商店搜索到热门应用,并一键安装和运行。

表 1-2-1 CPU 平台

CPU 厂商	CPU 架构	CPU 型号
龙芯	MIPS64	龙芯(3A3000/4000、3B3000/4000)
申威	SW64	申威(421、1621)
鲲鹏	ARM64	鲲鹏(920s、916、920)
飞腾	ARM64	飞腾(FT2000/4、FT2000/64)
海光	AMD64	海光(31××、51××、71××)
兆芯	AMD64	兆芯(ZX-C、ZX-E 系列,KX、KH 系列)
Intel/AMD	AMD64	主流型号 CPU

(4)统一的开发接口:UOS 桌面版和服务器版产品提供统一版本的运行和开发环境,包括运行库、开发库、头文件。应用开发厂商仅需在某 CPU 平台完成一次开发,即可在多种架构 CPU 平台完成构建。

(5)统一的标准规范:UOS 符合规范的测试认证,为适配厂商提供高效支持,并提供软硬件产品的互认证。

(6)统一的文档:UOS 桌面版和服务器版产品提供一致的开发文档、维护文档、使用文档,降低运维门槛。

1.2.4　UOS 应用场景

1. 面向桌面应用场景

1)桌面环境

作为中国唯一能独立构建操作系统桌面环境的团队,其桌面环境已与 Red Hat 领导的 Gnome、SUSE 领导的 KDE 达到同等水平,成为全球范围内主流的操作系统桌面环境,并被开发者广泛移植到更多的操作系统中。桌面环境以用户的需求为导向,充分考虑用户的操作习惯,提供了美观易用、极简操作的实用体验。

2)语音智能助手

语音智能助手是统一操作系统预制的语音助手程序,支持语音和文字输入。用户可通过语音指令打开应用软件、编写邮件、搜索信息、英文翻译、查询天气、系统设置等,这极大地提高了操作效率。唤醒语音智能助手,您将体验最新潮的语音交互,解放双手。

3)应用商店

应用商店选择是一款集应用展示、安装、下载管理、评论、评分于一体的平台软件,为用户精心筛选和收录了不同类别的应用。应用商店以极简、扁平化的设计风格,获得了更为简约、精致的外观。其中应用专栏与应用专题每月定期更新,为用户呈现最新、最热的精品应用。

在新版应用商店中,软件开发者可以通过公司的认证体系认证为"个人开发者"或"企业开发者";应用商店将对已通过认证的开发者开放"付费下载"权限,开发者可以上传其开发并打包好的应用到应用商店后台,并设置"付费下载"模式下的投放区域。

为了保护软件开发者的权益,应用商店后台会给每个应用增加电子签名,用户只能通过应用商店安装相应的应用。UOS 的应用商店的软件签名机制，能够极大的保障用户获取和安装应用软件入口的安全性。

4）开发者模式

为使对系统配置、系统操作和应用安装不熟悉的用户更加安全和稳定的使用操作系统，UOS 限制了 sudo root 权限、限制安装和运行未在应用商店上架的非签名应用，增强系统的安全性。

如果合作伙伴在测试和适配的过程中，需要使用上述权限，可以通过控制中心—通用—开发者模式菜单中的"进入开发者模式"关闭此安全相关功能。

若选择在线模式，单击"下一步"按钮，请先登录网络账户（未登录 UOS ID 时先弹出登录框，登录后弹出协议窗口）。仔细查看开发者模式免责声明，了解注意事项后，勾选同意并进入开发者模式，单击"确定"按钮。待系统下发证书后，按钮变为已进入开发者模式。

若选择离线模式，根据提示下载证书，系统导入证书后，即进入开发者模式。在弹出的对话框中点击立即重启，重启系统后开发者模式生效。另外，进入开发者模式后不可退出或撤销。系统所有账号都将拥有 root 权限。

2. 面向服务器场景

（1）服务的全面支持，统一服务器操作系统实现了对全系列国产处理器架构、服务器硬件的良好适配，同时以行业通用操作系统设计原则为基准，实现了对各项常用网络和应用服务的全面支持。

（2）高效的安全保障，统一服务器操作系统中，牵涉到用户鉴权、数据保密、访问控制、数据完整性、数据备份与恢复、系统审计的部分，将全面采取安全保护措施，对接入系统的设备和用户，进行严格的接入认证，以保证接入的安全性。

（3）系统支持对关键设备、关键数据、关键程序模块采取备份等措施，有较强的容错和系统恢复能力，同时在防过载、断电和人为破坏方面进行加强保护，确保系统长期正常运行。

（4）优异的稳定与性能，统信软件基于多年的 Linux 操作系统产品研发经验，基于稳定的 Linux 内核，结合服务器产品的功能需求和特性，对内核与系统软件进行合理的定制和优化，在保障系统稳定性和安全性的同时，尽可能地提高系统的整体性能，并可根据用户场景进行性能调优服务。

（5）提供维护工具，统一操作系统（桌面版和服务器版），提供简单易用的系统维护工具，支持构建主流开源运维框架，有助于提高用户的运维效率。根据管理员对操作系统的维护方式（自动或手动）不同，设计定时自检、故障诊断、故障弱化、故障处理等功能，在出现故障时，让系统能得到及时、快速地自维护处理；另外配备专门的提醒和管理维护工具，方便管理员对系统进行手动维护。

（6）日志收集，日志收集工具是负责收集程序运行时所产生日志的小工具，如操作系统、应用程序在启动、运行等过程中的相关信息。使用图形管理界面的服务器用户，可以通过它来检查错误发生的原因，或者寻找收到攻击时留下的痕迹，便于快速的解决故障问题。

任务实施

调研分析：不同操作系统的特点。

调研要求：调研国产操作系统和国外主流操作系统的不同。分析 Linux、Windows 等不同操作系统的差别。

格式要求：采用 PPT 的形式展示。

考核方式：采取课内发言展示的形式，每组 5 分钟左右。

评价指标：如表 1-2-2 所示。

表 1-2-2　评价指标

表述清晰	内容结构完整	界面新颖

 **任务回顾**

【知识点总结】

（1）掌握 UOS 系统的特性。

（2）掌握操作系统的分类及功能。

【思考与练习】

（1）国产操作系统基于_____开发的。

（2）国产操作系统研发过程中主要的困难是_____。

项目总结

通过学习国产操作系统发展及目前的情况，作为计算机用户，我们应该更多的支持国产产品。

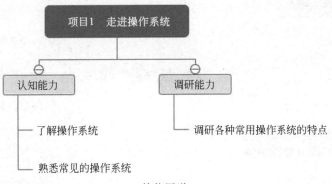

技能图谱

项目习题

（1）目前最常用的网络操作系统有哪些？列举你知道的几个_____、_____、_____。

（2）当前使用的移动操作系统有_____、_____、_____。

（3）操作系统的功能有_____、_____、_____、_____、_____。

项目 2

认识Linux操作系统

教学视频

张中成：近几年，我们一直希望产品国产化，从国产 CPU 到国产操作系统，希望实现信息产业产品自主控制能力。

花小新：我查阅资料简单了解了一下国产操作系统，有了一些收获，但认识得还不全面。

张中成：目前，套壳 Linux 操作系统的国产操作系统，主要包括麒麟及统信操作系统，其中统信于 2019 年成立，其兼容的软、硬件达到 22 万多款，在这里我们需要从 Linux 开始认识统信 UOS。

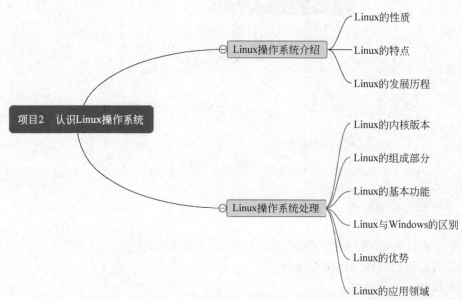

任务 2.1 Linux 操作系统介绍

任务描述

张中成：本任务主要关于统信 UOS 系统的基础 Linux 操作系统的主要特点及其主要发展历程相关内容，需要掌握 Windows 与 Linux 的操作差异。

知识储备

Linux 操作系统，全称 GNU/Linux 是一种开源计算机操作系统内核。它是用 C 语言写成，符合 POSIX(portable operating system interface for UNIX，面向 UNIX 的可移植操作系统)标准的类 UNIX 操作系统，是一种免费使用和自由传播的操作系统。

2.1.1 Linux 的性质

至今 Linux 已成为一个日益成熟的操作系统，并拥有大量的用户。由于其安全、高效、功能强大，已经被越来越多的人了解和使用。它主要受到 Minix 和 UNIX 思想的启发，是一个基于 POSIX 的多用户、多任务、支持多线程和多 CPU 的操作系统。它能运行主要的 UNIX 工具软件、应用程序和网络协议，并支持 32 位和 64 位硬件。Linux 继承了 UNIX 以网络为核心的设计思想，是一个性能稳定的多用户网络操作系统。Linux 有上百种不同的发行版，如基于社区开发的 debian、archlinux，和基于商业开发的 Red Hat Enterprise Linux、SUSE、Oracle Linux 等。

Linux 作为一种自由软件，是一种真正多任务和多用户的网络操作系统。Linux 是运行于多种平台(PC、工作站等)之上、源代码公开、免费、遵循 GPL(general public license，通用公共授权)精神、遵守 POSIX 标准的类似于 UNIX 的网络操作系统。人们通常所说的 Linux 是指包含 Kernel(内核)、Utilities(系统工具程序)以及 Application(应用软件)的一个完整的操作系统，它实际上是 Linux 的一个发行版本，是某些公司或组织将 Linux 内核、源代码以及相关的应用程序组织在一起发行的。Linux 是微机版的 UNIX。Linux 是通用公共许可软件。此类软件的开发不是以经济效益为目的，而是为了不断开发并传播新的软件，并让每位用户都能获得和使用。该类软件遵循下列规则。

(1) 传播者不能限制购买软件的用户自由权，即如果用户买了一套 GPL 软件，就可以免费复制和传播或自己出售。

(2) 传播者必须清楚告诉用户该软件属于 GPL 软件。

(3) 传播者必须免费提供软件的完整源代码。

(4) 允许个人或组织为盈利而传播，获得利润。

2.1.2 Linux 的特点

Linux 之所以能在短短几十年间得到迅猛发展，是与其所具有的良好特性分不开的。Linux 继承了 UNIX 的优秀设计思想，几乎拥有 UNIX 的全部功能。简单而言，Linux 具有以下特点。

1. 多用户多任务操作系统

Linux 是真正的多用户多任务操作系统。Linux 支持多个用户从相同或不同的终端上同时使用同一台计算机，且没有商业软件许可证的限制；在同一时间段中，Linux 能响应多个用户的不同请求。Linux 系统中的每个用户对自己的资源有特定的使用权限，不会相互影响。

例如，系统可以打印文档、复制文件、拨号到 Internet。与此同时，用户还可以自如地在字处理程序中输入文本，尽管某些后台任务正在进行，但前台的字处理程序并不会停止或者无法使用。这就是多任务的妙处所在，计算机只有一个处理器，却能同时进行多项任务。

当然，一个 CPU 一次只能发送一个指令，一次只能执行一个动作，多任务通过在进程所要求的任务间来回快速切换而表现出同时可以执行多项任务的样子。

2. 良好的兼容性

Linux 完全符合 IEEE 的 POSIX 标准，和现今的 UNIX、System V、BSD 三大主流的 UNIX 系统几乎完全兼容。在 UNIX 系统上可以运行的程序，也几乎完全可以在 Linux 上运行。这就为应用系统从 UNIX 向 Linux 的转移提供了可能。以程序设计的观点来看，Linux 几乎涵盖了所有最重要而热门的系统开发软件，包括 C、C++、Fortran、Java 等。

3. 强大的可移植性

Linux 是一种可移植性很强的操作系统，无论是掌上计算机、个人计算机、小中型计算机甚至大型计算机都可以运行 Linux。Linux 是迄今为止可支持最多硬件平台的操作系统。因为有许多人为 Linux 开发软件，而且免费供给用户，越来越多的商业软件也纷纷移植到 Linux 上来。

4. 高度的稳定性

Linux 继承了 UNIX 的良好稳定性，可以连续运行数月、数年而无须重新启动。在过去十几年的广泛应用中，只有屈指可数的几个病毒感染过 Linux。这种强免疫性归功于 Linux 系统健壮的基础架构。Linux 的基础架构由相互无关的层组成，每层都有特定的功能和严格的权限许可，从而保证最大限度的稳定运行。

5. 丰富的图形用户界面

Linux 提供两种用户界面：字符用户界面和图形化用户界面，如图 2-1-1 和图 2-1-2 所示。字符用户界面是传统的 UNIX 界面，用户需要输入命令才能完成相应的操作。字符界面下的操作方式不太便捷，但效率高，目前仍广泛应用。

6. 系统的安全性

Linux 拥有相当庞大的用户和社区支持，因此能很快发现系统漏洞，并迅速发布安全补丁。

2.1.3 Linux 的发展历程

1. Linux 发展的要素

（1）UNIX 操作系统。UNIX 于 1969 年诞生在 Bell 实验室。Linux 就是 UNIX 的一种克隆系统。

图 2-1-1 Linux 字符用户界面

图 2-1-2 Linux 图形化用户界面

（2）MINIX 操作系统。MINIX 操作系统也是 UNIX 的一种克隆系统，它于 1987 年，由著名计算机教授 Andrew S.Tanenbaum 开发完成。由于 MINIX 系统的出现并且它提供源代码（用于大学内），曾在全世界的大学中刮起了学习 UNIX 系统的风潮。Linux 刚开始是参照 MINIX 系统于 1991 年开始开发的。

（3）GNU 计划，开发 Linux 操作系统，以及 Linux 上所用大多数软件基本上都出自 GNU 计划。该计划的目标是创建一套完全自由的操作系统。Linux 只是操作系统的一个内核，如果没有 GNU 软件环境（如 bash shell），Linux 将寸步难行。

（4）POSIX 标准，该标准推动 Linux 操作系统向正规道路发展，并不断受到大家的青睐。

（5）Internet，Internet 的发展及世界各地无数计算机爱好者的无私奉献使得 Linux 能不断推出新的版本。

2.内核发展史

1969 年，贝尔实验室的 Ken Thompson 在一台被丢弃的 PDP-7 小型计算机上开发了一种多用户多任务操作系统。后来，在 Ken Thompson 和 Dennis Ritchie 的共同努力下，诞生了最早的 UNIX。早期的 UNIX 是用汇编语言编写的，但其第三个版本是用崭新的编程语言 C 重新设计的。通过这次重新编写，UNIX 得以移植到更为强大的 DEC、PDP-11、PDP-45 计算机上运行。从此，UNIX 从实验室中走出来并成为操作系统的主流。当今几乎每个主要的计算机厂商都有其自由版本的 UNIX，当今比较流行的 UNIX 版本有：AT&T 发布的 SYS-V 和美国加州大学伯克利分校的 BSD UNIX。这些版本繁多、形态各异的 UNIX 版本，共同遵守一个 POSIX 标准以及基本的共同特征，即树形的文件结构、设备文件、Shell 用户界面、以 ls 为代表的命令。这些特征在后来的 Linux 中也都继承下来了。

Linux 起源于一个学生的业余爱好，他就是芬兰赫尔辛基大学的李纳斯·托瓦兹，是 Linux 的创始人和主要维护者。他在上大学时开始学习 MINIX，一个功能简单的 PC 平台上的类 UNIX。李纳斯对 MINIX 不够满意，于是决定自己编写一个保护模式下的操作系统软件。他以学生时代熟悉的 UNIX 为原型，在一台 Intel PC 上开始了他的工作，很快得到了一个虽然不够完善却已经可以工作的系统。大约在 1991 年 8 月下旬，他完成了 0.0.1 版本，受到工作成绩的鼓舞，他将这项成果通过互联网与其他同学共享。Linus Torvalds 将这个操作系统命名为 Linux，即 Linus's UNIX 的意思，并以可爱的胖企鹅作为其标志如图 2-1-3 所示。1991 年 10 月，Linux 首次放到 FTP 服务器上供人们自由下载，有人看到这个软件并开始分发。每当出现新问题时，立刻会有人找到解决方法并加入其中。最初的几个月知道 Linux 的人还很少，主要是一些黑客，但正是这些人修补了系统中的错误，完善了 Linux 系统，为后来 Linux 风靡全球奠定了良好的基础。

图 2-1-3　Linux 图标

（1）1991 年 9 月，芬兰赫尔辛基大学的大学生 Linus Torvalds 为改进 MINIX 操作系统开发了 Linux 0.01 版（内核）。该版本不能运行，只是一些源程序。

（2）1991 年年底，Linus Torvalds 首次在 Internet 上发布基于 Intel 386 体系结构的 Linux 源代码，一些软件公司，如 Red Hat、Info Magic 也不失时机地推出了自己的以 Linux 为核心的操作系统版本。

（3）1994 年，Linux 1.0 版内核发布。

（4）1998 年 7 月是 Linux 的重大转折点，Linux 赢得了许多大型数据库公司如 Oracle、Informix、Ingres 的支持，从而促进 Linux 进入大中型企业的信息系统。

（5）2000 年，最新的内核稳定版本是 2.2.10，由 150 万行代码组成，大约拥有 1000 万用户。

（6）2003 年，Linux 内核发展到 2.6.x，2.6.x 版本的内核核心部分变动不大。每个小版本之间，都是在不停地添加新驱动和解决一些小 bug，对现有系统进行完善。

（7）2012 年 1 月 4 日发布了 Linux 3.2 的内核版本，这个版本的内核改进了 ext4 和

BTFS 文件系统,提供自动精简配置功能,新的架构和 CPU 带宽控制。

(8) 2015 年,Linux 4.3 内核问世,即当时的最新内核稳定版本。

任务 2.2　Linux 操作系统处理

2.2.1　Linux 的内核版本

1. Linux 的内核版本号

Linux 的内核版本号由 3 个数字组成,一般表示为 X.Y.Z 形式,各个数字的含义如下。

(1) X 表示主版本号,通常在一段时间内比较稳定。

(2) Y 表示次版本号。如果是偶数,代表这个内核版本是正式版本,可以公开发行;如果是奇数,则代表这个版本是测试版本,还不太稳定仅供测试。

(3) Z 表示修改号,这个数字越大,表示修改的次数越多,版本相对更完善。

Linux 的正式版本和测试版本是相互关联的。正式版本只针对上个版本的特定缺陷进行修改,而测试版本则在正式版本的基础上继续增加新功能,当测试版本被证明稳定后就成为正式版本。正式版本和测试版本不断循环,不断完善内核的功能。

例如,2.6.0 各数字的含义如下。

第 1 个数字 2 表示第二大版本。

第 2 个数字 6 有两个含义:大版本的第 4 个小版本;偶数表示生产版/发行版/稳定版,奇数表示测试版。

第 3 个数字 0 表示指定小版本的无补丁包。

截至 2021 年,Linux 内核的最新版本号为 5.10-rc7,Linux 的内核版本的发展历程如表 2-2-1 所示。

表 2-2-1　内核版本发展

内核版本	发布日期	内核版本	发布日期
0.1	1991 年 11 月	3.18.0	2014 年 12 月
1.0	1994 年 3 月	4.3	2015 年 11 月
2.0	1996 年 2 月	4.4	2016 年 1 月
2.2	1999 年 1 月	4.10	2017 年 2 月
2.4.1	2001 年 1 月	4.15	2018 年 1 月
2.6.1	2003 年 12 月	4.20	2018 年 12 月
2.6.36	2010 年 10 月	5.0	2019 年 3 月
3.0	2011 年 7 月	5.5	2020 年 1 月
3.2.0	2012 年 1 月	5.10	2021 年
3.12.0	2013 年 11 月		

2. 主要常用的 Linux 版本

(1) Red Hat 版本,这款操作系统可以很好地支持 Intel/AMD 公司发布的多核服务器处理器。这款操作系统的推出时间正好与 Intel 发布至强 7500 系列 Nehalem-EX 处理器的时间重合,能够很好地满足需要在 Linux 操作系统上运行虚拟化云计算、部署高性能运算等应用的用户需求,是知名度最高的 Linux 发行版本。

（2）Debian 版本,Debian GNU/Linux(简称 Debian)是目前世界最大的非商业性 Linux 发行版之一,是由世界范围内 1000 多名计算机业余爱好者和专业人员在业余时间开发的,Debian6.0 包含了一个 100% 开源的 Linux 内核,不包含任何闭源的硬件驱动。所有的闭源软件都被隔离成单独的软件包,放到 Debian 软件源的"non-free"部分。Debian 用户可以自由地选择是使用一个完全开源的系统还是添加一些闭源驱动。

（3）SUSE 版本,原是以 Skackware Linux 为基础,并提供完整德文使用界面的产品。这是最华丽的 Linux 发行版,与 Microsoft 的合作关系密切。对于 SUSE Linux Enterprise 11 系统来说无论在个人应用还是企业级应用都很广泛,无论用户需要具有高可用性的 SAP 服务器,还是需要虚拟设备或者客户桌面,SUSE Linux Enterprise 11 都能够提供用于整体环境的可靠且价格适中的解决方案。

（4）Ubuntu 版本,是基于 Debian 开发的 Linux 发行版,其第一个正式版本于 2004 年 10 月正式推出,Ubuntu 是世界上最流行的 Linux 系统之一。Ubuntu 社区为使用者提供了多种学习、交流、切磋和讨论方式,通过 Ubuntu 庞大的社区组织,用户可以获得很多帮助和支持,使得 Ubuntu 使用起来更加得心应手。Ubuntu 提供的健壮、功能丰富的计算环境,既适合家庭使用又适用于商业环境。

（5）CentOS 版本,全名是 community enterprise operating system,社区企业操作系统,是目前比较受服务器行业欢迎的 Linux 发行版之一。CentOS 是红帽企业级 Linux 发行版之一,也是社区免费版。RHEL 红帽操作系统是其对应的商业版,基本上跟 Red Hat 是兼容的,其稳定性值得信赖、免费且局限性较少,因此人气相当高。

2.2.2　Linux 的组成部分

Linux 一般由内核、shell、文件系统和应用程序四个主要部分组成,如图 2-2-1 所示。其中内核是所有组成部分中最基础、最重要的部分。

1. Linux 内核

内核(kernal)是整个操作系统的核心,管理着整个计算机的软硬件资源。内核控制整体计算机的运行,提供相应的硬件驱动程序、网络接口程序,并管理所有程序的执行。内核提供的都是操作系统最基本的功能。

图 2-2-1　组成部分

Linux 内核源代码主要是用 C 语言编写的,Linux 内核采用比较模块化的结构,主要模块包括存储管理、进程管理、文件系统管理、设备管理和驱动、网络通信及系统调用等。

Linux 内核源代码通常安装在/usr/src/linux 目录下,可供用户查看和修改。

2. Linux shell

shell 是系统的用户界面,提供了用户与内核进行交互操作的各种接口。它接收用户输入的命令并把它送入内核去执行。实际上,shell 是一个命令解释器,它解释由用户输入的命令并把它们送到内核。shell 还有自己的编程语言用于命令编辑,它允许用户编写由 shell

命令组成的程序。shell编程语言具有普通编程语言的很多特点,比如它也有循环结构和分支控制结构等,用这种编程语言编写的shell程序与其他应用程序具有同样的效果。

3. Linux文件系统

文件系统是文件存放在磁盘等存储设备上的组织方法,主要体现在对文件和目录的分组上。目录提供了管理文件的一个方便而有效的途径。我们能够从一个目录切换到另一个目录,而且可以设置目录和文件的权限,设置文件的共享程度。

使用Linux,用户可以设置目录和文件的权限,以便允许或拒绝其他人对其进行访问,Linux目录采用多级树结构,用户可以浏览整个系统,可以进入任何一个已授权进入的目录,访问那里的文件。Linux支持目前流行的多种文件系统格式如ext2、ext3、FAT、FAT32、VFAT及ISO 9660。

4. 应用程序

标准的Linux系统都有一套叫作实用的应用程序,它们是专门的程序,如编辑器、执行标准的计算操作等。用户也可以产生自己的工具。实用工具可分为以下三类。

(1) 编辑器。用于编辑文件,Linux的编辑器主要有Ed、Ex、Vi和Emacs。Ed和Ex是行编辑器,Vi和Emacs是全屏幕编辑器。

(2) 过滤器。用于接收数据并过滤数据。Linux的过滤器(Filter)读取用户文件或其他地方的输入,检查和处理数据,然后输出结果。

(3) 交互程序。允许用户发送信息或接收来自其他用户的信息。交互程序是用户与机器的信息接口。

2.2.3　Linux的基本功能

Linux作为一种操作系统,当然具有操作系统的所有功能,并通过以下管理模块来为用户提供友好的使用环境,实现对整个系统中硬件和软件资源的管理。

1. CPU管理

CPU是计算机最重要的资源,对CPU的管理是操作系统最核心的功能。Linux是多用户多任务操作系统,采用分时方式对CPU的运行时间进行管理。即Linux将CPU的运行时间划分为若干个很短的时间片,CPU依次轮流处理这些等待的任务,如果每项任务在分配给它的一个时间片内不能执行完成的话,就必须暂时中断,等待下一轮CPU对其进行处理,而此时CPU转向处理另一个任务,由于时间片的时间非常短,在不太长的时间内所有任务都能被CPU执行到,都会有所进展。从用户的角度来看,CPU在"同时"为多个用户服务,并"同时"处理多项任务。

2. 存储管理

存储器分为内部存储器(简称内存)和外部存储器(简称外存)两种。内存用于存放当前正在执行的程序代码和正在使用的数据。外存包括硬盘、软盘、光盘、U盘等设备,主要用来保存数据。操作系统的存储管理主要是对内存的管理。

Linux采用虚拟存储技术,也就是以透明的方式提供给用户一个比实际内存大得多的作业地址空间,它是一个非常大的存储器逻辑模型。用处理机提供的逻辑地址访问虚拟存储器,用户可以在一个非常大的地址空间内放心地安排自己的程序和数据,就仿佛拥有这么大的内存空间一样。

Linux 遵循页式存储管理机制，虚拟内存和物理内存均以页为单位加以分割，页的大小固定不变。当需要把虚拟内存中的程序段和数据调入或调出物理内存时，均以页为单位进行。

虚拟内存中某一页与物理内存中某一页的对照关系保存在页表中。当物理内存已经全部被占据，而系统又需要将虚拟内存中的那部分程序段或数据调入内存时，Linux 采用 LRU 算法（least recently used algorithm，最近最少使用算法），淘汰最近没有访问的物理页，从而空出内存空间以调入必需的程序段或数据。

3. 文件管理

文件系统是现代操作系统中不可缺少的组成部分。文件管理是针对计算机的软件资源而设计的，它包括各种系统程序、各种标准的子程序以及大量的应用程序。这些软件资源都是具有一定意义的相互关联的程序和数据的集合，从管理角度把它们看成文件，保存在存储介质上并对其进行管理。目前 Linux 主要采用 ext2 或 ext3 文件系统。

由于采用了虚拟文件系统技术，Linux 可以支持多种文件系统，例如 UMSDOS、MSDOS、VFAT、光盘的 ISO 9660、NTFS、高性能文件系统 HPFS 及实现网络共享的 NFS 文件系统。所谓虚拟文件系统是操作系统和真正的文件系统之间的接口。它将各种不同的文件系统的信息进行转化，形成统一的格式后交给 Linux 操作系统处理，并将结果还原为原来的文件系统格式，对于 Linux 而言，它所处理的是统一的虚拟文件系统，而不需要知道文件所采用的真实文件系统。

Linux 通常都将文件系统通过挂载操作放置于某个目录，从而让不同的文件系统结合成为一个整体，可以方便地与其他操作系统共享数据。

4. 设备管理

设备管理是指对计算机系统中除了 CPU 和内存外所有 I/O 设备的管理。现代计算机系统的外部设备除了显示器、键盘、打印机、磁带、磁盘外，又出现了光盘驱动器、激光打印机、绘图仪、扫描仪、鼠标、声音输入/输出设备以及办公自动化设备等，种类繁多。

Linux 操作系统把所有的外部设备按其数据交换的特性分成三类，如图 2-2-2 所示。

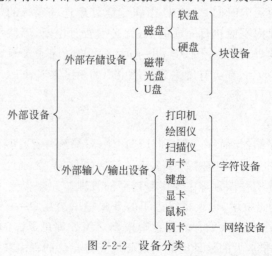

图 2-2-2　设备分类

（1）字符设备。字符设备是以字符为单位进行输入输出的设备,按照字符流的方式被有序访问,如打印机、显示终端等。字符设备大多连接在计算机的串行接口上。CPU 可以直接对字符设备进行读/写,而不需要经过缓冲区,但不能对其随机存取。

（2）块设备。系统中能够随机(不需要按顺序)访问固定大小数据块的设备称为块设备。块设备以数据块为单位进行输入输出,如磁盘、磁带、光盘等。数据块可以是硬盘或软盘上的一个扇区,也可以是磁带上的一个数据段。数据块的大小可以是 512B、1024B 或者 4096B。CPU 不能直接对块设备进行读/写,无论是从块设备读取还是向块设备写入数据,都必须首先将数据送到缓冲区,然后以块为单位进行数据交换。

（3）网络设备。网络设备是以数据包为单位进行数据交换的设备,如以太网卡。网络数据传送时必须按照一定的网络协议对数据进行处理,将其压缩后,再加上数据包头和数据包形成一个较为安全的传输数据包,才能进行网络传输。

无论哪种类型的设备,Linux 都统一把它当成文件来处理,只要安装了驱动程序,任何用户都可以像使用文件一样来使用这些设备,而不必知道它们的具体存在形式。

2.2.4　Linux 与 Windows 的区别

1. 开放性

所谓的开放性就是 Linux 操作系统属于开放的系统,可以对其程序进行编辑修改。而 Windows 系统受到权限保护,只能在微软内部进行开发以及修改。

2. 价格不同

Linux 系统是免费的,Windows 系统是收费的。

3. 文件格式不同

Windows 操作系统内核是 NT,而 Linux 是 shell;Windows 硬盘文件格式是 FAT32 或 NTSF,而 Linux 需要的文件格式是 ext2 或 ext3。

2.2.5　Linux 的优势

Linux 从一个人开发的操作系统雏形经过短短十多年的时间发展成为今天举足轻重的操作系统,与 Windows、UNIX 一起形成操作系统领域三足鼎立的局势,必定有其原因,Linux 自身的特点就是其获得成功的原因。Linux 具有以下优势。

（1）源代码公开。作为程序员,通过阅读 Linux 内核和 Linux 下的其他程序源代码,可以学到很多编程经验和其他知识,作为最终用户也避免了使用 Windows 盗版的尴尬,节省了购买正版操作系统的费用。

（2）系统稳定可靠。Linux 采用了 UNIX 的设计体系,汲取了 UNIX 25 年的发展经验。Linux 操作系统体现了现代操作系统的设计理念和最经得住时间考验的设计方案。在服务器操作系统市场上,Linux 已经超过 Windows 成为服务器首选操作系统。

（3）总体性能突出。在德国一家研究机构最近公布的 Windows 和 Linux 的最新测试结果表明,两种操作系统在各种应用情况下,尤其是在网络应用环境中,Linux 的总体性能更好。

（4）安全性强,病毒危害小。各种病毒的频繁出现使得微软公司几乎每隔几天就要为 Windows 公布补丁。而现在针对 Linux 系统的病毒非常少,而且它公布源代码的开发方式使得各种漏洞在 Linux 上能尽早发现和弥补。

（5）跨平台，可移植性好。Windows 只可以运行在 Intel 构架，但 Linux 还可以运行在 Motorola 公司的 68K 系列 CPU，IBM、Apple 等公司的 PowerPC CPU，Compaq 和 Digital 公司的 Alpha CPU，原 Sun 公司（后被 Oracle 收购）的 SPARC UltraSparc CPU，Intel 公司的 StrongARM CPU 等处理器系统。

（6）完全符合 POSIX 标准。Linux 和现今的 UNIX、System V、BSD 三大主流的 UNIX 系统几乎完全兼容，在 UNIX 下可以运行的程序，完全可以移植到 Linux 下运行。

（7）具有强大的网络服务功能。Linux 诞生于因特网，它具有 UNIX 的特性，保证了其支持所有标准因特网协议，而且内置了 TCP/IP 协议。事实上 Linux 是第一个支持 Pv6 的操作系统。

2.2.6　Linux 的应用领域

Linux 从诞生到现在，已经在各个领域得到了广泛的应用，显示了强大的生命力，并且其应用领域正日益扩大，下面列举其主要领域。

（1）教育领域。设计先进和公开源代码两大特性使 Linux 成为操作系统服务管理的首选方案，教学后可以适应领域较广。

（2）网络服务器领域。稳定、强壮、系统要求低、网络功能强使 Linux 成为各行业 Internet 服务器操作系统的首选，目前已占据 25％服务器操作系统市场比率。利用 Linux 系统可以使企业以低廉的投入架设 E-mail 服务器、WWW 服务器、代理服务器、透明网关、路由器。

（3）个人桌面应用领域。个人桌面系统即使用的个人计算机系统，例如 Windows XP、Windows 7、macOS 等。Linux 系统完全可以满足日常的办公及家用需求。

（4）嵌入式系统应用领域。在嵌入式应用的领域里，从因特网设备（路由器、交换机、防火墙、负载均衡器）到专用的控制系统（自动售货机、手机、PDA、各种家用电器），Linux 操作系统应用广泛，主要有信息家电、手机、PDA、机顶盒、Digital Telephone、Answering Machine、Screen Phone、数据网络、Ethernet Switches、Router、远程通信、医疗电子、交通运输计算机外设、工业控制、航空航天领域等。

任务实施

请总结 Linux 操作系统各个方面的特性，用文档、PPT 或者思维导图的方式呈现，以小组为单位进行汇报。

任务回顾

【知识点总结】
（1）了解 Linux 操作系统的性质及特点。
（2）通过介绍了解 Linux 发展过程。
（3）了解 Linux 的版本划分方式。
（4）掌握 Linux 的主要功能。
（5）熟悉应用 Linux 与 Windows 的区别。

【思考与练习】

UOS 的统一性包括＿＿＿＿、＿＿＿＿、＿＿＿＿、＿＿＿＿、＿＿＿＿、＿＿＿＿。

 项目总结

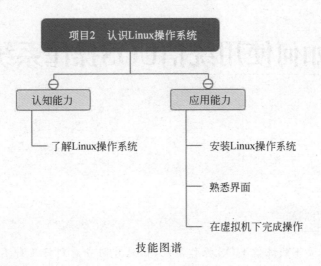

技能图谱

 项目习题

（1）Linux 2.6.20 中的第三个数字 20 表示＿＿＿＿＿＿＿＿＿＿＿＿＿＿。

（2）Linux 系统与 Windows 系统的区别是什么？

项目 3

如何使用统信UOS操作系统

教学视频

花小新：我想要下载统信 UOS 操作系统，但是官网查看到好几种不同的版本，我究竟应该下载哪个呢？

张中成：统信 UOS 操作系统是基于 Linux 的国产操作系统的一员，拥有广泛的用户群体，分为桌面版和服务器版，其中桌面版又分为家庭版、专业版、教育版、社区版四个分支。根据国人审美和使用习惯，具有美观易用、自主研发、安全可靠，高稳定性等特点，兼容国产主流处理器架构，可为各行业领域提供成熟的信息化解决方案。在众多国产 Linux 版本中，统信 UOS 的使用占有率非常高。

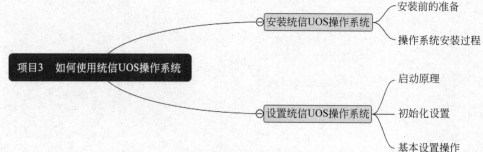

任务 3.1 安装统信 UOS 操作系统

任务描述

花小新：我应该使用什么配置的计算机进行安装呢？

张中成：那我们先来了解一下安装前要做的准备工作。

知识储备

3.1.1 安装前的准备

安装统信 UOS 操作系统需要空白 U 盘一个(8GB 以上)和计算机一台(内存至少 8G)。

安装统信 UOS 系统前，需要确保计算机满足下表所示的配置需求，如表 3-1-1 所示。若低于该配置需求，则系统的用户体验可能会变差。

表 3-1-1 安装统信系统的硬件需求

硬　件	需　　求
处理器	主频 2.0GHz 或更高的多核心处理器
内存	4GB 或更多
硬盘	64GB 或更多的可用空间
显卡	显示输出支持 1024×768 像素分辨率

1. 传统 BIOS（Legacy）

BIOS(基本输入输出系统)是在通电阶段运行自检、硬件初始化的操作，以及为操作系统提供引导的固件。随着 UEFI 的兴起，为了与之区分，传统 BIOS 被命名为 Legacy。

2. UEFI

UEFI(统一可扩展固件接口)是传统 BIOS 的继任者，相比于传统 BIOS，UEFI 在安全性、大容量硬盘支持、启动项设置等方面做出了诸多改进，也是目前主流计算机使用的 BIOS 固件。

3. 分区表

硬盘作为计算机主要的外部存储设备。为了能有效利用且高效管理其存储空间，通常会采用硬盘分区的方式，将其拆分成一个或多个逻辑单元，一个逻辑单元即为一个分区。根据分区类型的不同，需要在硬盘上记录不同的索引数据，便于维护分区信息(如位置、大小等)。这个索引就是常说的分区表，常见的分区表有 MBR(主引导记录)和 GPT(GUID，全局唯一标识符)两种。

1) MBR

若要使用 Legacy 引导模式，必须使用 MBR 分区表才能正确引导系统。受制于 MBR 分区表的大小限制(块大小仅为 512B)，系统只能存有最多 4 个分区(可以是 4 个主分区，或者 3 个主分区加 1 个扩展分区，扩展分区最多只有一个)，以及不支持大于 2TB 容量的磁盘。

在 Linux 系统下，默认将序号 1~4 作为主分区或者扩展分区的序号，逻辑分区从序号 5 开始。

2）GPT(GUID)

使用 UEFI 引导模式，则需要使用 GPT 分区表，并配合特定的 EFI 分区引导系统。相比于 MBR 分区表，GPT 分区表具有支持大容量硬盘，不受 4 分区限制等优势；安装统信 UOS 时，推荐使用 UEFI+GPT 方式，提升系统的使用体验。

4. 文件系统

文件系统定义了操作系统在存储设备上进行文件与数据管理的机制，是一种特殊的软件，与系统内核紧密联系。

统信 UOS 支持 16 种文件系统，分别为 BFS、Btrfs、Cramfs、exFAT、ext2、ext3、ext4、FAT、JFS、MINIX、MS-DOS、NILFS2、NTFS、ReiserFS、VFAT 和 XFS。

常用的文件系统有 ext3、ext4、XFS 和 NTFS，下面对几类文件系统进行简要讲解。

1）ext3 和 ext4

ext3 是早期 Linux 默认使用的文件系统，而 ext4 是 ext3 的改进版本。相比 ext3，ext4 具有可靠性更高（增加日志功能）、可向下兼容 ext3（ext3 可在线迁移至 ext4）、更大的单文件和存储容量支持更大的特点（ext4 可支持 1EB 的存储空间，以及单个 16TB 的文件支持）。

将文件格式化 ext4 命令为 mkfs -t ext4 jan16.img 或 mkfs.ext4 jan16.img。

2）XFS

XFS 是一种高性能的文件系统，适用于数据量大、需要结构伸缩性和稳定性的环境。

将文件格式化 XFS 的命令为 mkfs -t xfs jan16.img 或 mkfs.xfs jan16.img。

3）NTFS

NTFS 是一种用于 Windows NT 内核特别设计的文件系统，具有高安全性、高压缩性、可进行磁盘配额等优点。

虽然统信 UOS 系统能正常识别，但为了数据安全，建议只在临时接入的外部设备（如 U 盘存有数据，但不希望被格式化）挂载成 NTFS，其操作命令为 mount -t ntfs /dev/xvdb3/mnt。

5. 挂载点

相比与 Windows 系统，在 Linux 系统中，并没有采用盘符的方式区别分区，而使用了独特的文件结构层次与挂载点的概念。挂载点是 Linux 系统中磁盘文件系统的入口目录，其中第一层结构称为根（root）目录，使用"/"表示。在文件层次结构标准（FHS）中，所有的文件和目录均出现在根目录"/"之下，即使存储于不同的设备中。

任务实施

3.1.2　操作系统安装过程

1. 下载系统镜像文件

虚拟机安装方式和启动盘安装方式都需要下载系统镜像，如图 3-1-1 所示。可登录以下网址进行下载：https://www.chinauos.com/resource/download-professional。

图 3-1-1　官网下载页面

2. 在虚拟机中安装

下面以用虚拟机安装为例，展示统信 UOS 操作系统的具体步骤。

安装以 VMware WorkStation 15 PRO 虚拟机做演示（安装步骤较为简单，仅做简要提示，省略展示步骤）。

（1）在 VMware WorkStation 软件的导航栏中找到"新建虚拟机"。

（2）在新建虚拟机向导中，保持默认"典型（推荐）"即可。

（3）在"安装客户机操作系统"页面中，先选择"安装程序光盘映像文件（iso）"→"浏览"选项以加载 UOS 系统的映像文件（通常为"＊.iso"格式）。

（4）在"选择客户机操作系统"的界面中，先选择 Linux 选项，然后将版本设置为"Debian 9.x 64 位"。

（5）在"指定磁盘容量"页面中，将"最大磁盘大小（GB）"选项设置成 64GB，并选择"将虚拟磁盘存储位单个文件"。

（6）在"命名虚拟机"页面中，可根据个人需要，编辑"虚拟机名称"和"位置"选项；如果不需要，则保持默认即可。

（7）在"已准备好创建虚拟机"页面中，选择"自定义硬件"选项。

（8）在"硬件"页面的"内存"选项中，将"此虚拟机的内存"选项设置成 2148MB。

（9）在"硬件"页面的"处理器"选项中，将"每个处理器的内核数量"选项设置为 2，并启用"虚拟化 Intel VT-x/EPT 或 AMD-V/RVI"选项（也可以不启用）。

（10）在"硬件"页面的"显示器"选项中，启用"加速 3D 图形"选项，并将"图形内存可用的最大客户机内存量"设置大于 256MB。

（11）设置完成后，单击"硬件"页面的"关闭"按钮。此时会回到"已准备好创建虚拟机"页面，检查配置信息，确认无误后单击"完成"按钮。

（12）在新创建的虚拟机的页面中，选择"开启此虚拟机"选项。

（13）显示"统信 UOS，一键安装系统，简洁操作"画面后，便进入安装程序，选择"自定义设置"选项。

（14）由于是虚拟机安装，安装程序会弹出"友情提示"对话框，单击"下一步"按钮。

（15）在"硬盘分区"页面中，先选择"全盘安装"选项，然后下方的磁盘图标，确认无误后单击"下一步"按钮。

（16）在"准备安装"页面，安装程序会提示对磁盘的处理，由于选择了"全盘安装"选项，此处单击"下一步"按钮。

（17）显示"正在安装"页面，进入下一步。

（18）显示"恭喜您，安装完成"，系统已安装完成，选择"立即重启"选项，体验 UOS 操作系统。

（19）初次启动 UOS 系统，会进入"为了计算机安全，请输入计算机登录密码"页面。

（20）依次输入"用户名""密码"（注意：密码不能包含用户名），确认无误后，单击"确认"按钮。

（21）待系统自动优化配置完成后，显示登录界面。

（22）在登入界面输入正确的密码后，进入系统桌面。使用虚拟机运行统信 UOS 系统初次进入系统桌面时，会弹出"友情提示"对话框，可根据系统建议，选择"普通模式"选项，开始体验统信 UOS。

3. 在物理机上安装

系统镜像如图 3-1-2 所示。

| uniontechos-desktop-20-professional-1050-update1-amd64.iso | 2022/7/27 11:54 | 光盘映像文件 | 3,508,268 KB |

图 3-1-2　UOS 系统镜像文件(ISO 格式)

除此之外，还需要下载系统镜像写入 U 盘的工具。进入深度启动盘制作工具页面下载 deepin-boot-maker 工具，根据自己的系统链接下载，如图 3-1-3 所示。

图 3-1-3　下载深度启动盘制作工具页面

下载好的启动盘制作工具如图 3-1-4 所示。

插入 U 盘，开始制作 UOS 系统启动 U 盘。双击打开工具——"选择光盘镜像文件"——打开，如图 3-1-5 所示。

| deepin-boot-maker.exe | 2022/8/1 10:41 | 应用程序 | 16,331 KB |

图 3-1-4　启动盘制作工具

单击"下一步"按钮,选择要制作启动盘的 U 盘,选择"格式化磁盘可提高制作成功率"选项后开始制作,如图 3-1-6 所示。当看到制作成功,单击"完成"按钮。

图 3-1-5　选择光盘镜像文件

图 3-1-6　制作启动盘 U 盘

下面,开始在没有系统的计算机中安装 UOS 系统,以下步骤按照提示逐步操作。

(1) 把制作好的 U 盘启动盘插入没有系统的计算机,开机按主板引导键,进入 U 盘启动。

(2) 立即安装。注意:如果是多硬盘的话,直接自定义设置;如果只有一块硬盘就"立即安装"。

(3) 硬盘分区,选中计算机中的硬盘,单击"下一步"按钮。

(4) 分区完毕,单击"继续安装"按钮进入系统安装。

(5) 系统安装过程需要 3~5 分钟。

(6) 立即重启。重启过程中 U 盘可以拔掉。

(7) 输入用户名和密码,单击"确定"按钮。

(8) 正在更新系统配置,请稍候……

(9) 输入登录密码。

(10) 进入系统,开始我们的系统体验之旅。

任务回顾

【知识点总结】

(1) 了解安装统信 UOS 操作系统前需要准备哪些硬件和条件。

(2) 理解安装统信 UOS 操作系统的几种方式。

(3) 实施安装统信 UOS 操作系统。

【思考与练习】

选择题(多选)以下(　　)选项是安装统信 UOS 的方式。

A. 虚拟机安装   B. 启动盘安装   C. 裸机安装   D. 双系统安装

任务 3.2　设置统信 UOS 操作系统

任务描述

花小新：我成功完成安装统信 UOS 操作系统了！

张中成：不错，初始化设置也完成了吗？

花小新：是的，我在网络上查找攻略，跟着步骤一步步完成的。

张中成：做得很好，花小新那你准备一个 PPT，为以后的新同事制作一个教学展示，如何？

花小新：可以！

知识储备

3.2.1　启动原理

按开机键后，计算机首先由 BIOS/UEFI 将整个控制权交给启动项引导器来加载操作系统。在统信 UOS 中由"Grand Unified Bootloader(GRUB)"来启动内核和操作系统。

GRUB 是统一资源引导器，也就是引导加载器。它的工作是提供一个菜单，允许用户选择要启动的系统。他的主要特点是开源、可控、功能稳定、更新周期缓慢。

统信 UOS 启动过程是在统信 UOS 启动阶段，GRUB 从 BIOS/UEFI 接管控制权，先进行自身的加载和运行，再将 Linux 内核加载到内存中，最后将控制权移交给 Linux 内核。

GRUB 启动过程作用如下。

（1）识别 Linux 内核。

（2）根据用户选择或配置信息加载内核。

（3）提供内核运行需要的所有参数。

（4）将控制权移交给内核。

GRUB 可以让用户选择引导的内核，或选择引导的操作系统。GRUB 支持引导多种操作系统，如其他 Linux 发行版或 Windows 操作系统。GRUB 菜单允许用户对启动的操作系统和内核进行选择。GRUB 界面设定了倒计时，倒计时结束时如果用户不做任何选择，将以默认配置启动。按 ↑ 键或 ↓ 键可选择不同的选项，按 Enter 键即可进行确认。

GRUB 的配置文件中定义了一系列待使用的值，如倒计时时间、启动的设备路径以及默认的启动项。GRUB 会读取配置文件并按照配置进行加载。

当操作系统启动到 GRUB 界面时，在对应的启动项上按 E 键进入编辑页面，可对启动项信息进行修改。当完成编辑后，按 F10 键或快捷键 Ctrl＋X，即可使用修改后的参数启动操作系统。这种方式不会永久保存配置文件，只适合临时性修改。

GRUB 可用于启动多个操作系统，包括 Windows 操作系统。采用 UEFI 方式安装统信 UOS 时，如果原有操作系统是 Windows，可通过手动分区将原 Windows 的 EFI 分区挂载到统信 UOS 的/boot/efi 路径下,GRUB 可以自动识别该启动项,从而可以在 GRUB 界面选择启动 Windows 操作系统。

任务实施

3.2.2 初始化设置

1. 登录

(1)直接登录。所有用户都必须通过鉴定才能登录系统,启动系统后,系统会提示你输入用户名和口令。系统正常启动,初始化完成后出现登录窗口。

(2)锁屏。锁屏是保护用户数据,锁屏后必须使用用户密码进行登录。在统信 UOS 桌面任务栏中单击齿轮图标,打开控制中心。选择电源管理,可以设置关闭显示器的时间、计算机进入待机模式的时间、自动锁屏时间。

(3)电源管理。单击电源操作按钮"开关"图标,会弹出电源操作相关的列表,包括关机、重启、待机、休眠、锁定、切换用户以及注销。

2. 激活

(1)在统信 UOS 桌面单击"授权管理"图标"U",打开统信 UOS 激活界面,再单击"立即激活"按钮。

(2)在弹出的"Union ID 登录"界面单击"注册新的 Union ID"按钮。

(3)在弹出的《隐私政策》界面选"我已阅读并同意《隐私政策》"后单击"确定"按钮。

(4)在 Union ID 注册界面使用手机微信扫描二维码。

(5)使用手机微信扫描二维码后,按照提示进行填写账号信息、验证手机号码、设置登录密码。

(6)完成操作后回到统信操作系统,可以看到统信 UOS 操作系统已经被激活。

3.2.3 基本设置操作

1. 新建文件夹/文档

UOS 系统在日常操作方面对用户还是非常友善的,在桌面上可以通过单击鼠标右键来进行新建文件夹或文档。还可以像在文件管理器一样右击桌面文件和文件夹,对文件和文件夹进行常规的使用和管理。

2. 命令行操作

UOS 是基于 Linux 5.3 内核发展而来的,那么它自然是支持命令行操作模式的,在桌面单击右键选择"在终端打开"打开命令行终端。

3. 设置排序方式

在新建文件或文件夹后可以按照自己的需求来对桌面文件进行一个排序整理,和 Windows 系统一样,UOS 的"排序方式"选项中有按名称、修改时间、大小和类型四种排序方式,除此之外我们还可以看到在"图标大小"选项下面还有一个"自动排列"的选项,如果你选"自动排列"那么桌面文件就会按照从上到下、从左往右的方式自动排列在一起,在文件被删除后,其他文件会自动填充被删文件的空缺位置。

4. 调整图标

（1）调整图标大小。在 UOS 系统桌面上我们可以根据自己的分辨率和屏幕大小对桌面图标进行调整，单击右键桌面选择"图标大小"，根据自己的需求选择最小、小、中、大、最大五种图标大小。除了固定的这几个大小类型之外，用户还可以通过使用快捷键 Ctrl ＋/－ 更改桌面图标大小，或者是按住 Ctrl 键滑动鼠标滚轮来更改图标大小。

（2）修改图标样式。和 Windows 系统一样，UOS 支持桌面图标个性化，打开"控制中心"选择"个性化"在这里可以根据用户的喜好更改通用主题、图标主题、光标主题和字体。

要注意的是和 Windows 系统一样，在个性化中用户中只能使用系统给出的几个图标主题，无法自定义图标，如果需要自定义图标的话需要到"系统盘"下的 usr/share/icons/bloom/mimetypes 目录下找到对应的 APP 图标的 svg 文件进行更改替换。

5. 设置显示器

在桌面上可以快速进入控制中心，设置显示器的缩放比例、分辨率以及亮度等。具体操作步骤可以观看我们 UOS 系列的控制中心章节的自定义设置部分。

6. 壁纸与屏保

在日常办公学习中，很多人长期看一款计算机壁纸，时间久了就有些腻了，用一个精美、时尚的壁纸来美化桌面，既赏心悦目又能体现出我们的个性与品位。

在设置屏保时可以根据个人需求选"恢复时需要密码"，选后在关闭屏保时则需要输入密码才能回到桌面，虽然多了一个解锁步骤，但是可以更好地保护个人的隐私。

7. 剪贴板

剪贴板用于展示当前用户登录操作系统后复制和剪切的所有文本、图片以及文件。使用剪贴板可以快速复制其中的某项内容。

（1）使用快捷键 Ctrl＋Alt＋V 可以快速调出剪贴板。

（2）双击剪贴板内你想复制的区块，会快速的复制选中区块的内容，且选中区块会被移至剪贴板的顶部。

（3）将光标移动至你想要粘贴的目标位置，单击右键选择粘贴。

（4）将光标移动至剪贴板的某一个区块，单击右上方的关闭按钮"×"，即可关闭当前区块；单击剪贴板顶部的全部清除按钮，即可清空剪贴板。

8. 任务栏

任务栏主要是由启动器、应用图标、托盘区、系统插件等区域组成。在任务栏中可以打开启动器、显示桌面、进入工作区，对于其上的应用程序进行打开、新建、关闭、强制退出等操作，还可以设置输入法、调节音量、连接 Wi-Fi、查看日历和进入关机界面，以及查看详细图标的说明。

UOS 的任务栏默认分为"时尚模式"和"高效模式"，在任务栏上单击右键，选择"模式"就可以进行切换了。UOS 的任务栏也可以改变位置；同样是单击右键任务栏，选择状态，可以选择任务栏的隐藏或显示；单击右键任务栏，选择插件选项卡可以自定义任务栏的插件的显示或隐藏。

9. 回收站

无论哪一厂商生产的操作系统，它都会自带一个临时保存被删除文件的系统文件夹，我们习惯称其为"回收站",存放在回收站的文件可以恢复。用好和管理好回收站、打造富有个性功能的回收站可以更加方便我们日常的文档维护工作。

10. 启动器

通过启动器可以管理系统中所有已安装的应用,在启动器中使用分类导航或搜索功能可以快速找到需要的应用程序。

启动器有全屏和小窗口两种模式,单击启动器界面右上角的图标即可切换模式。两种模式均支持搜索应用、设置快捷方式等操作。小窗口模式还支持快速打开文件管理器、控制中心以及进入关机界面等功能。在启动器中,可以进行排列、查找、运行和卸载应用等操作,方便进行应用管理。

全屏模式下,系统默认按照安装时间排列所有应用;小窗口模式下,系统默认按照使用频率排列应用。除此之外,还可以根据需要对应用进行排列,具体操作步骤如下。

(1) 将鼠标指针悬停在应用图标上,单击鼠标左键不放,将应用图标拖曳到指定的位置自由排列。

(2) 家庭版的启动器会将应用按其类型进行归类放置。

11. 运行和卸载应用

对于已经创建了桌面或任务栏快捷方式的应用,可以通过以下途径来打开应用。

(1) 双击桌面快捷方式,或右击桌面快捷方式并选择"打开"。

(2) 直接单击任务栏中的应用快捷方式,或右击任务栏中的应用快捷方式并选择"打开"。

创建桌面或任务栏快捷方式的应用,可以单击应用图标打开应用,或右击应用图标选择打开。具体操作步骤如下。

(1) 单击桌面底部的启动器按钮,进入启动器界面。

(2) 上下滚动鼠标滚轮浏览或通过搜索,找到应用图标,单击即可打开应用。

(3) 右击应用图标。选择"打开"即可打开应用。除此之外,还可单击"开机自动启动"将应用程序添加到开机启动项,在计算机开机时自动运行该应用。对于常用应用,可以在启动器中右击应用图标,选择"开机自动启动"将应用程序添加到开机启动项,在计算机开机时自动运行该应用。

(4) 对于不再使用的应用,可以选择将其卸载,以节省硬盘空间。

12. 快捷方式

通过快捷方式可以简单、快捷地启动应用。在启动器界面,可以设置快捷方式,如创建快捷方式和删除快捷方式等。

将应用发送到桌面或任务栏中,即可创建快捷方式,方便后续启动应用。

在启动器中,右击应用图标所示,其选项如下所示。

(1) 选择"发送到桌面",在桌面创建快捷方式。

(2) 选择"发送到任务栏",将应用快捷方式固定到任务栏。

从启动器拖曳应用图标到任务栏中放置可以创建快捷方式。但是当应用处于运行状态时将无法通过这种方式创建,此时可以右击任务栏上的应用图标,选择"驻留"将应用快捷方式固定到任务栏,以便下次使用时从任务栏中快速启动应用。

13. 窗口管理

可以通过以下方式切换当前工作区的桌面窗口，切换方式及操作。

（1）快速切换相邻窗口。同时按下 Alt＋Tab 组合键并快速释放，快速切换当前窗口和相邻程序窗口；同时按下 Alt＋Shift＋Tab 组合键并快速释放，快速反向切换当前窗口和相邻程序窗口。

（2）快速切换同类型窗口。同时按下 Alt＋～组合键并快速释放，快速切换当前窗口和相邻程序窗口；同时按下 Alt＋Shift＋～组合键并快速释放，快速反向切换当前同类型窗口。

（3）切换所有窗口。按住 Alt 键不放，连续按下 Tab 键，所有窗口依次向右切换显示；按住 Alt＋Shift 组合键不放，连续按下 Tab 键，所有窗口依次向左切换显示。

（4）切换同类型窗口。按住 Alt 键不放，连续按下～键，当前同类型窗口依次向右切换显示；按住 Alt＋Shift 组合键不放，连续按下～键，窗口依次向左切换显示。

14. 键盘

使用键盘可以在各个界面区域内进行切换、选择对象以及执行操作。

15. 触控手势

如果计算机带有触控板或触屏，可以使用触控手势来进行操作。触控手势分为触控板手势和触屏手势两种。

在触控板上可以使用手势进行操作，特定手势显示对应的操作效果。在 Linux 系统中的 Super 键就是 Windows 系统中的 Win 键。

16. 系统监视器

系统监视器是一个对硬件负载、程序运行以及系统服务进行监测和管理的系统工具。系统监视器可以实时监控处理器状态、内存占用率、网络上传/下载速度等，还可以管理程序进程和系统服务，支持搜索进程和强制结束进程。

1）搜索进程

在系统监视器中可以通过顶部的搜索框搜索想要查看的应用进程，具体操作步骤如下。在系统监视器顶部的搜索框中，可以通过如下两种方式输入内容，单击搜索按钮，输入关键字；单击语音助手按钮，输入语音，语音会转化为文字显示在搜索框中，输入内容后即可快速定位。当搜索到匹配的信息时，界面会显示搜索的结果列表。当没有搜索到匹配的信息时，界面会显示"无结果"。

2）硬件监控

系统监视器可以实时地监控计算机的处理器、内存及网络等的状态。

处理器监控使用数值和图形实时显示处理器占用率，还可以通过圆环或波形显示最近一段时间的处理器占用趋势，通过主菜单下的"视图-设置"选项，可以切换紧凑视图和舒展视图。

在紧凑视图下，使用示波图和百分比数字显示处理器运行的负载情况。示波图显示最近一段时间的处理器运行负载情况，曲线会根据波峰、波谷高度自适应示波图的高度。

在舒展视图下，使用圆环图和百分比数字显示处理器的运行负载。圆环中间的曲线显示最近一段时间处理器的运行负载情况，曲线会根据波峰、波谷高度自适应圆环内部的高度。

3）程序进程管理

切换进程：监视器右上角的三个图标分别代表着应用程序、我的程序和所有程序。

4）调整进程排序

进程列表可以根据名称、处理器、用户、内存、上传、下载、磁盘读取、磁盘写入、进程号、Nice 以及优先级等进行排列。

在系统监视器界面单击进程列表顶部的标签,进程会按照对应的标签排序,双击可以切换升序和降序。

在系统监视器界面右击进程列表顶部的标签栏,可以取消某个选项来隐藏对应的列,再次选中可以恢复显示。

5）结束进程

在系统监视器中可以结束进程,具体操作步骤如下：在系统监视器界面上,右击需要结束的进程,选择"结束进程",在弹出窗口单击"结束"按钮,确认结束该进程。

6）结束应用程序

在系统监视器中可以结束应用程序,具体操作如下。在系统监视器界面,单击"主菜单"按钮;选择"强制结束应用程序";根据屏幕提示在桌面上单击想要关闭的应用程序窗口;在弹出的窗口单击"强制结束"按钮,确认结束该应用程序。

7）暂停和恢复进程

在系统监视器中可以暂停和恢复进程,具体操作步骤如下。在系统监视器界面上,右击某个进程,选择"暂停进程",被暂停的进程会带有"暂停"标记并变成红色,再次右击被暂停的进程,选择"恢复进程"可以恢复该进程。

8）改变进程优先级

在系统监视器中可以改变进程的优先级,具体操作如下。在系统监视器界面上,右击某个进程,选择"改变优先级",选择"种优先级"。

9）查看进程路径

通过系统监视器可以查看进程路径并打开进程所在目录,具体操作如下。在系统监视器界面上,右击某个进程,选择"查看命令所在位置",可以在文件管理器中打开该进程所在的目录。

10）查看进程属性

在系统监视器中可以查看进程属性,具体操作步骤如下：在系统监视器界面上,右击某个进程。选择"属性",可以查看进程的名称、命令行以及启动时间等。

17. 系统服务管理

在系统监视器中可以对系统服务进行启动、停止、重新启动以及刷新的操作。在系统服务列表,禁止强制结束应用程序。

为了让系统更好地运行,请勿中断系统服务自身的进程和根进程。

启动系统服务的具体操作步骤如下。

（1）在系统监视器界面上,选择"系统服务"。

（2）选中某个未启动的系统服务,右击,选择"启动"。

（3）如果弹出授权窗口,需要输入密码授权。

（4）再次右击该系统服务,选择"刷新",其"活动"列的状态会变为"已启用"。类似地,还可以完成停止系统服务和重新启动系统服务。

 任务回顾

【知识点总结】

（1）了解了统信 UOS 操作系统的启动、激活等流程。

（2）学习了统信 UOS 操作系统的设置方法。

【思考与练习】

（1）请简单叙述以下统信 UOS 操作系统的启动步骤。

（2）请参考统信 UOS 操作系统的界面结构,简述每个部分的名称和主要功能。

项 目 总 结

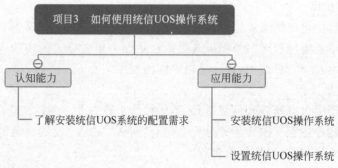

 项 目 习 题

使用统信 UOS 操作系统的顺序是(　　)。

A. 下载、安装、设置　　　　　　B. 安装、下载、设置

C. 设置、安装、下载　　　　　　D. 安装、设置、下载

项目 4

走进终端与Shell解释器

教学视频

经过一番周折,花小新终于在自己的计算机上通过 VMware Workstation 成功创建虚拟机并安装统信操作系统。通过这次安装,花小新知道了一些之前从未接触的概念,如虚拟机、磁盘分区、格式化等。但花小新在工作中发现,同事们在使用系统时,大部分的工作都是使用命令完成的。花小新很疑惑,向张中成请教,张中成告诉他:"虽然图形化的操作界面简单、直观,但是工作中使用 Linux 都是通过命令行实现的。通过这种方式不仅占用的系统资源更少,安全性和效率更高,而且灵活性更强。因此,技术人员通常更愿意使用 Linux 命令完成他们的工作。"

花小新恍然大悟,决定下一番功夫学习 Linux 命令的使用,更深入地了解 Linux 操作系统。

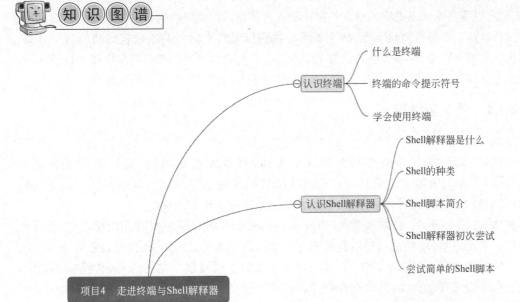

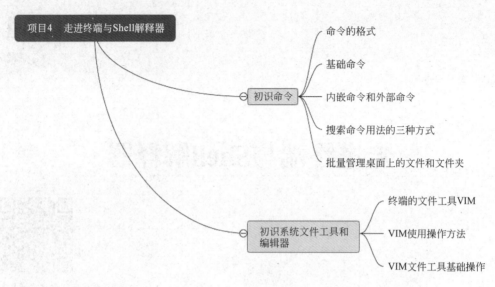

任务 4.1　认识终端

任务描述

张中成：本项目的第一个任务将带领大家认识 Linux 操作系统中的常用命令。通过这些命令的学习，大家不仅能掌握常用命令的基本用法，还能理解 Linux 命令行界面的基本操作，体会命令行界面与图形用户界面的不同。

知识储备

计算机系统由硬件系统和软件系统两大部分组成。其中硬件由五个基本部分组成，即运算器、控制器、存储器、输入设备和输出设备，其中运算器、控制器和存储器都包含在主机当中。输入、输出设备主要向主机输入信息和向外部输出信息。台式机的输入设备通常包括键盘、鼠标、麦克风，输出设备包括显示器、扬声器等。我们可以将上面的两段内容归纳为两个公式：计算机＝主机＋终端，终端＝输入设备＋输出设备。台式机的主机和终端在物理上是分开的，笔记本电脑却是一个整体，但我们仍然可以将笔记本电脑的设备分为主机和终端。

4.1.1　什么是终端

终端(terminal)是 UNIX/Linux 世界里的一个基本的、重要的概念。终端是人与机器交互的接口，人和机器是两个相互独立的实体，当人使用机器时，必须借助某种接口(interface)才能与机器交流信息。台式机的接口包括显示器、键盘、鼠标、扬声器、麦克风等，UNIX 和 Linux 把这种使得人和机器可以交互的接口称为终端。

在 20 世纪 80 年代，终端被称为 terminal emulators，它不是软件程序而是硬件，是一种常规输入输出设备，由键盘和显示器组成。终端的目的不是处理信息，而是将命令发送到另一个系统。随着现代计算机的发明，我们有了终端的应用程序。在统信 UOS 操作系统中，当我们单击以打开名称为"终端"的图标时，将打开的这个窗口称为终端。该终端是一个程序，可为用户提供简单的命令行界面，并执行以下两个任务。

（1）以命令的形式接受用户的输入。

（2）在屏幕上显示输出。

4.1.2　终端的命令提示符号

在默认配置下,终端窗口如图 4-1-1 所示,界面中将显示一串提示符,它由四部分组成,格式为"当前用户名@主机名 当前目录 命令提示符"。

图 4-1-1　终端窗口

这里重点说明命令提示符的组成及含义。以"jixf@jixf-PC：$"为例,"jixf"表示当前的登录用户名。"jixf-PC"是系统主机名,二者用"@"符号分隔。系统主机名右侧的"："表示用户当前的工作目录,而不同用户的主目录通常并不相同。打开终端窗口后,默认的工作目录是登录用户的主目录,用"～"表示。如果用户的工作目录发生改变,则命令提示符的这一部分也会随之改变。可以注意到还有一个"$"符号,它是当前登录用户的身份级别指示符。如果是普通用户,则用"$"字符表示;如果是超级用户,则用"♯"字符表示。

任务实施

4.1.3　学会使用终端

1.使用入门

通过以下方式运行或关闭终端,或者创建终端的快捷方式。

1）运行终端

单击任务栏中的启动器图标 ,进入启动器界面。上下滚动鼠标滚轮浏览或通过搜索,找到终端图标 ,单击运行。

用鼠标右击 图标,出现可选菜单,可以进行以下操作。

（1）选择"发送到桌面",在系统的桌面创建快捷方式。

（2）选择"发送到任务栏",将应用程序固定到任务栏。

（3）选择"开机自动启动",将应用程序添加到开机启动项,在计算机开机时自动运行该应用。

说明：使用快捷键 Ctrl＋Alt＋T 可以快速打开一个终端。

2）关闭终端

（1）在终端界面单击✖按钮,退出终端。

（2）在任务栏中用鼠标右击 >_ 图标，选择"关闭所有"，退出终端。

（3）在终端界面单击 ☰ 按钮，选择"退出"，退出终端。

说明：如果关闭终端时，终端里面依然有程序在运行，会弹出一个对话框询问用户是否退出（使用快捷键 Ctrl＋C 停止进程，可以重试退出），避免强制关闭引起的用户数据丢失。

3）查看快捷键

在终端界面，使用快捷键 Ctrl＋Shift＋?，可以打开快捷键预览界面。熟练地使用快捷键，可以大大提升操作效率，如图 4-1-2 所示。

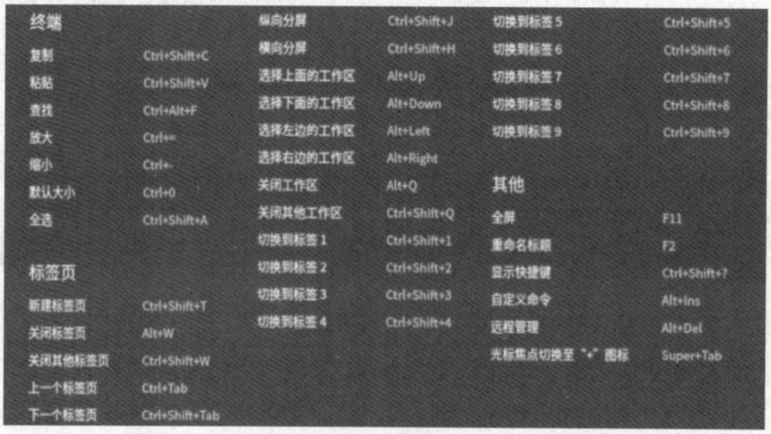

图 4-1-2　查看快捷键

2. 基本操作

由于统信操作系统提供了图形化界面，方便用户操作，只需要在系统桌面空白处右击选择"在终端中打开"菜单。打开终端界面后可以右击，选择常规操作，如图 4-1-3 所示。

图 4-1-3　右击来选择常规操作

3. 窗口操作

1）全屏显示

在终端界面，按下 F11 键或右击选择"全屏"，终端窗口将全屏显示。如果要恢复正常大小显示,按下 F11 键或右击选择退出全屏。

2) 分隔工作区

在终端界面右击,选择终端纵向分屏,工作区被分为左右两个部分,如图 4-1-4 所示。

图 4-1-4　终端纵向分屏

选择终端横向分屏,工作区被分为上下两个部分,如图 4-1-5 所示。

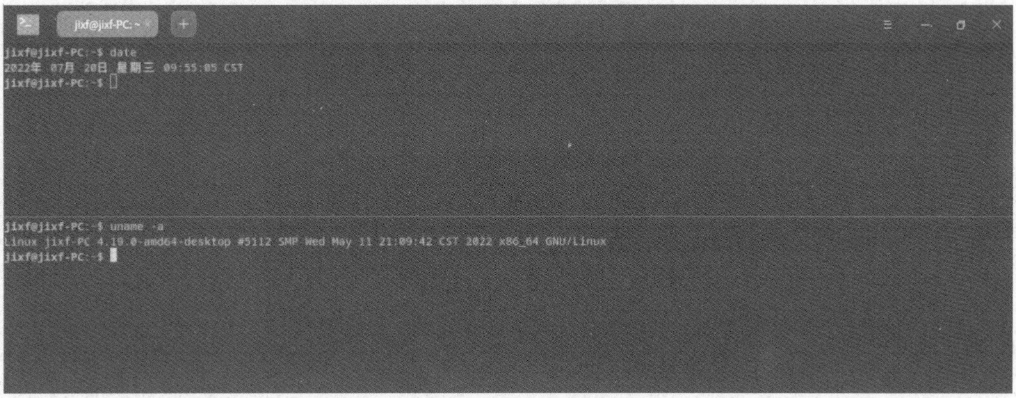

图 4-1-5　终端横向分屏

可以在各个工作区中输入命令,并同时查看到命令执行的结果。使用快捷键 Ctrl＋Shift＋J 纵向分屏、Ctrl＋Shift＋H 横向分屏。

4.标签页操作

1) 新建标签页

(1) 在终端界面单击标签页上的"＋"按钮,新建标签页。

(2) 在终端界面右击,选择"新建标签页"。

(3) 打开一个终端界面后,可以使用快捷键 Ctrl＋Shift＋T 打开多个终端窗口。

多个标签页的演示结果如图 4-1-6 所示。

图 4-1-6　通过快捷键打开多个终端窗口

2）切换/调整标签页

通过以下方法在多个标签页之间进行切换和调整。

（1）使用快捷键 Ctrl+Tab 或将鼠标置于标签页上，滚动鼠标滚轮以依次切换标签页。

（2）使用快捷键 Ctrl+Shift+1～9 数字键来选择对应的标签页，当标签页大于 9 时，将选中最后一个标签页。

（3）同一窗口内，拖曳标签页可以调整顺序。

（4）拖曳标签页移出当前窗口，创建一个新的窗口。

（5）拖曳标签页，可以将其从一个窗口移到另一个窗口中。

下面我们通过不同的用户登录，来查看终端不同身份级别的指示符。

（1）使用普通用户 jixf 登录终端（这里可以使用你自己的用户名）。

（2）切换用户，使用 root 超级用户登录。

注意：系统默认使用普通用户登录。其中 pwd 命令为显示当前工作目录的路径，su 命令为切换用户。要想获取 root 用户权限，必须开启开发者模式。

执行结果如图 4-1-7 所示。

图 4-1-7　不同用户的提示符

用户可以在提示符 $ 之后输入 Linux 的命令，然后按 Enter 键执行该命令。例如，输入"cd /tmp"，其中 cd 是命令，用于改变工作目录，该指令表示将工作目录切换成"/tmp"，用户进行目录切换等操作后，当前工作目录会发生变化，原来显示"～"位置的内容也变成了"/tmp"，如图 4-1-8 所示。

图 4-1-8　工作目录切换

任务回顾

【知识点总结】

（1）终端的含义。

（2）终端的命令提示符，区分不同登录用户身份级别的指示符。

（3）使用终端的基本技巧。

【思考与练习】

Linux 终端提示符的组成部分都有哪些？简要说明一下。

任务 4.2　认识 Shell 解释器

任务描述

花小新：学习到 Shell，让我很疑惑，有好几种 shell 的概念，特别容易混淆。

张中成：确实是，简单地描述就是 Shell 命令的集合组成 Shell 脚本，由 Shell 解释器执行，最终显示脚本运行的结果。下面这个任务我们主要学习什么是 Shell、什么是 Shell 命令、什么是 Shell 脚本以及它们之间的关系。

知识储备

内核是一个计算机程序，它是计算机操作系统的核心，可以完全控制系统中的一切。它具有文件管理、进程管理、I/O 管理、内存管理、设备管理等功能。

人们常常误以为 Linus Torvalds 开发了 Linux 操作系统，但实际上他只开发了 Linux 的内核。完整的 Linux 系统＝内核＋GNU 系统实用程序和库＋其他管理脚本＋安装脚本等。

4.2.1　Shell 解释器是什么

Shell 俗称为操作系统的"外壳"，它实际上是一个命令的解释程序，提供了用户与 Linux 内核之间交互的接口，是用户和操作系统内核之间的桥梁。用户在使用操作系统时，与用户直接交互的不是计算机硬件，而是 Shell。用户把命令告诉 Shell，Shell 再传递给系统内核，接着内核支配计算机硬件去执行各种操作，如图 4-2-1 所示。

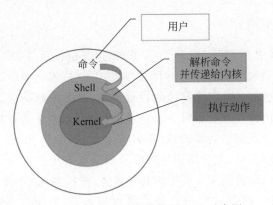

图 4-2-1　Linux 操作系统的 Shell 示意图

Shell 通常分为两种类型：命令行 Shell 与图形化 Shell。顾名思义，前者提供一个基于命令行的操作界面，后者提供一个图形化操作界面。在 Linux 系统中，通常所说的 Shell 指的是字符操作界面的 Shell 解释程序。

4.2.2　Shell 的种类

Linux 的 Shell 种类有很多，较具代表性的有 Bourne Shell、C Shell、Korn Shell、POSIX Shell 以及 Bourne Again Shell（Bash）等。跟大多数 Linux 发行版一样，统信操作系统默认

使用的 Shell 种类是 Bash,Bash 是 Bourne Again Shell 的缩写。

用户打开终端仿真器后,系统会自动运行一个默认的 Shell 程序,方便用户进行 Linux 操作系统命令行操作。用户可以看到 Shell 的提示符,在提示符后输入一串字符,Shell 将对这一串字符进行解释。

在命令行中输入 echo $SHELL,可以查看当前使用的 Shell 程序。读者可以通过/etc/shells 查看当前系统中有效的 Shell 程序。

输入如下指令。

```
jixf@jixf-PC:~$ echo $ SHELL        #查看当前使用的 Shell 程序
jixf@jixf-PC:~$ cat /etc/shells     #查看当前系统中有效的 Shell 程序
```

以上指令的执行结果如图 4-2-2 所示。

图 4-2-2　查看当前系统中使用的 Shell 程序

4.2.3　Shell 脚本简介

在讲解 Shell 脚本之前,我们先复习一下 Shell、Shell 命令、Shell 脚本三者的区别。Shell 是一种使用 C 语言编写的命令行解释器,被用来解析用户命令,实现用户与系统的交互。Shell 命令则是用户向系统内核发送的控制请求,这个控制请求是无法被内核理解的,只是一个文本流,需要解释器进行解释。在特定的情况下,硬件需要执行很多命令,这时可以将命令集合起来,结合控制语句编辑成 Shell 脚本文件,交给 Shell 批量执行。Shell 脚本与 Windows 下的批处理相似,主要功能是方便管理员或者用户进行系统设置或者管理,但它比 Windows 下的批处理更强大。其工作的本质为,将各类 Shell 命令预先放入一个文件,然后批量执行,满足用户的各种需求。开发者可以直接以 Shell 的语法来写程序,支持 Linux/UNIX 下的命令调用。作为一种编程语言,Shell 语言与 C 语言存在显著不同,Shell 语言是一种解释型语言,不需要经过编译、汇编等过程。

任务实施

4.2.4　Shell 解释器初次尝试

1. 命令自动补全

在 Linux 操作系统中,有太多的命令和文件名称需要记忆。Linux 的 Bash 相当智能化,支持使用命令和文件名补全功能。读者在输入命令或文件名的时候,只需要输入该命令或文件名的前几个字符,然后按 Tab 键,Shell 程序就可以自动将其补全,将部分命令名或者文件名快速补充完整。当匹配项只有一个时,按下 Tab 键可自动补全命令;对于存在多个匹配结果的情况,连续按 Tab 键两次可查看以指定字符开头的所有相关匹配结果。

1）自动补全功能

按一次 Tab 键自动补全命令或者文件名。首先,在命令行中输入"ls /u",然后按 Tab 键,系统会自动将该指令补全成"ls /usr"。然后按 Enter 键,即可执行该指令,执行结果如图 4-2-3 所示。

```
jixf@jixf-PC:~$ ls /u "Tab"
```

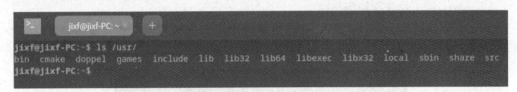

图 4-2-3　自动补全命令

2）自动列出候选项

按两次 Tab 键可自列出候选项。首先在命令行中输入"ls /usr/l",然后按 Tab 键系统并没有自动补全,而是发出提示音,此时用户再按 Tab 键,系统将反馈"lib/""lib32/""lib64/""libexec/""libx32""local/"六个匹配项供用户选择。用户再输入一个字符"o",然后按 Tab 键,系统会自动将该命令补全成"ls /usr/local"。最后按 Enter 键,即执行该指令,执行结果如图 4-2-4 所示。

```
jixf@jixf-PC:~$ ls /usr/l "Tab""Tab"
jixf@jixf-PC:~$ ls /usr/lo "Tab"
```

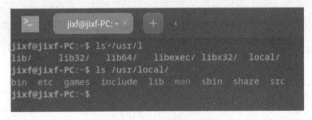

图 4-2-4　自动列出候选项

2. 强制中断命令运行

部分命令运行时间较长。例如,许多与网络相关的命令,由于网络状况不佳,可能会导致用户长时间等待。如果想提前终止该命令,可以按 Ctrl+C 组合键强制中断命令运行,执行结果如图 4-2-5 所示。

3. 命令历史记录

Bash 还具备完善的历史记录功能。在使用 Linux 操作系统的时候,每一个操作过的命令都会被记录到命令历史中,之后可以通过命令来查看和使用以前操作的命令。Shell 程序

图 4-2-5　强制命令运行

提供了许多快捷键,用于搜索历史命令。其中最常用的历史命令快捷键是向上方向箭头和向下方向箭头,用于快速查找历史命令。

首先执行 pwd 和 whoami 两条指令,然后使用↑键或↓键可以快速找出这两条指令,甚至还可以找出之前使用过的指令,执行结果如图 4-2-6 所示。

图 4-2-6　使用快捷键搜索历史命令

4.2.5　尝试简单的 Shell 脚本

实验目的:通过编写简单的 Shell 脚本实现在终端打印"hello,Shell!"信息。

(1) 新建脚本文件。打开文本编辑器,在桌面上新建一个文本文件,并将其命名为 test.sh。

(2) 编辑文件内容。在 test.sh 文件中输入如下代码。

```
#!/bin/bash
    echo "hello,Shell!"          #这是当前语句的注释
```

(3) 运行 Shell 脚本。运行 Shell 脚本主要有 3 种方法。

① 为 Shell 脚本添加可执行权限。

② 直接使用 Bash 或 sh 来运行 Shell 脚本。

③ 使用 source 命令运行 Shell 脚本。

下面将使用第②种运行 Shell 脚本的做法。

(4) 打开终端命令行,切换到 Desktop 目录下,输入如下指令。

```
jixf@jixf-PC:~$ cd Desktop/
jixf@jixf-PC:~/Desktop$ ls
```

其执行结果如图 4-2-7 所示。

(5) 运行脚本,执行如下指令。

图 4-2-7　切换到 Desktop 目录

```
jixf@jixf-PC:~/Desktop$ bash test.sh
jixf@jixf-PC:~/Desktop$ sh test.sh
```

其执行结果如图 4-2-8 所示。

图 4-2-8　运行脚本结果

任务回顾

【知识点总结】

（1）什么是 Shell 解释器。

（2）Shell 种类。

（3）Shell 脚本运行。

【思考与练习】

简述 Shell 解释器、Shell 命令、Shell 脚本的区别。

任务 4.3　初识命令

任务描述

花小新：我弄懂 shell 是怎么回事了。接下来我应该如何系统地学习呢？

张中成：统信操作系统的一个重要特点就是提供了丰富的命令。对用户来说，如何在文本模式和终端模式下，实现对系统文件、目录浏览、操作等各种管理，是衡量用户操作系统应用水平的一个重要方面，如复制、移动、删除、查看等命令，可根据需要来完成各种管理操作任务，所以掌握常用的命令是非常必要的。本任务将主要讲解 Shell 命令基础、文件、目录管理、常见内嵌和外部命令以及搜索命令的用法等。

知识储备

Shell 是操作系统的外壳，我们可以通过 shell 命令来操作和控制操作系统。Linux Shell 主要提供以下几种功能。

（1）解释用户在命令行提示符下输入的命令。

（2）提供个性化的用户环境，通常由 Shell 初始化配置文件（如.profile、.login 等）实现。

（3）编写 Shell 脚本，实现高级管理功能。

其中解释用户输入的命令是 Shell 最主要的功能。Shell 是一个命令解释器，它通过接受用户输入的 Shell 命令来启动、暂停、停止程序的运行或对计算机进行控制。

Linux 指令可分为两类。

（1）内部命令，指 shell 内部集成的命令，此类命令无须人为安装，开机后自动运行在内存中，例如 cd、type、echo、time、true 等。

（2）外部命令，指通过外部介质安装的命令工具包，如通过 yum、rpm 等方式。

4.3.1　命令的格式

用户进入命令行界面时，可以看到一个 shell 提示符（管理员为♯，普通用户为$），提示符标识命令行的开始，用户可以在后面输入任何命令及其选项和参数。输入命令必须遵循一定的语法规则，命令行中输入的第 1 项必须是一个命令的名称（command），从第 2 项开始是命令的选项（option）或参数（arguments），各项之间必须由空格或者 Tab 制表符隔开，格式如下：

> 提示符 command［选项］［参数］

注意：有的命令不带任何选项和参数。Linux 命令行严格区分大小写，命令、选项和参数都是如此。

命令格式说明如下。

（1）command。command 为命令名称，例如，查看当前文件夹下的文件或文件夹的命令是 ls（英文小写）。

（2）选项。［选项］表示可选，是对命令的特别定义，以连接符"-"开始，多个选项之间可以用连接符"-"连接起来，主要用于改变命令执行动作的类型。例如，如果没有任何选项，ls 命令只能列出当前目录中所有文件和目录的名称，而使用带-l 选项的 ls 命令将列出文件和目录列表的详细信息。

使用一个命令的多个选项时，可以简化输入。例如，将命令 ls -l -a 简写为 ls -la。对于由多个字符组成的选项（长选项格式），前面必须使用"--"符号，如 ls --directory。有些选项既可以使用短选项格式，又可以使用长选项格式，例如 ls -a 和 ls -all 意义相同。

（3）参数。［参数］表示可选，为跟在选项后的参数，或者是 command 后面的参数。参数可以是文件名称，也可以是目录；可以没有，也可以有多个。例如，不带参数的 ls 命令只能列出当前目录下的文件和目录，而使用参数可以列出指定目录或者文件中的文件和目录。例如：

```
jixf@jixf-PC:~$ ls /home/jixf/Desktop/
```

以上命令的执行结果如图 4-3-1 所示。

图 4-3-1　列出指定目录的文件目录

有时我们在输入 Linux 命令行时需要帮助，我们可以使用 Linux 命令行帮助系统。
（1）使用 man 命令获取帮助。

man 命令用于查看 Linux 操作系统的手册，是 Linux 中使用最为广泛的帮助形式。man 手册资源主要于/usr/share/man 目录下。man 命令的基本格式如下：

```
man［选项］［名称］
```

在命令行提示符后输入"man 命令名"可以显示该命令的帮助信息。man 命令可以格式化并显示在线的册页，其内容包括命令语法、各选项的意义以及相关命令等。例如，输入 man uname 可以获取 uname 命令的帮助信息。输入如下指令。

```
jixf@jixf-PC:~$ man uname
```

以上代码的执行结果如图 4-3-2 所示。在该界面中，使用↑或↓键可以滚动屏幕，查看更多内容。输入 q，可以退出该帮助信息界面而返回命令提示符界面。

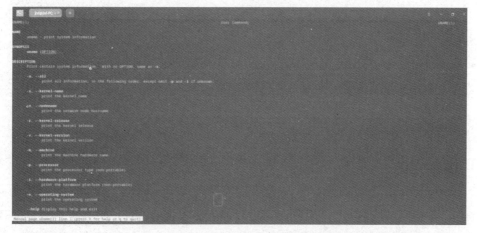

图 4-3-2　使用 man 命令获取帮助信息

（2）使用--help 选项获取帮助。

使用--help 选项可以显示命令的使用方法和命令选项的含义。只要在所需要的显示的命令后面输入--help 选项,就可以看到所查命令的帮助内容了。基本格式如下：

```
命令名称 --help
```

与前面的帮助系统不同,使用--help 选项获取到的帮助信息会直接在所输入的指令的下一行开始显示,并且光标将停留在新的命令行提示符之后。在该界面中,使用鼠标中键（滚动轮）可以向上/下滚动屏幕,查看更多内容。

例如,输入如下命令。

```
jixf@jixf-PC:~$ uname --help
```

以上指令的执行结果如图 4-3-3 所示。

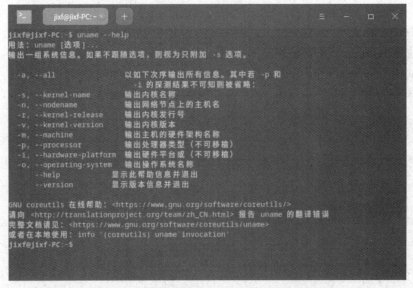

图 4-3-3　使用 --help 选项获取帮助信息

4.3.2　基础命令

1. who

who 命令主要用于查看当前用户登录的用户。输入如下命令。

```
jixf@jixf-PC:~$ who -a
```

以上命令的执行结果如图 4-3-4 所示。

2. pwd

pwd(print working directory)用来显示当前工作目录的路径。该命令无参数和选项。在工作过程中用户可以在被授权的任意目录下用 mkdir 命令创建新目录,也可以用 cd 命令

图 4-3-4　who 实例

从一个目录转换到另一个目录。然而，没有提示符来告知用户目前处于哪一个目录中，要想知道当前所处的目录，可以用 pwd 命令。

每次打开终端时，系统都会处在某个当前工作目录下，一般开启终端后默认的当前工作目录是用户的主目录。输入如下命令。

```
jixf@jixf-PC:~$ pwd
```

以上命令的执行结果如图 4-3-5 所示。

图 4-3-5　pwd 命令实例 1

用户 jixf 首先位于自己的主目录/home/jixf 中，然后切换到目录/dev。输入如下命令。

```
jixf@jixf-PC:~$ pwd
jixf@jixf-PC:~$ cd /dev
jixf@jixf-PC:~$ pwd
```

以上命令的执行结果如图 4-3-6 所示。

图 4-3-6　pwd 命令实例 2

3. cd

cd(change directory)命令的作用是改变工作目录。其命令格式如下：

```
cd [目录]
```

指令中的目录参数可是当前路径下的目录，也可以是其他位置的目录。对于其他位置的目录，需要给定详细的路径。例如，/etc 是一个路径，/ect/apt 是一个路径，/etc/apt/apt.conf.d 也是一个路径。

路径的分类如下。

（1）绝对路径。从根目录（用/表示）开始的路径，如/usr、/usr/local、/usr/local/etc 等是绝对路径，它指向系统中一个绝对的位置。

（2）相对路径。路径不是由"/"开始的，相对路径的起点为当前目录。如果现在位于/usr 目录，那么相对路径 local/etc 所指示的位置为/usr/local/etc。也就是说，相对路径所指示的位置，除了相对路径本身外，还受到当前位置的影响。

描述相对路径，有 5 个比较常用的符号需要读者掌握。

（1）当前登录用户的主目录，用"~"表示。

（2）切换到指定用户的主目录，用"~用户名"表示。

（3）上次所在目录，用"-"表示。

（4）当前目录，用"."表示。

（5）当前目录的父目录，用".."表示。

如果只输入 cd，未指定目标目录名，则返回到当前用户的主目录，等同于 cd ~。一般用户的主目录默认在/home 下，root 用户的默认主目录为/root。

注意：为了能够进入指定的目录，用户必须拥有对指定目录的执行和读/写权限。

例如，以普通用户 jixf 身份登录到系统中，进行目录切换等操作。执行以下命令。

```
jixf@jixf-PC:~$ pwd              #显示当前工作目录
jixf@jixf-PC:~$ cd /etc          #以绝对路径进入 etc 目录
jixf@jixf-PC:/etc$ cd apt        #以相对路径进行 apt 目录
jixf@jixf-PC:/etc/apt$ pwd
jixf@jixf-PC:/etc/apt$ cd.        #当前目录
jixf@jixf-PC:/etc/apt$ cd..       #返回上一级目录
jixf@jixf-PC:/etc$ pwd
jixf@jixf-PC:/etc$ cd ~           #返回当前登录用户的主目录
jixf@jixf-PC:~$ pwd
jixf@jixf-PC:~$ cd -              #返回上一次所在目录
```

以上命令的执行结果如图 4-3-7 所示。

4. ls

ls 是 list 的缩写，不加参数时，ls 命令用来显示当前目录清单，是 Linux 中最常用的命令之一。通过 ls 命令不仅可以查看 Linux 文件夹包含的文件，还可以查看文件及目录的权限、目录信息等。其命令格式如下：

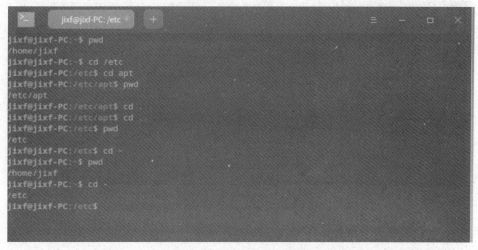

图 4-3-7　cd 目录切换实例

ls［选项］目录或文件名

ls 命令各选项及其参数含义如表 4-3-1 所示。

表 4-3-1　ls 命令各选项及其参数含义

选项	参数含义
-a	显示所有档案与目录
-A	显示除隐藏文件"."和"..."以外的所有文件列表
-l	长格式输出,包含文件属性,显示详细信息

（1）显示当前目录下的文件以及包含"."开头的隐藏文件,输入如下指令。

```
jixf@jixf-PC:~$ ls        #默认显示当前目录下的文件
jixf@jixf-PC:~$ ls -a
#添加-a参数后,显示当前目录下的所有文件,包含"."开头的隐藏文件
```

以上指令的执行结果如图 4-3-8 所示。

图 4-3-8　ls 实例 1

（2）显示当前目录下文件的详细信息,输入如下指令。

```
jixf@jixf-PC:~$ ls -l
#添加-l参数后,显示当前目录下文件的详细信息,如权限、文件大小、修改时间等
```

以上指令的执行结果如图 4-3-9 所示。

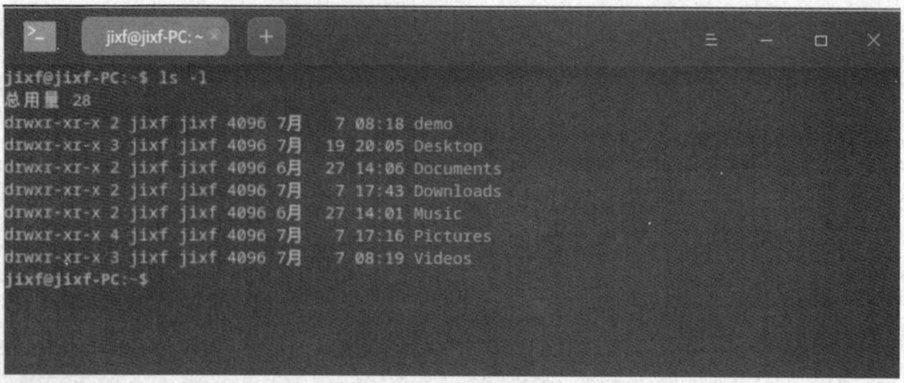

图 4-3-9　ls实例2

（3）显示当前目录下所有文件或目录的详细信息。

利用组合选项 ls -a -l 可显示当前目录下所有文件或目录的详细信息。输入如下指令（下面两条命令的功能一样）。

```
jixf@jixf-PC:~$ ls -al
jixf@jixf-PC:~$ ls -l -a
```

以上指令的执行结果如图 4-3-10 所示。

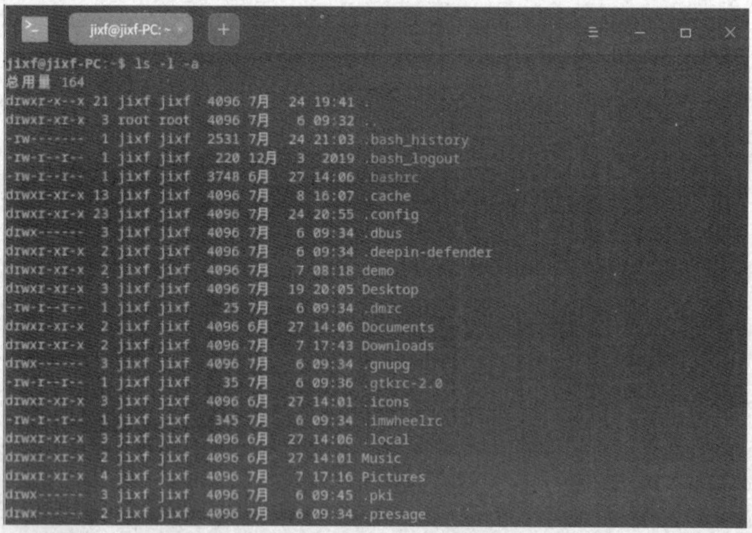

图 4-3-10　ls实例3

5. mkdir

mkdir 命令用于创建指定的目录名，要求用户在当前目录下具有写权限，并且指定的目录名不能是当前目录下已有的目录名。目录可以是绝对路径，也可以是相对路径。其命令格式如下：

```
mkdir［选项］目录...
```

在该命令中,选项的主要参数含义如表 4-3-2 所示。

表 4-3-2　mkdir 命令选项及其主要参数含义

选　　项	参　数　含　义
-m, --mode	设定权限<模式>(类似 chmod),而不是 rwxrwxrwx 减 umask
-p, --parents	可以是一个路径名称。此时,若路径中的某些目录尚不存在,加上此选项后,系统将自动建立好那些尚不存在的目录,即一次可以建立多个目录
-v, --verbose	每次创建新目录都显示信息
--help	显示此帮助信息并退出
--version	输出版本信息并退出

(1) 创建新目录时显示提示信息。

在当前目录下创建一个空的目录 sample,创建新目录时显示提示信息。输入如下命令。

```
jixf@jixf-PC:~$ pwd      #查看当前目录
jixf@jixf-PC:~$ mkdir -v sample
jixf@jixf-PC:~$ cd sample
jixf@jixf-PC:~$ pwd
```

以上命令的执行结果如图 4-3-11 所示。

图 4-3-11　mkdir 实例 1

(2) 递归创建多层目录。

使用-p 参数可以递归创建多个嵌套的目录。输入如下命令。

```
jixf@jixf-PC:~/sample$ pwd
jixf@jixf-PC:~/sample$ mkdir -pv test1/test2
jixf@jixf-PC:~/sample$ cd test1/test2/
jixf@jixf-PC:~/sample/test1/test2$ pwd
jixf@jixf-PC:~/sample/test1/test2$ cd~
```

以上命令的执行结果如图 4-3-12 所示。

(3) 一次创建多个目录。

输入如下命令。

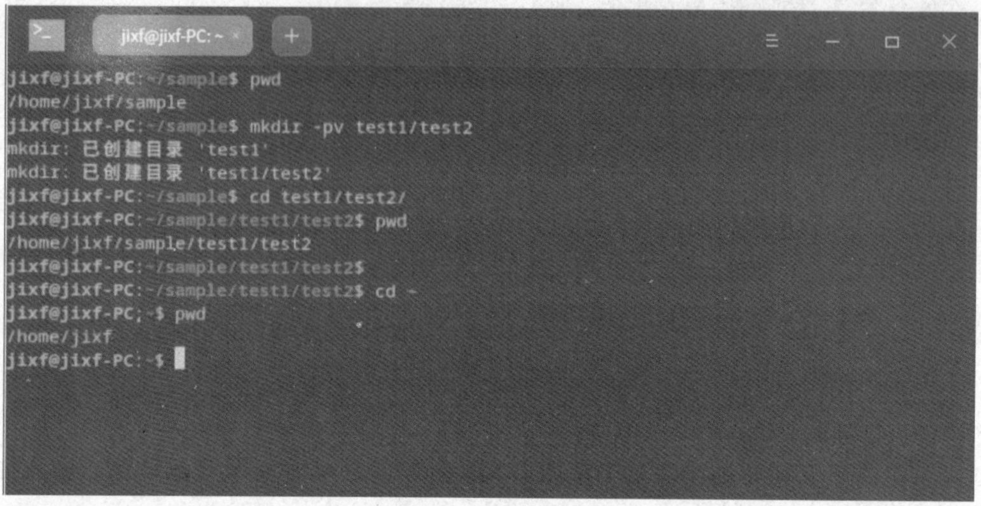

图 4-3-12　mkdir 实例 2

```
jixf@jixf-PC:~$ cd sample
jixf@jixf-PC:~/sample$ ls      #检查并确认当前目录下时候存在一个名为 test1 的目录
jixf@jixf-PC:~/sample$ mkdir -v test1 test2 test3
#创建 3 个文件夹，注意 test1 已经存在，故将提示无法创建
jixf@jixf-PC:~/sample$ ls
```

以上命令的执行结果如图 4-3-13 所示。

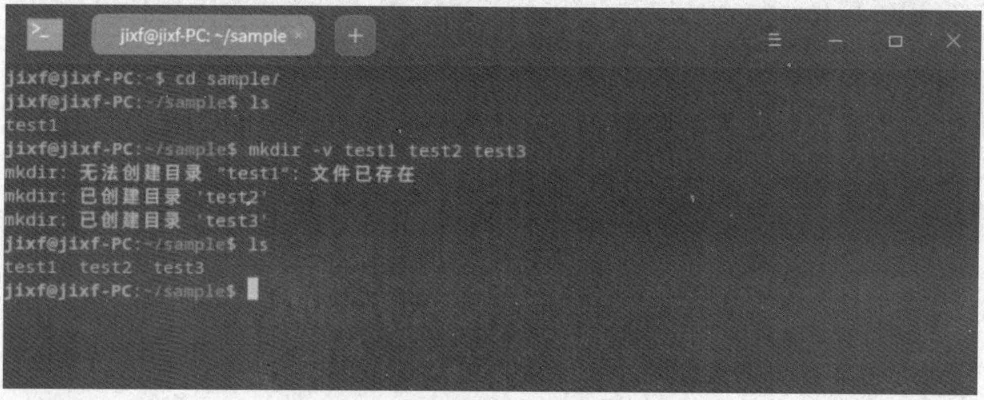

图 4-3-13　mkdir 实例 3

6. touch

touch 命令用于创建空文件，也可以用于更改 UNIX 和 Linux 操作系统上现有文件的时间戳。这里所说的更改时间戳表示更新及修改文件和目录的访问时间，其命令格式如下：

```
touch [选项] 目录或文件名
```

在该命令中，选项的主要参数含义如表 4-3-3 所示。

表 4-3-3 touch 命令选项及其主要参数含义

选 项	参 数 含 义
-a	改变档案的读取时间记录
-m	改变档案的修改时间记录
-r	使用参考档的时间记录，与 --file 的效果一样
-c	不创建新文件
-d	设定时间与日期，可以使用各种不同的格式
-t	设定档案的时间记录，格式与 date 命令相同
--no-create	不创建新文件
--help	显示帮助信息
--version	列出版本信息

（1）创建空文件。

在 Linux 系统上使用 touch 命令创建空文件，须输入 touch＋文件名。输入如下命令。

```
jixf@jixf-PC:~$touch jixf.txt
jixf@jixf-PC:~$ ls -l jixf.txt
jixf@jixf-PC:~$ stat jixf.txt        #读者可以使用 stat 命令查看文件更详细的状态信息
```

以上命令的执行结果如图 4-3-14 所示。

图 4-3-14 touch 实例 1

（2）更改文件和目录的修改时间。

我们可以使用系统当前时间来更新文件和目录的修改时间，在 touch 命令中使用-m 选项即可。上一个实例执行完后，请等待一定的时间，再输入如下命令。

```
jixf@jixf-PC:~$touch-mjixf.txt
jixf@jixf-PC:~$ stat jixf.txt
```

以上命令的执行结果如图 4-3-15 所示。

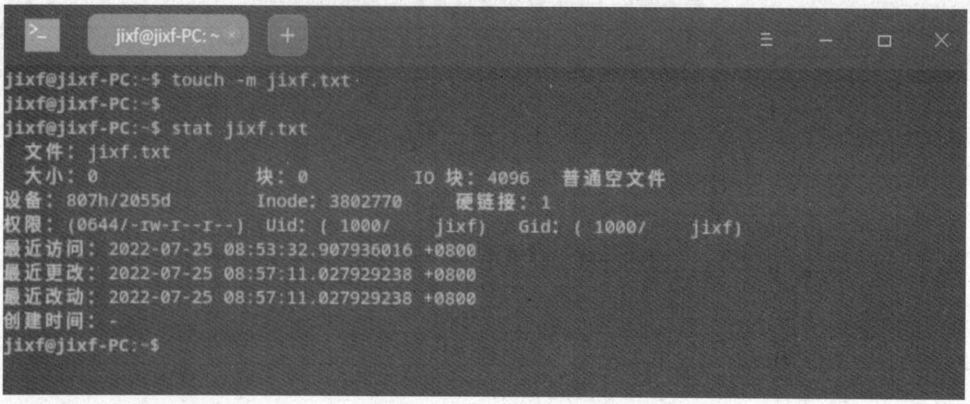

图 4-3-15 touch 实例 2

（3）更改文件和目录的访问和修改时间。

默认情况下，touch 命令使用系统当前时间来更改文件和目录的访问和修改时间。假设我们要将其设置为特定的日期和时间，则可以使用选项-t 来实现。输入如下命令。

```
jixf@jixf-PC:~$ touch -c -t 202012121234 jixf.txt#指定了年月日和时间信息
jixf@jixf-PC:~$ stat jixf.txt
```

以上命令的执行结果如图 4-3-16 所示。

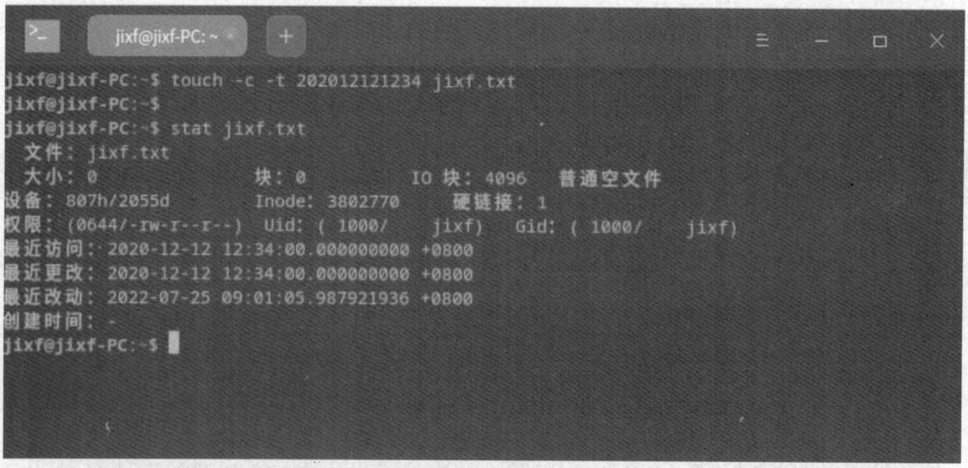

图 4-3-16 touch 实例 3

7. cat

cat 命令的作用是连接文件或标准输入并输出。这个命令常用来显示文件内容，或者将几个文件连接起来显示，或者从标准输入读取内容并显示，常与重定向符号匹配使用。其命令格式如下：

```
cat［选项］文件名
```

在该命令中，选项的主要参数含义如表 4-3-4 所示。

表 4-3-4 **cat命令选项及其主要参数含义**

选 项	参 数 含 义
n 或 --number	由 1 开始对所有输出的行数编号
b 或 --number-nonblank	和-n 相似,只不过对于空白行不编号
s 或 --squeeze-blank	当遇到有连续两行以上的空白行,就代换为一行的空白行
v 或 --show-nonprinting	使用^和 M-符号,除了 LFD 和 TAB 外
E 或 --show-ends	在每行结束处显示 $
T 或 --show-tabs	将 TAB 字符显示为^I

(1)查看文件内容。

由于我们上面使用 touch 命令创建了 jixf.txt 文件,下面我们使用文本编辑器的打开方式对文件内容进行修改(任务 4.4 将学习用 vim 命令来操作文件,此处暂不介绍)。输入如下命令。

```
jixf@jixf-PC:~$cat jixf.txt
```

以上命令的执行结果如图 4-3-17 所示。

图 4-3-17 cat 实例 1

我们也可以通过选项-n 或-E 对文件的输出内容进行格式化显示。如对输出的所有行进行编号,由 1 开始对所有输出的行数进行编号,在每行结束处显示$。输入如下命令。

```
jixf@jixf-PC:~$cat jixf.txt
```

以上命令的执行结果如图 4-3-18 所示。

图 4-3-18 cat 实例 2

（2）把 textfile1 的文档内容加上行号后输入 textfile2 这个文档里。

我们也可以指定文件内容的格式，重新定向输出到另外一个文件中。输入如下命令。

```
jixf@jixf-PC:~$ cat -n jixf.txt > lineNumJixf.txt
jixf@jixf-PC:~$ ls
jixf@jixf-PC:~$ cat lineNumJixf.txt
```

以上命令的执行结果如图 4-3-19 所示。

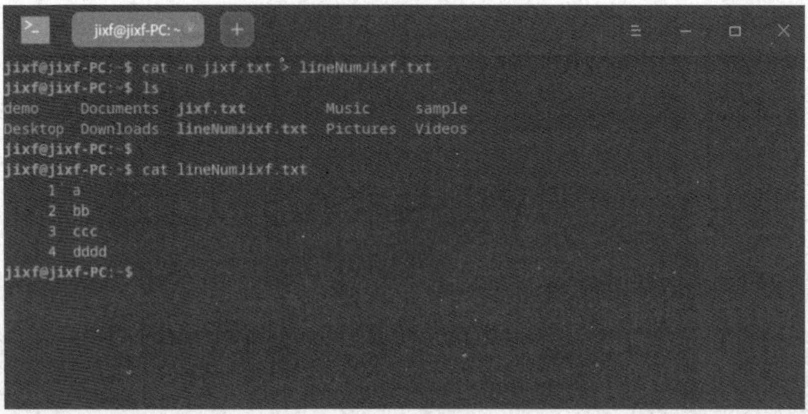

图 4-3-19　cat 实例 3

8. cp

cp 指令用于复制文件或目录。若同时指定多个文件或目录，且最后的目的地是个已经存在的目录，则它会把前面指定的所有文件或目录复制到此目录中。若同时指定多个文件或目录，而目的地并非一个已存在的目录，则会出现错误信息。其命令格式如下：

cp [选项] [文件]

在该命令中，选项的主要参数含义如表 4-3-5 所示。

表 4-3-5　cp 命令选项及其主要参数含义

选项	参 数 含 义
-f	若目标文件已存在，则会直接覆盖原文件
-i	若目标文件已存在，则会询问是否覆盖原文件
-p	保留源文件或目录的所有属性
-r	递归复制文件和目录
-d	当复制符号连接时，把目标文件或目录也建立为符号连接，并指向与源文件或目录连接的原始文件或目录
-l	对源文件建立硬连接，而非复制文件
-s	对源文件建立符号连接，而非复制文件
-b	覆盖已存在的文件目标前将目标文件备份
-v	详细显示 cp 命令执行的操作过程
-a	等价于"dpr"选项

（1）复制文件。

复制文件 jixf.txt 到 jixf1。假定读者依次完成了上面的实验，那么此时，在当前目录下应存在一个名为 jixf.txt 的文件。为了区分 cp 复制命令不带选项和带选项-p 的区别，读者需要将 jixf.txt 文件的访问和修改时间重置为"202012121234"（具体参见 touch 命令讲解部分）。输入如下命令。

```
jixf@jixf-PC:~$cp jixf.txt jixf1
jixf@jixf-PC:~$ ls -l jixf*
```

以上命令的执行结果如图 4-3-20 所示。

图 4-3-20　cp 实例 1

注意：jixf1 的时间是当前系统时间。

（2）复制文件，且保留时间信息。

如果把修改时间等信息也复制到新文件中，则需要使用-p 参数。输入如下命令。

```
jixf@jixf-PC:~$cp-p jixf.txt jixf2
jixf@jixf-PC:~$ ls -l jixf*
```

以上命令的执行结果如图 4-3-21 所示。

图 4-3-21　cp 实例 2

（3）同时复制多个文件到指定目录。

使用 mkdir 创建目录 dir1，然后将两个文件复制到该目录。输入如下命令。

```
jixf@jixf-PC:~$ mkdir dir1
jixf@jixf-PC:~$ cp jixf.txt jixf1 dir1/
jixf@jixf-PC:~$ ls dir1/
jixf@jixf-PC:~$ ls -al dir1/
```

以上命令的执行结果如图 4-3-22 所示。

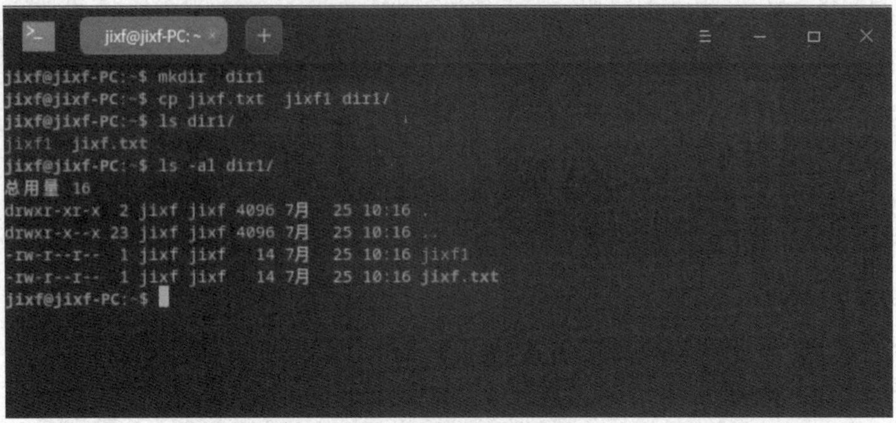

图 4-3-22　cp 实例 3

（4）复制目录。

将目录 dir1 复制到目录 dir2。假定读者依次完成了上面的实验，那么此时，在当前目录下应存在一个名为 dir1 的目录。输入如下命令。

```
jixf@jixf-PC:~$ ls -al dir1/
jixf@jixf-PC:~$ cp dir1/ dir2
jixf@jixf-PC:~$ cp -r dir1/ dir2
jixf@jixf-PC:~$ ls -al dir2/
```

以上命令的执行结果如图 4-3-23 所示。

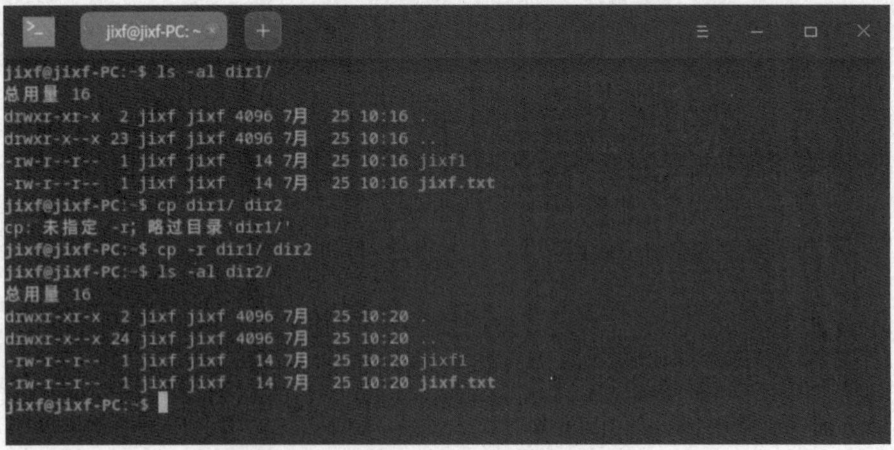

图 4-3-23　cp 实例 4

9. mv

mv 命令是 move 的缩写。mv 是 Linux 操作系统下的常用命令，经常用来备份文件或目录。用户可以使用 mv 命令将文件或目录移入其他位置。用户也可以使用 mv 命令来为文件或目录改名。其命令格式如下：

```
mv [选项] [源文件|目录] [目标文件|目录]
```

在该命令中,选项的主要参数含义如表 4-3-6 所示。

表 4-3-6 mv 命令选项及其主要参数含义

选项	参 数 含 义
-i	若存在同名文件,则向用户询问是否覆盖
-f	覆盖已有文件时,不进行任何提示
-b	当文件存在时,覆盖前为其创建一个备份
-u	当源文件比目标文件新,或者目标文件不存在时,才执行移动此操作

(1) 将文件重命名。

将 jixf.txt 改名为 jixf2022.txt。假定读者依次完成了上面的实验,那么此时,在当前目录下应存在一个名为 jixf.txt 的文件。输入如下命令。

```
jixf@jixf-PC:~$ ls jixf*
jixf@jixf-PC:~$ mv jixf.txt jixf2022.txt
jixf@jixf-PC:~$ ls jixf*
```

以上命令的执行结果如图 4-3-24 所示。

图 4-3-24 mv 实例 1

(2) 移动文件。

首先将当前目录下的 jixf2022.txt 文件移动到 dir1 目录,然后将 dir1 目录下的 jixf2022.txt 文件重新移动到当前目录中。输入如下命令。

```
jixf@jixf-PC:~$ ls dir1/
jixf@jixf-PC:~$ mv -i jixf2022.txt dir1/
#指令中的-i表示 dir1 中有同名文件时,将提示是否覆盖
jixf@jixf-PC:~$ ls dir1/
jixf@jixf-PC:~$  mv dir1/jixf2022.txt .
#上面指令中的"."表示当前目录
jixf@jixf-PC:~$  ls dir1/
jixf@jixf-PC:~$  ls jixf*
```

以上命令的执行结果如图 4-3-25 所示。

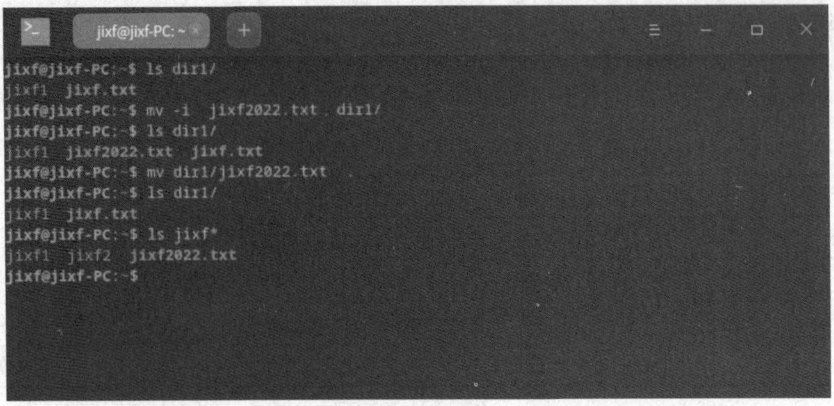

图 4-3-25　mv 实例 2

（3）移动文件，并提示是否覆盖。

首先将当前目录下的 jixf2022.txt 文件复制到 dir1 目录中，使 dir1 目录和当前目录中都存在了一个 jixf2022.txt 文件。假定此时修改了其中一个 jixf2022.txt 文件，然后，将当前目录中的 jixf2022.txt 文件移动到 dir1 目录中，由于此时两个 jixf2022.txt 文件内容已不同，会导致 dir1 目录中的原有文件丢失。因此，在移动文件时会提示是否覆盖。这一功能可以通过在 mv 命令中增加-i 参数来实现。先输入 y，然后继续移动并覆盖原有文件。输入如下命令。

```
jixf@jixf-PC:~$ ls dir1/
jixf@jixf-PC:~$ ls jixf*
jixf@jixf-PC:~$ cp jixf2022.txt dir1/
jixf@jixf-PC:~$ ls dir1/
jixf@jixf-PC:~$ ls jixf*
jixf@jixf-PC:~$ mv -i jixf2022.txt dir1/
mv:是否覆盖'dir1/jixf2022.txt'?  y
jixf@jixf-PC:~$ ls jixf*
jixf@jixf-PC:~$ ls dir1/
```

以上命令的执行结果如图 4-3-26 所示。

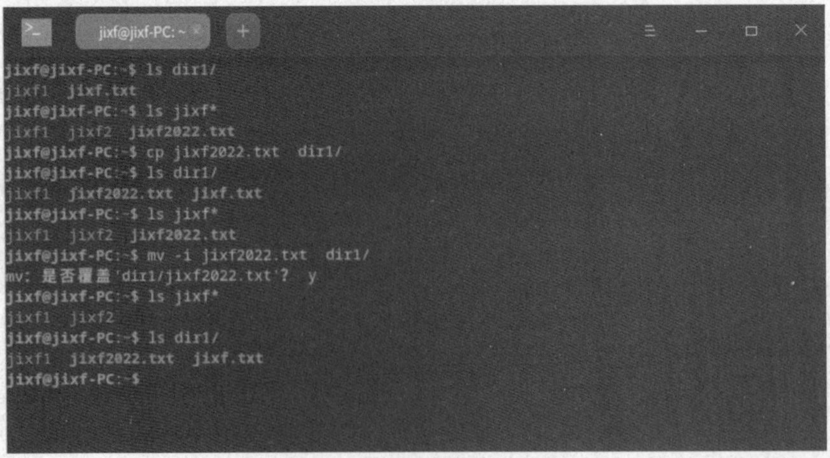

图 4-3-26　mv 实例 3

10. rm

rm 命令用于删除文件或者目录。rm 可以删除一个目录下的多个文件或者目录。它也可以删除某个目录及其下的所有文件夹。其命令格式如下：

```
rm［选项］［文件|目录］
```

在该命令中,选项的主要参数含义如表 4-3-7 所示。

表 4-3-7　rm 命令选项及其主要参数含义

选项	参 数 含 义
-f	忽略不存在的文件,不会出现警告信息
-i	删除前会询问用户是否操作
-r/R	递归删除
-v	显示指令的详细执行过程

（1）删除文件之前进行确认。

删除 dir1 目录下的 jixf2022.txt 文件。假定读者依次完成了上面的实验,那么此时,在 dir1 目录下应存在一个名为 jixf2022.txt 的文件。输入如下命令。

```
jixf@jixf-PC:~$ cd dir1/
jixf@jixf-PC:~/dir1$ ls
jixf@jixf-PC:~/dir1$ rm -i jixf2022.txt
rm:是否删除普通文件'jixf2022.txt'? n
jixf@jixf-PC:~/dir1$ ls
jixf@jixf-PC:~/dir1$ rm -i jixf2022.txt
rm:是否删除普通文件'jixf2022.txt'? y
jixf@jixf-PC:~/dir1$ ls
```

以上命令的执行结果如图 4-3-27 所示。

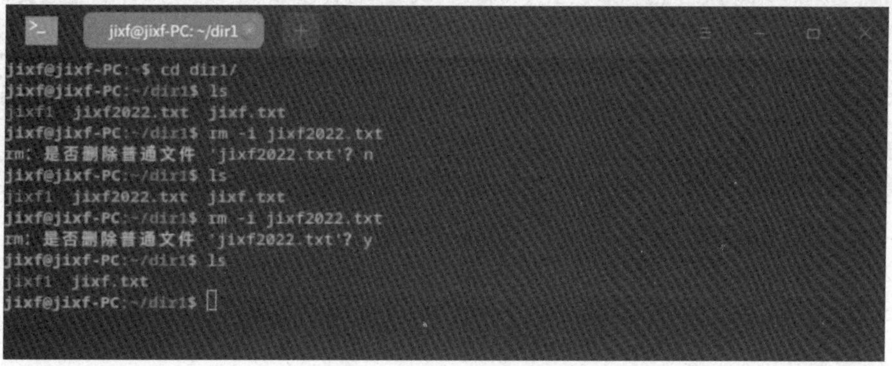

图 4-3-27　rm 实例 1

（2）删除目录。

删除目录 dir1。假定读者依次完成了上面的实验,那么此时,在当前目录下应存在一个名为 dir1 的目录。使用-r 参数可以删除目录。输入如下命令。

```
jixf@jixf-PC:~$ ls dir1/
jixf@jixf-PC:~$ rm dir1
jixf@jixf-PC:~$ rm -r dir1
jixf@jixf-PC:~$ ls dir1
```

以上命令的执行结果如图 4-3-28 所示。

图 4-3-28　rm 实例 2

（3）强制删除目录。

一般情况下，要删除的文件或者目录应当存在，否则会提示没有文件或目录。如果添加-f 参数，则不管有没有文件或目录，都会进行删除操作。假定读者依次完成了上面的实验，那么此时，在当前目录下并没有一个名为 dir1 的文件或目录。输入如下命令。

```
jixf@jixf-PC:~$ ls dir1
jixf@jixf-PC:~$ rm dir1
jixf@jixf-PC:~$ rm -r dir1
jixf@jixf-PC:~$ rm -rf dir1
```

以上命令的执行结果如图 4-3-29 所示。

图 4-3-29　rm 实例 3

4.3.3　内嵌命令和外部命令

1. 内嵌命令

1）alias

alias 命令可以为指定命令定义一个别名。查看所有别名，输入如下命令。

```
jixf@jixf-PC:~$ alias
```

以上命令的执行结果如图 4-3-30 所示。

图 4-3-30　alias 查看所有别名

打开终端，输入 ll（英文小写）命令，系统提示"未找到命令"，执行结果如图 4-3-31 所示。

图 4-3-31　ll 未找到命令

用过 Redhat 的朋友应该很熟悉 ll 这个命令，就相当于 ls -l。严格来 ll 不是一个命令，只是命令的别名而已。设置别名：输入如下命令。

```
jixf@jixf-PC:~$ alias ll='ls -l'
```

以上命令的执行结果如图 4-3-32 所示。

图 4-3-32　设置 ll 别名

我们通过 alias 命令设置的别名，仅限于在当前的 Shell 中使用，如果系统重启了，那么新设置的别名就失效了。UOS 默认建立的用户都用的 bash shell，所以它也支持别名功能，我们只需要 vim ~/.bashrc 这个文件。输入如下命令。

```
jixf@jixf-PC:$ vim /.bashrc
```

去掉#alias ll='ls -l'前面的#号，保存退出，如图4-3-33所示。

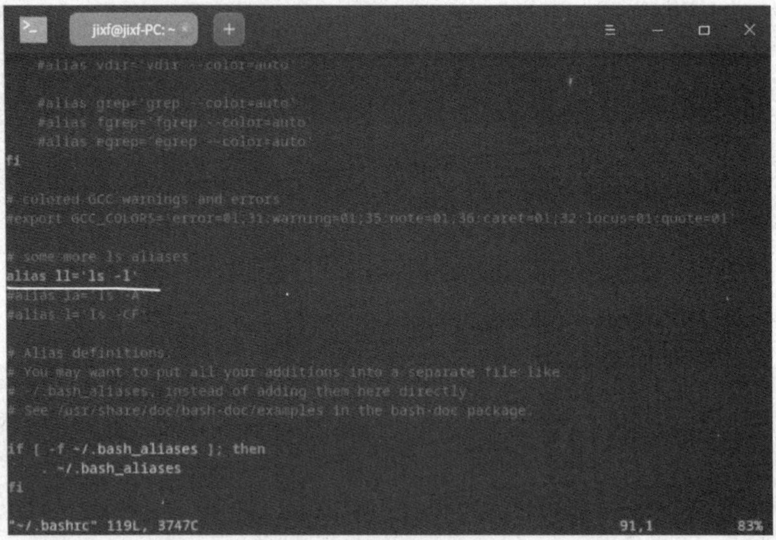

图4-3-33　编辑bashrc文件

执行source ~/.bashrc使生效，ll执行结果如图4-3-34所示。

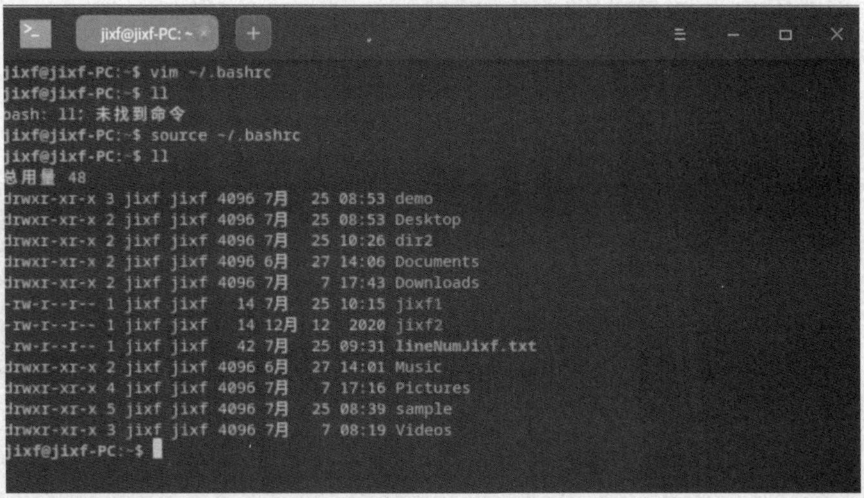

图4-3-34　ll别名生效

2）echo

echo命令可以将指定字符串打印到屏幕。其语法格式如下：

echo［选项］输出的内容

选项说明如下。

（1）-n：表示输出之后不换行。

（2）-e：表示对于转义字符按对应的方式进行处理。

输入如下命令。

```
jixf@jixf-PC:~$ echo 'Hello Word'
```

以上命令的执行结果如图 4-3-35 所示。

图 4-3-35　echo 实例

3）source

source 命令用来读取并执行指定文件中的命令（在当前 shell 环境中）。source 命令也称为"点命令"，也就是一个点符号"."，是 bash 的内部命令。source 命令通常用于重新执行刚修改的初始化文件，使之立即生效，而不必注销并重新登录。

4）kill

kill 命令会向操作系统内核发送一个信号（多是终止信号）和目标进程的 PID，系统内核根据收到的信号类型，对指定进程进行相应的操作。其语法格式如下：

```
kill［选项］进程号
```

选项说明如下。

（1）-0：代表 EXIT，程序退出时收到该信息。

（2）-1：代表 HUP，挂掉电话线或终端连接的挂起信号，这个信号也会造成某些进程在没有终止的情况下重新初始化。

（3）-2：代表 INT，表示结束进程，但并不是强制性的，常用的 Ctrl＋C 组合键发出，就是一个"kill -2"的信号。

（4）-3：代表 QUIT，表示退出。

（5）-9：代表 KILL，杀死进程，即强制结束进程。

（6）-11：代表 SEGV，段错误。

（7）-15：代表 TERM，正常结束进程，是 kill 命令的默认信号。

5）job

job 命令可以用来查看当前终端放入后台的工作，工作管理的名字也来源于 job 命令。其语法格式如下：

```
job［选项］
```

选项说明如下。

（1）v-l：列出进程的 PID 号。

（2）v-p：只列出进程的 PID 号。

（3）v-r：只列出运行中的进程。

（4）v-s：只列出已停止的进程。

（5）v-n：只列出上次发出通知后改变了状态的进程。

2. 外部命令

外部命令是存在于 bash shell 之外的程序，它们不是 shell 程序的一部分，外部命令程序通常位于/bin,/usr/bin,/sbin,/usr/sbin 中。ps 就是一个外部命令，使用 type 命令执行结果如图 4-3-36 所示。

图 4-3-36　type 命令实例 1

所有外部命令都会被一个子进程来执行。ps 的父进程是 bash shell PID 2486，命令执行结果如图 4-3-37 所示。

图 4-3-37　ps 命令实例

使用 type 的小技巧：当命令是外部命令时，type 还会显示外部命令所在路径，以查看 service 和 ps 的路径；根据路径提示，可以找到命令所在目录。如找 service 命令，执行结果如图 4-3-38 所示。

图 4-3-38　type 命令实例 2

4.3.4　搜索命令用法的三种方式

1. whereis

whereis 命令用于查找可执行文件、源代码文件、帮助文件在文件系统中的位置。其命令格式如下：

```
whereis[选项]文件
```

在该命令中，选项的主要参数含义如表 4-3-8 所示。

表 4-3-8　whereis 命令选项及其主要参数含义

选　项	参　数　含　义	选　项	参　数　含　义
-b	只搜索二进制文件	-S<目录>	定义源代码文件查找路径
-B<目录>	定义二进制文件查找路径	-f	终止<目录>参数列表
-m	只搜索 man 手册	-u	搜索不常见记录
-M<目录>	定义 man 手册查找路径	-I	输出有效查找路径
-s	只搜索源代码文件		

例如，使用 whereis 命令查找文件时，输入如下命令。

```
jixf@jixf-PC:~$ whereis passwd
```

以上命令的执行结果如图 4-3-39 所示。

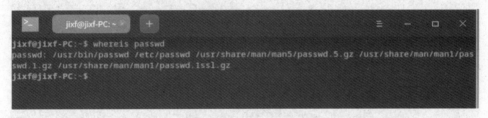

图 4-3-39　.whereis 实例

2. locate

locate 命令用于快速查找文件或目录的位置。其命令格式如下：

```
locate[选项]文件
```

在该命令中，选项的主要参数含义如表 4-3-9 所示。

表 4-3-9　locate 命令选项及其主要参数含义

选项	参　数　含　义
-b	仅匹配路径名的基本名称
-c	只输出找到的数量
-d	使用 DBPATH 指定的数据库，而不是默认数据库 war/ib/mlocate/mlocate.db
-e	仅输出当前现有文件的条目
-L	当文件存在时，跟随蔓延的符号链接（默认）
-h	显示帮助
-i	忽略字母大小写

续表

选项	参 数 含 义
-I	限制为 LIMIT 项目的输出（或计数）
-q	安静模式，不会显示任何错误信息
-r	使用基本正则表达式
-w	匹配整个路径名（默认）

（1）使用 locate 命令查找文件位置时，输入如下命令。

```
jixf@jixf-PC:~$ sudo apt install mloacte
jixf@jixf-PC:~$ loacte passwd
```

以上命令的执行结果如图 4-3-40 所示。

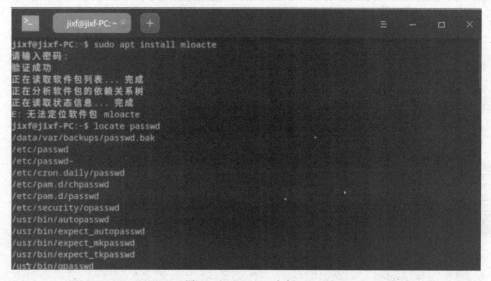

图 4-3-40　locate 实例 1

（2）搜索 etc 目录下所有以 sh 开头的文件，输入如下命令。

```
jixf@jixf-PC:~$ loacte /etc/sh
```

以上命令的执行结果如图 4-3-41 所示。

图 4-3-41　locate 实例 2

（3）搜索 etc 目录下，统计所有以 m 开头的文件的数量，输入如下命令。

```
jixf@jixf-PC:~$ loacte -c /etc/sh
```

以上命令的执行结果如图 4-3-42 所示。

图 4-3-42　locate 实例 3

3. find

find 命令用于查找文件，其功能非常强大。对于文件和目录的一些比较复杂的搜索操作，可以灵活应用最基本的通配符和搜索命令 find 来实现，其可以在某一目录及其所有子目录下快速搜索具有某些特征的目录或文件。其命令格式如下：

```
find [选项][匹配表达式][-exec command]
```

在该命令中，选项的主要参数含义如表 4-3-10 所示。

表 4-3-10　find 命令选项及其主要参数含义

匹配表达式	功 能 说 明
-name filename	查找指定名称的文件
-user username	查找属于指定用户的文件
-group groupname	查找属于指定组的文件
-print	显示查找结果
-type	查找指定类型的文件。文件类型有：b(块设备文件)、c(字符设备文件)、d(目录)、p(管道文件)、|(符号链接文件)、f(普通文件)
-mtime n	类似于 atime，但查找的是文件内容被修改的时间
-ctime n	类似于 atime，但查找的是文件索引节点被改变的时间
-newer file	查找比指定文件新的文件，即文件的最后修改时间离现在较近
-perm mode	查找与给定权限匹配的文件，必须以八进制的形式给出访问权限
-exec command {} \;	对匹配指定条件的文件执行 command 命令
-ok command {}\;	与 exec 相同，但执行 command 命令时请用户确认

使用 find 命令查找文件时，输入如下命令。

```
jixf@jixf-PC:~$ sudo find /etc -name passwd     #sudo 获取权限
```

以上命令的执行结果如图 4-3-43 所示。

图 4-3-43　find 实例

任务实施

4.3.5　批量管理桌面上的文件和文件夹

（1）在桌面上创建一个文件，输入如下命令。

```
jixf@jixf-PC:~$ cd Desktop/
jixf@jixf-PC:~/Desktop$ pwd
jixf@jixf-PC:~/Desktop$ touch /home/jixf/Desktop/1
jixf@jixf-PC:~/Desktop$ touch /home/jixf/Desktop/2
```

以上命令的执行结果如图 4-3-44 所示。

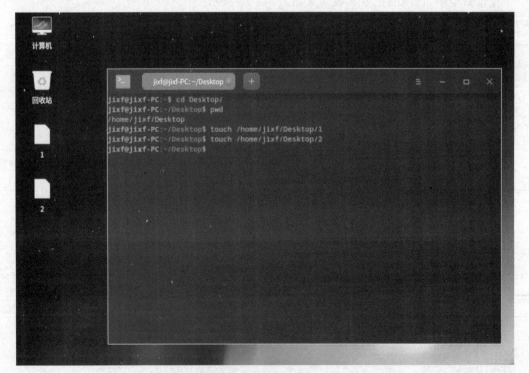

图 4-3-44　touch 实例 1

（2）一次生成 50 个文件夹，命名为 L1 到 L50，输入如下命令。

```
jixf@jixf-PC:~$ cd Desktop/
jixf@jixf-PC:~/Desktop$ pwd
jixf@jixf-PC:~/Desktop$ touch /home/jixf/Desktop/L{1..50}
```

以上命令的执行结果如图 4-3-45 所示。

图 4-3-45　touch 实例 2

（3）删除 L3 这个文件，输入如下命令。

```
jixf@jixf-PC:~$ cd Desktop/
jixf@jixf-PC:~/Desktop$ pwd
jixf@jixf-PC:~/Desktop$ rm /home/jixf/Desktop/L3
```

以上命令的执行结果如图 4-3-46 所示。
（4）删除所有 L 开头命名的文件，输入如下命令。

```
jixf@jixf-PC:~$ cd Desktop/
jixf@jixf-PC:~/Desktop$ pwd
jixf@jixf-PC:~/Desktop$ rm /home/jixf/Desktop/L*
```

以上命令的执行结果如图 4-3-47 所示。

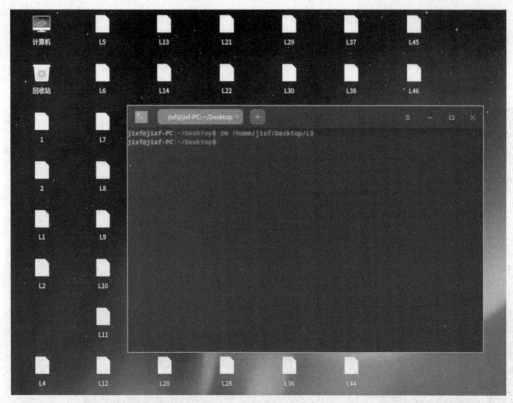

图 4-3-46　rm 实例 1

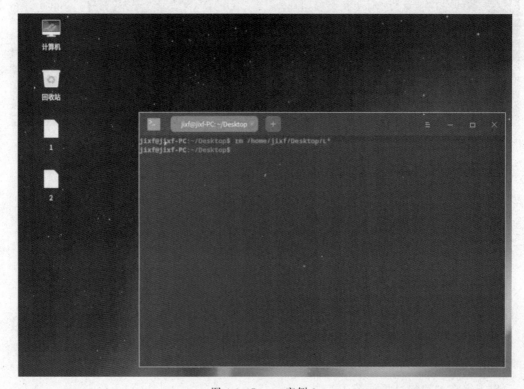

图 4-3-47　rm 实例 2

（5）创建一个叫"star"的文件夹,输入如下命令。

```
jixf@jixf-PC:~$ cd Desktop/
jixf@jixf-PC:~/Desktop$ pwd
jixf@jixf-PC:~/Desktop$ mkdir /home/jixf/Desktop/star
```

以上命令的执行结果如图 4-3-48 所示。

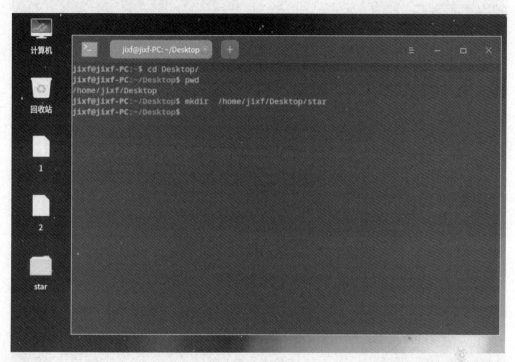

图 4-3-48 mkdir 实例

（6）删除文件夹,输入如下命令。

```
jixf@jixf-PC:~$ cd Desktop/
jixf@jixf-PC:~/Desktop$ pwd
jixf@jixf-PC:~/Desktop$ rm /home/jixf/Desktop/star/
#无法删除
jixf@jixf-PC:~/Desktop$ rm -r /home/jixf/Desktop/star
```

以上命令的执行结果如图 4-3-49 所示。

（7）同时新建多个文件,输入如下命令。

```
jixf@jixf-PC:~$ cd Desktop/
jixf@jixf-PC:~/Desktop$ pwd
jixf@jixf-PC:~/Desktop$ mkdir star
jixf@jixf-PC:~/Desktop$touch /home/jixf/Desktop/star/D1/home/jixf/Desktop/
star/D2
jixf@jixf-PC:~/Desktop$ cd star
jixf@jixf-PC:~/Desktop/star$ ls
```

图 4-3-49　rm 实例 3

以上命令的执行结果如图 4-3-50 所示。

图 4-3-50　mkdir＋touch 实例

（8）删除文件夹里面的全部内容，输入如下命令。

```
jixf@jixf-PC:~$ cd Desktop/
jixf@jixf-PC:~/Desktop$ pwd
jixf@jixf-PC:~/Desktop$ rm /home/jixf/Desktop/star/*
jixf@jixf-PC:~/Desktop$ ls /home/jixf/Desktop/star/
```

以上命令的执行结果如图 4-3-51 所示。

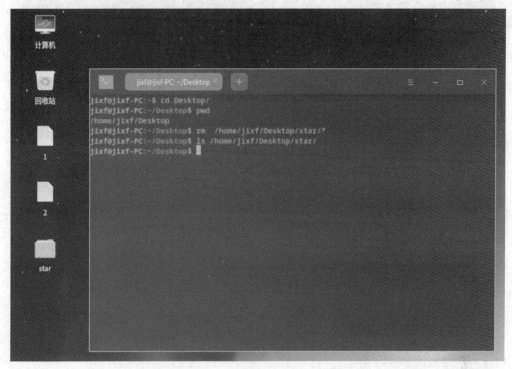

图 4-3-51　rm 删除文件夹全部内容

文件名是命令中最常用的参数之一，如果用户只知道文件名的一部分，或者用户想同时对具有相同拓展名或以相同字符开始的多个文件进行操作，应该怎么进行操作呢？Shell 提供了一组称为通配符的特殊符号。所谓通配符，就是使用通用的匹配信息的符号匹配零个或多个字符，用于模式匹配，如文件名匹配、字符串匹配等。常用的通配符有星号（*）、问号（?）与方括号（[]），用户可以在作为命令参数的文件名中使用这些通配符，构成一个所谓的模式串，以在执行过程中进行模式匹配。通配符及其功能说明如下。

*：匹配任何字符和任何数目的字符组合。

?：匹配任何单个字符。

[]：匹配任何包含在括号中的单个字符。

下面将介绍通配符的使用。

在当前用户目录下创建目录 temp，在 temp 目录中创建 test[1]-[5].txt、test[11]-[33].txt 文件，执行如下命令。

```
jixf@jixf-PC:~$ mkdir temp
jixf@jixf-PC:~$ cd temp/
```

```
jixf@jixf-PC:~/temp$ touch test{1..5}.txt test{11,22,33}.txt
jixf@jixf-PC:~/temp$ ls -l
```

执行结果如图 4-3-52 所示。

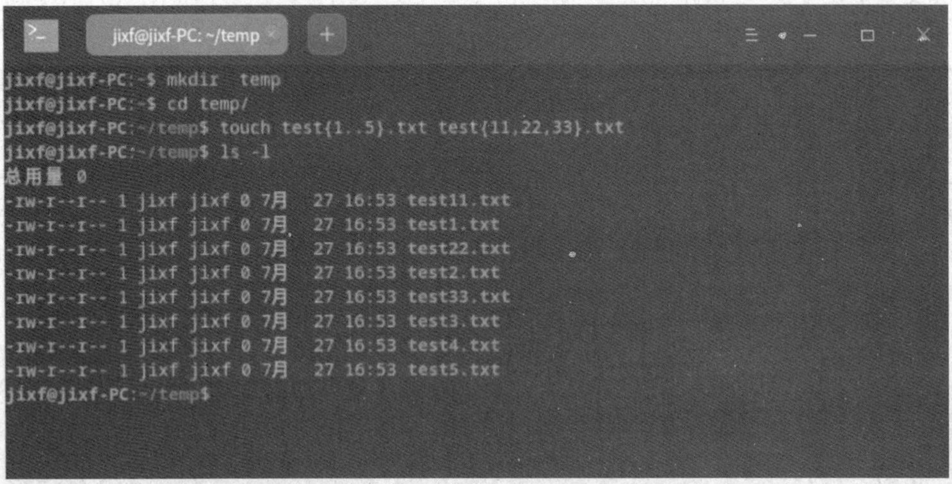

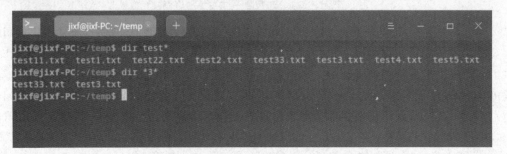

图 4-3-52　登录用户目录下创建 temp 目录以及该目录下 8 个子文件

（1）使用通配符 * 。

使用通配符 * 进行文件匹配，输入如下命令。

```
jixf@jixf-PC:~/temp$ dir test*        #显示 temp 目录下以 test 开头的文件名
jixf@jixf-PC:~/temp$ dir 3            #显示 temp 目录下所有包含"3"的文件名
```

执行结果如图 4-3-53 所示。

图 4-3-53　通配符 * 实例

（2）使用通配符?。

使用通配符?只能匹配单个字符，在进行文件名匹配时，输入如下命令。

```
jixf@jixf-PC:~/temp$ dir test?.txt
```

执行结果如图 4-3-54 所示。

（3）使用通配符[]。

使用通配符[]能匹配括号中给出的字符或字符范围，输入如下命令。

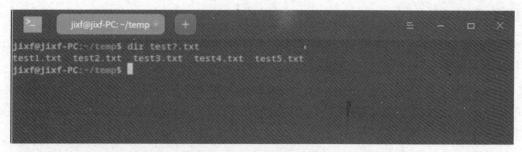

图 4-3-54　通配符?实例

```
jixf@jixf-PC:~/temp$ dir test[2-3]*
jixf@jixf-PC:~/temp$ dir test[2-3].txt
```

执行结果如图 4-3-55 所示。

图 4-3-55　通配符[]实例

任务回顾

【知识点总结】

（1）命令的基本格式。

（2）常见的基本命令。

（3）搜索命令的用法。

【思考与练习】

如何查找一个指定文件夹中所有后缀是.sh 的脚本文件?

任务 4.4　初识系统文件工具和编辑器

任务描述

可视化接口（visual interface,VI）也称为可视化界面,它为用户提供了一个全屏幕的窗口编辑器,窗口中一次可以显示一屏的编辑内容,并可以上下滚动。VI 是所有 UNIX 和 Linux 操作系统中的标准编辑器,类似于 Windows 操作系统中的记事本,学会使用它后,可以在 Linux 尤其是在终端中畅通无阻。

知识储备

文本编辑器在操作系统中扮演着十分重要的角色，无论是配置系统文件还是编写程序代码，都需要借助于文本编辑器来完成。不同的操作系统中存在不同的文本编辑器，如 TextMate（Mac 操作系统）、Notepad++（Windows 操作系统）等。VIM（visual interface improved）可以看作 VI 的改进升级版。VI 和 VIM 都是 Linux 操作系统中的编辑器，不同的是，VIM 比较高级。VI 用于文本编辑，而 VIM 更适用于面向开发者的云端开发平台。

4.4.1　终端的文件工具 VIM

VIM 可以执行输出、移动、删除、查找、替换、复制、粘贴、撤销、块操作等众多文件操作，而且用户可以根据自己的需要对其进行定制，这是其他编辑程序没有的功能。但 VIM 不是一个排版程序，它不像 Word 或 WPS 那样可以对字体、格式、段落等其他属性进行编排，它只是一个文件编辑程序。VIM 是全屏幕文件编辑器，没有菜单，只有命令。

4.4.2　VIM 使用操作方法

VIM 的工作模式有 3 种，分别为命令模式、编辑模式、末行模式。

1. 命令模式

命令模式（在其他模式下按 Esc 键，进入命令模式）是用户进入 VIM 的初始状态。在此模式下，用户可以输入 VIM 命令，使 VIM 完成不同的工作任务，如光标移动、复制、粘贴、删除等，也可以从其他模式返回到命令模式，在编辑模式下按 Esc 键或在末行模式下输入错误命令都会返回到命令模式。

- yy　复制当前行正行。
- nyy　复制从光标所在行开始的 n 行。
- dd　剪切当前光标所在行。
- ndd　剪切从光标所在行开始的 n 行。
- p　粘贴光标位置之后。
- G　跳转至尾行。
- g　跳转至首行。
- dw　删至词尾。
- ndw　删除后 n 个词。
- d$　删至行尾。
- nd$　删除后 n 行（从光标当前处开始算起）。
- u　撤销上一次修改。
- U　撤销一行内的所有修改。

2. 编辑模式

在编辑模式（在命令模式下按 a/A 键、i/I 键或 o/O 键，进入编辑模式）下，可对编辑文件添加新的内容并进行修改，这是该模式的唯一功能。进入该模式时，可按 a/A 键、i/I 键或 o/O 键。

- a 光标后插入。
- i 当前光标前插入。
- o 在当前光标下插入空行。
- A 在光标所在行尾插入。
- I 在光标行首插入内容。
- O 在当前光标上插入空行。

3. 末行模式

末行模式(在命令模式下按":"键或"/"键与"?"键,进入末行模式)主要用来实现一些文字辅助功能,如查找、替换、文件保存等。在命令模式下输入":"字符,即可进行末行模式。若输入命令完成或命令出错,则会退出 VIM 或返回到命令模式。按 Esc 键可返回命令模式。

- :r /etc/passwd 读文件内容进 VIM。
- :r! ls -● / 读命令结果保存到文件中。
- :set number 行号。
- :set nonumber 去除行号。
- :s/old/new/g 在当前行中查找到的所有字符串 old 替换为 new。
- :2,6s/old/new/g 2-6 行替换。
- :%s/old/new/g 在整个文件范围内替换。
- :X 加入密码。
- :q 不保存退出。
- :q! 强制退出不保存。
- :wq 保存退出,同 x。
- :wq! 强制保存退出。

任务实施

4.4.3 VIM 文件工具基础操作

1. VIM 文件工具的基本操作

如果没有安装 VIM 编辑器,需要单独安装,可以执行 apt install vim 命令进行安装。

(1) 在当前目录下新建文件 welcome.txt,输入文件内容,执行以下命令。

```
jixf@jixf-PC:~$ vim welcome.txt        #创建新文件 welcome.txt
```

在命令模式下按 a/A 键、i/I 键或 o/O 键,进入编辑模式,完成以下内容的输入。

```
1    hello
2    everyone
3    welcome
4    to
5    here
```

输入以上内容后，按 Esc 键，从编辑模式返回命令模式，再输入"ZZ"，将退出并保存文件内容。

（2）复制第2行与第3行文本到文件尾，同时删除第1行文本。

按 Esc 键，从编辑模式返回命令模式，将光标移动到第2行，按 2yy 键，再按 G 键。将光标移动到文件最后一行，按 p 键，复制第2行与第3行文本到文件尾，按 gg 键。将光标移动到文件首行，按 dd 键，删除第1行文本。执行以上命令后，显示的文件内容如下：

```
2 everyone
3 welcome
4 to
5 here
2 everyone
3 welcome
```

（3）在命令模式下，输入"："字符，进入末行模式，在末行模式下进行查找与替换操作，执行以下命令。

```
:1,$ s/everyone/myfriend/g
```

其表示对整个文件进行查找，用 myfriend 字符串替换 everyone，无询问进行替换操作，执行命令后的结果如下：

```
2 myfriend
3 welcome
4 to
5 here
2 myfriend
3 welcome
```

（4）在命令模式下，输入"？"或"/"，进行查询，执行以下命令。

```
/welcome
```

按 Enter 键后，可以看到光标位于第2行，welcome 闪烁显示。按 n 键，可以继续进行查找，可以看到光标已经移动到最后一行 welcome 处进行闪烁显示。按 a/A 键、i/I 键或 o/O 键，进入编辑模式。按 Esc 键返回命令模式，再输入"ZZ"，保存文件并退出 VIM 编辑器。

2. 使用 VIM 命令编写第一个 Java 程序

（1）创建一个 Java 源文件。

打开终端窗口：在键盘上同时按下 Ctrl＋Shift＋T 组合键，打开终端窗口。

创建一个 Java 源文件：在终端窗口输入如下命令。

```
jixf@jixf-PC:~$ touch HelloWorld.java
```

（2）编写 Java 程序。

打开刚才创建的文件：在终端窗口输入下面的命令。

```
jixf@jixf-PC:~$ vim HelloWorld.java
```

如果出现未找到命令的提示，说明没有安装 VIM，在命令行输入下面的命令，安装 VIM
编辑器。

```
jixf@jixf-PC:~$ sudo apt install vim
```

打开文件后，单击键盘上的 Insert，看到终端窗口的左下角变成插入模式，将下面的代
码写入文件中。

```
1    public class HelloWorld {
2         public static void main(String[] args) {
3              System.out.println("HelloWorld");
4         }
5    }
```

按 Esc 键，退出插入模式，会看到左下角的插入字样没有了。输入"wq"，按下 Enter
键，保存文件。

（3）查看文件内容。

```
jixf@jixf-PC:~$ cat HelloWorld.java
```

以上三个步骤命令的执行结果如图 4-4-1 所示。

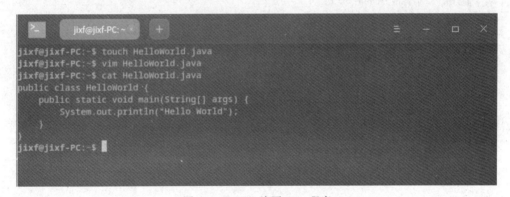

图 4-4-1　Vim 编写 Java 程序

任务回顾

【知识点总结】

（1）命令模式的常用命令。

（2）编辑模式的常用命令。

（3）末行模式的常用命令。

【思考与练习】

VIM 编辑器的基本工作模式有哪几种？简述其主要作用。

项目总结

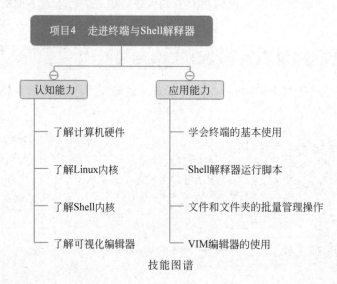

技能图谱

项目习题

（1）VIM 中替换命令的格式是什么？各部分的含义是什么？

（2）说说终端中常用的快捷键。

（3）请说一说，Shell 分为哪些种类？统信操作系统默认是哪种 Shell 程序？

（4）简要说明文件及目录操作类常见的命令。

项目 5

用户和组的操作

教学视频

花小新：如何科学地管理统信 UOS 操作系统的用户呢？用户组和用户的关系我还没弄太懂。

张中成：统信 UOS 系统中的每一个文件和程序都归属于一个特定的用户。每个用户都有个特殊的编号来标识它，这个号叫作用户 ID(UID)。系统中每个用户至少属于一个用户分组，这个小组由系统管理员建立，每个小组都会有一个分组号来标识分组，叫作分组 ID(GID)。

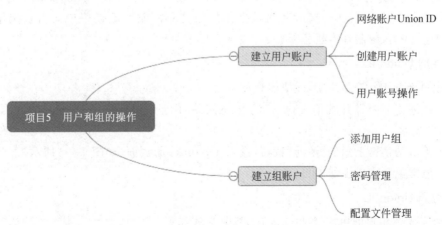

任务 5.1 建立用户账户

任务描述

花小新：UOS 系统安装好了，有一个问题，如果大家都使用这台计算机，那数据资源是不是会被不熟悉的操作者误删除呢？

张中成：这个问题可以解决，当很多操作者都使用此计算机时，最好以管理员身份设置一些用户账户，这些账户访问文件的权限可以根据不同的需求进行设置，这样就可以保护系统里的文件了。现在，我们开始一起学习建立用户账户吧。

知识储备

每位用户的权限可以被定义为普通用户和根用户。普通用户只能访问其拥有的或者有权限执行的文件。无论根用户是否是这些文件和程序的所有者，都能够访问系统全部的文件和程序。根用户通常被称为超级用户，其权限是系统中最大的，可以执行任何操作。

通过用户账户可以实现多人共享一台计算机，每个用户都可以有一个各自的设置和首选项参数（如桌面背景、屏保等）。此外用户账户还可以帮助控制每个用户能够访问哪些文件，以及对系统能够进行哪些更改操作等。

5.1.1 网络账户 Union ID

Union ID 为统信 UOS 操作系统网络 ID 账户，登录 Union ID 后，可同步各种系统配置到云端，如网络、声音、鼠标、更新、任务栏、启动器、壁纸、主题、电源等。若想在另一台计算机上使用相同的系统配置，只需登录此 ID，即可一键同步以上配置到该设备中。

在操作系统中，用户是分角色的，由于角色的不同，权限和所完成的任务也不同。值得注意的是用户的角色也是通过 UID 和 GID 识别的。特别是 UID，在运维工作中，一个 UID 是唯一标识一个系统用户的账号。

在 UOS 系统中，用户账户分为超级用户，普通用户和虚拟用户。超级用户的 UID 为 0，普通用户的 UID 为 500～65535，而且操作权限受到限制。虚拟用户又叫系统用户，其 UID 在 1～499，仅限制在本机登录。

1. 注册 Union ID

如用户无此 ID，需要注册，注册流程如下。

（1）在浏览器中打开统信 UOS 官方生态网站，网址为 https://www.chinauos.com/，如图 5-1-1 所示。

（2）单击网站右上角的"注册"按钮，进入 Union 注册页面，如图 5-1-2 所示。

（3）根据提示完成注册即可。

2. 登录 Union ID

注册完成后用户即可登录 Union ID，登录方式如下。

（1）打开控制中心中并单击网络账户。

图 5-1-1 注册 UOS

图 5-1-2 注册界面

（2）单击"登录"按钮，如图 5-1-3 所示。

（3）输入 Union ID 信息后单击"登录"按钮即可，如图 5-1-4 所示。

3. 同步配置

当用户登录了 Union ID 后，系统会自动同步用户的网络、声音、鼠标等系统配置，用户可选择是否自动同步配置，也可选择部分同步配置，如图 5-1-5 所示。

图 5-1-3　登录 Union ID

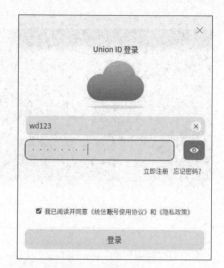

图 5-1-4　登录界面

图 5-1-5　同步配置后的界面

任务实施

5.1.2 创建用户账户

在安装系统后,用户已经创建了一个账户。在这里,用户可以修改账户设置或创建一个新账户。

1. 创建新账户

1) 图形界面添加

如果允许其他账户登录这台计算机,可以为其添加用户账户。具体操作如下,打开"控制中心"→"账户",单击下方的"添加"按钮➕,选择用户头像,然后输入用户名和密码,单击"创建"按钮即可,如图 5-1-6 所示。

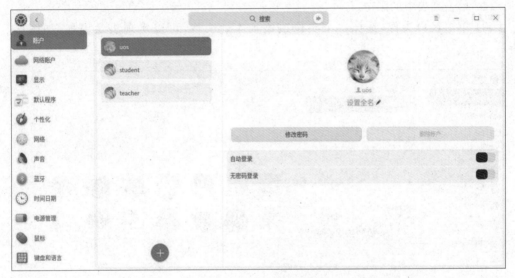

图 5-1-6 创建用户账户

2) useradd 添加用户命令

当使用 useradd 命令时,不加参数选项,后面直接跟所添加的用户名,系统会首先会读取配置文件/etc/login.defs 和/etc/default/useradd 文件中所配置的信息建立用户的家目录,并复制/etc/skel 中的所有文件(包括隐藏的环境配置文件)到新用户的家目录中。

语法格式:

```
useradd 选项 用户名
```

常用的选项参数的解释如下。

- -c comment:描述新用户账户,添加备注信息。
- -d home-dir:设定用户主目录,默认值为用户的登录名,并放在 home 目录下。
- -g group-name:用户默认组的组名或组号码,该组在指定前必须存在。
- -G 组名:指定用户附加组。
- -m:创建新用户的同时创建用户的主目录。

- -n：取消以用户为名的组。
- -r：创建一个 UID 小于 500 的不带主目录的系统账号，即伪用户账号。
- -s：shell 类型，指定用户登录的 shell。
- -u：指定用户 ID，用户 UID，必须是唯一的，且必须大于 499。

参考实例：

```
useradd m tx
useradd -m -d /home/haha -s /bin/bash -u 1010 yanwj
id yanwj
```

2. 更改头像

（1）在控制中心首页，单击头像图标 。

（2）单击列表中的账户。

（3）单击账户头像，选择一个头像或添加本地头像，可以实现头像更换，如图 5-1-7 所示。

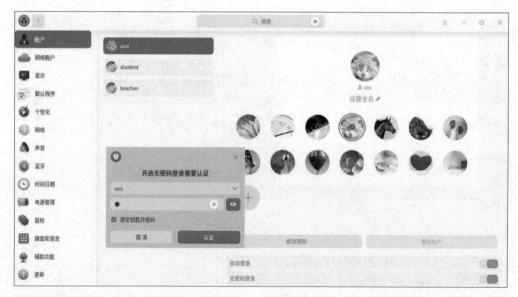

图 5-1-7　更换头像

3. 设置全名

账户全名会显示在账户列表和系统登录界面，可根据需要设置。

（1）在控制中心首页，单击头像图标 ，选择列表中的账户。

（2）单击"设置全名"后的编辑图标 ，输入账户全名，即可设置全名。

4. 修改密码

（1）在控制中心首页，单击头像图标 ，选择前账户。

（2）单击"修改密码"按钮，进入修改密码页面。

（3）输入当前的旧密码，再输入新密码并且确认密码，密码就修改成功，如图 5-1-8 所示。

图 5-1-8　修改密码

5.检查用户身份

检查用户身份命令如下：

```
who        #查询当前在线用户
w          #查询当前在线用户的详细信息
groups     #查询用户所属的组
id         #显示用户 ID 信息
```

5.1.3　用户账号操作

1.设置自动登录

在 UOS 系统中可以设置"自动登录"，自动登录设置成功后，下次启动系统时（重启、开机）就可以直接进入桌面。但在锁屏或注销后再次登录仍需要输入密码。

（1）在控制中心首页，单击像图标![]。

（2）单击当前账户，打开"自动登录"开关，便开启自动登录功能。

2.无密码登录

在统信 UOS 中开启"无密码登录"后，下次启动系统时（重启、开机）可直接进入桌面。在锁屏或注销后再次登录也不需要输入密码，单击![]即可登录系统。

（1）在控制中心首页，单击头像图标![]。

（2）单击当前账户，打开"无密码登录"开关，开启后可以不用输出密码登录系统。

注意：若"无密码登录"和"自动登录"同时打开，下次启动系统（重启、开机）则直接进入桌面。

通常是默认勾选"清空钥匙环密码"复选框，那么在无密码登录情况下，登录已经记录密码的程序时，则不需要再次输入系统登录密码，反之则每次都需要输入系统登录密码。

3. 设置指纹密码

指纹密码功能可以用来登录系统、解锁屏幕、特殊操作授权等。当用户需要输入账户密码时，只需要扫描用户指纹，即可完成登录过程。

（1）在控制中心首页，单击头像图标，如图 5-1-9 所示。

图 5-1-9　设置指纹密码

（2）选择当前账户，单击"添加指纹"按钮，使用指纹设备录入指纹，如图 5-1-10 所示。

（3）待指纹添加成功之后单击"完成"按钮，即实现用户指纹的录入，如图 5-1-11 所示。

图 5-1-10　添加指纹

图 5-1-11　成功添加指纹

注意：在系统中用户可以添加多个指纹密码，若选择"清除指纹"，系统会将指纹密码全部清空。

4. 删除账户

如果一个用户的账号不再使用，可以从系统中删除。删除用户账号就是要将/etc/passwd 等系统文件中的该用户记录删除，必要时还可以删除用户的主目录。在删除账户的时候一定确认被删除的账号已经注销，否则是无法删除的。

（1）命令格式。删除一个已有的用户账号使用 userdel 命令，其格式如下：

```
userdel 选项
```

用户名常用的选项是-r，它的作用是把用户的主目录一起删除。

参考实例：

```
userdel -r tx
```

（2）图形界面操作。

① 在控制中心首页，单击在控制中心首页，单击头像图标 。

② 选择其他未登录的账户，单击"删除账户"按钮，在弹出的确认界面中单击"删除"按钮即可完成。

注意：

（1）已登录的账户无法被删除。

（2）部分账号设置需要当前计算机中的管理员用户授权，默认管理员为此计算机中的第一个用户，即安装系统时的用户，部分操作需要此账号密码方可实施。

5. 更改用户信息

修改用户账号就是根据实际情况更改用户的有关属性，如用户号、主目录、用户组、登录 Shell 等。

修改已有用户的信息使用 usermod 命令，其代码格式如下：

```
usermod 选项 用户名
```

常用的选项包括-c、-d、-m、-g、-G、-s、-u 以及-o 等，这些选项的意义与 useradd 命令中的选项一样，可以为用户指定新的资源值。

```
-l 新用户名
```

这个选项指定一个新的账号，即将原来的用户名改为新的用户名。例如：

```
usermod -s /usr/sbin/nologin yanwj
```

6. 锁定账户

若要暂时离开计算机，又不希望关闭程序或者打开的文件，可以选择锁定账户，具体操作如下。

（1）使用快捷键 Win+L。

（2）打开启动器选择电源按钮,选择锁定即可,如图 5-1-12 所示。

图 5-1-12　锁定账户

任务回顾

【知识点总结】

（1）掌握在 UOS 中用户设置的方式。

（2）熟练进行 UOS 中用户的基本操作。

【思考与练习】

（1）_____为统信 UOS 操作系统网络 ID 账户。

（2）在 UOS 系统中,用户账户分为_____、_____和_____账户。

任务5.2　建立组账户

任务描述

花小新：用户账户真的很方便,让不同的账户有不同的设置,感觉系统安全多了。那么现在我又有一个困惑,现在只有几个用户,可以逐个设置权限,但如果现在是服务器,有很多用户同时访问,那逐个设置感觉工作量很大。

张中成：不要着急,UOS 有解决办法,这就是组,下面我们一起来学习组的作用吧。

知识储备

5.2.1　添加用户组

如果用户数量较多,设置不同用户对应不同文件的权限工作量就比较大,此时,可以借助组来实现。组是一组具有相同权限的用户集合,通过将用户添加到某个组中,可以方便地为用户分配相同的权限。比如,我们希望某些用户对文件具有相同的权限,可以把用户归到同一组里,然后设定组对文件的权限,隶属于组中的用户会自动对文件拥有同样的权限。

用户和组的关系：每个用户都至少属于一个用户组,每个用户组可以包括多个用户,同一用户组的用户享有该组共有的权限。

1. 用户组配置文件/etc/group

/etc/group 文件是用户组的配置文件,内容包括用户与用户组,并且能显示用户归属哪个用户组,因为一个用户可以归属一个或多个不同的用户组。

同一用户组的用户之间具有相似的特性。如果某个用户下有对系统管理有最重要的内容,最好让用户拥有独立的用户组,或者是把用户下的文件的权限设置为完全私有。

另外,root 用户组一般不要轻易把普通用户加入进来。

/etc/group 文件就是记录 GID 与用户组的文件。/etc/group 文件同/etc/passwd 类似,其文件权限也是 644。

```
#ls -l /etc/group
-rw-r--r-- 1 root root 1304 8 月   3 20:07 /etc/group
```

/etc/group 的文件内容如下:

```
#head -5 /etc/group:1:
root:x:0:
daemon:x
bin:x:2:
sys:x:3:
adm:x:4:
```

group 文件各个字段的详细说明。

字段 1:组账户名称

字段 2:密码占位符 x。通常不需要设置该密码,由于安全原因,该密码被记录在/etc/gshadow 中,因此显示为"x"。这类似/etc/shadow。

字段 3:组账户 GID 号,用户组 ID。

字段 4:本组的成员用户列表,加入这个组的所有用户账号。

2. 添加用户组

语法格式:

```
groupadd 选项 用户组
```

选项如下。

- -g:GID 指定新用户组的组标识号(GID)。
- -o:一般与-g 选项同时使用,表示新用户组的 GID 可以与系统已有用户组的 GID 相同。

例如:

```
#groupadd group1
```

此命令向系统中增加了一个新组 group1,新组的组标识号是在当前已有的最大组标识号的基础上加 1。

```
#groupadd -g 101 group2
```

此命令向系统中增加了一个新组 group2,同时指定新组的组标识号是 101。

3. gpasswd 管理组

语法格式:

```
gpasswd[选项]组名
```

选项如下。

- -A：定义组管理员列表。
- -a：添加组成员，每次只能加一个。
- -d：删除组成员，每次只能删一个。
- -M：定义组成员列表，可设置多个，用"，"分开——定义的组成员必须是已存在用户的。
- -r：移除密码。

例如：

```
gpasswd     #将用户添加组命令
gpasswd -a uos tx
```

4. groupdel 删除一个已有的用户组

语法格式：

```
groupdel 用户组
```

例如：

```
#groupdel group1
```

此命令从系统中删除组 group1。

5. 更改用户组的属性

语法格式：

```
groupmod 选项 用户
```

选项如下。

- -g：GID 为用户组指定新的组标识号。
- -o 与-g：选项同时使用，用户组的新 GID 可以与系统已有用户组的 GID 相同。
- -n 新用户组：将用户组的名字改为新名字。

例 5-2-1

```
#groupmod -g 102 group2
```

此命令将组 group2 的组标识号修改为 102。

例 5-2-2

```
#groupmod -g 10000 -n group3 group2
```

此命令将组 group2 的标识号改为 10000，组名修改为 group3。

5.2.2 密码管理

1. passwd 的使用

语法格式：

```
passwd[选项][登录]
```

选项如下。

- -a，--all：报告所有账户的密码状态。
- -d，--delete：删除指定账户的密码。
- -e，--expire：强制使指定账户的密码过期。
- -h，--help：显示此帮助信息并推出。
- -k，--keep-tokens：仅在过期后修改密码。
- -i，--inactive INACTIVE：密码过期后设置密码不活动为 INACTIVE。
- -l，--lock：锁定指定的账户。
- -n，--mindays MIN_DAYS：设置到下次修改密码所须等待的最短天数为 MIN_DAYS。
- -q，--quiet：安静模式。
- -r，--repository REPOSITORY：在 REPOSITORY 库中改变密码。
- -R，--root CHROOT_DIR：chroot 到的目录。
- -S，--status：报告指定账户密码的状态。
- -u，--unlock：解锁被指定账户。
- -w，--warndays WARN_DAYS：设置过期警告天数为 WARN_DAYS。
- -x，--maxdays MAX_DAYS：设置到下次修改密码所须等待的最多天数。

例如：

```
#passwd uos
新的密码：uos@uos
重新输入新的密码：uos@uos
```

2. chage 修改用户密码有效期

语法格式：

```
chage[选项]用户名
```

常用命令选项如下。

- -d：将最近一次密码设置时间设置为"最近时间"。
- -E：指定账号过期时间，YYYY-MM-DD。
- -I：指定当密码失效后多少天锁定账号。
- -l：列出密码有效期信息。
- -m：指定密码的最小天数。
- -M：指定密码的最大天数。
- -W：将过期警告天数设置为"警告天数"。

例如：

```
chage -l uos3          #查看用户信息
chage -d 0 uos3        #切换控制台用 uos3 登录进行测试
chage -E 2015-10-1 uos3
```

注意：

（1）密码过期。一旦超过密码过期日期，用户成功登录，Linux 会强迫用户设置一个新密码，设置完成后才开启 Shell 程序。

（2）账户过期。若超过账户过期日期，Linux 会禁止用户登录系统，即使输入正确密码，也无法登录。

5.2.3　配置文件管理

用户的配置文件如下：

```
/etc/passwd            #用户的配置文件,保存用户账户的基本信息
/etc/shadow            #用户影子口令文件
/etc/group             #用户组配置文件
/etc/gshadow           #用户组的影子文件
/etc/default/useradd   #使用 useradd 添加用户时需要调用的一个默认的配置文件
/etc/login.defs        #定义创建用户时需要的一些用户的配置文件
/etc/skel/             #存放新用户配置文件的目录
```

1. /etc/passwd 详解

/etc/passwd 文件中每行定义一个用户账号，有多少行就表示多少个账号，在一行中可以清晰地看出，各内容之间又通过":"号划分了 7 个字段，这 7 个字段分别定义了账号的不同属性，passwd 文件实际内容如下：

```
#head -5 /etc/passwd
root:x:0:0:root:/root:/bin/bash
daemon:x:1:1:daemon:/usr/sbin:/usr/sbin/nologin
bin:x:2:2:bin:/bin:/usr/sbin/nologin
sys:x:3:3:sys:/dev:/usr/sbin/nologin
sync:x:4:65534:sync:/bin:/bin/sync
```

其各个字段的意义如下。

- 字段 1：账号名。这是用户登录时使用的账户名称，在系统中是唯一的，不能重名。
- 字段 2：密码占位符 x。早期的 UNIX 系统中，该字段是存放账户和密码的，由于安全原因，后来把这个密码字段内容移到/etc/shadow 中了。可以看到一个字母 x，表示该用户的密码 etc/shadow 文件中保护的。
- 字段 3：UID。范围是 0～65535。
- 字段 4：GID。范围是 0～65535。当添加用户时，默认情况下会同时建立一个与用户同名且 UID 和 GID 相同的组。
- 字段 5：用户说明。这个字段是对这个账户的说明。
- 字段 6：宿主目录。用户登录后首先进入的目录，一般与"/home/用户名"这样的目录。
- 字段 7：登录 Shell 当前用户登录后所使用的 shell，在 centos/rhel 系统中，默认的 shell 是 bash。如果不希望用户登录系统，可以通过 usermod 或者手动修改 passwd 设置，将该字段设置为/sbin/nologin 即可。大多数内置系统账户都是/sbin/nologin，这表示禁止登录系统。这是出于安全考虑设定的。

2. 用户的影子口令文件/etc/shadow

由于 passwd 文件必须要被所有的用户读,所以会带来安全隐患。而 shadow 文件就是为了解决这个安全隐患而增加的。

来看一下/etc/shadow 的权限。

```
#ls -l /etc/shadow
-rw-------. 1 root root 1059 4 月    11 14:13 /etc/shadow
```

其文件内容如下:

```
#head -5 /etc/shadow
root:$6$brYJfSgOsd8kAu5m$5iAUHQZJKWLP1Bx7VNEV6layO4UJyOekkBJWr9tmqjHBbtPCttYC
2d8OK.Jt7eH2/oxNq82Bc5v8iHNyfnX2d1:18407:0:99999:7:::
daemon: * :18348:0:99999:7:::
bin: * :18348:0:99999:7:::
sys: * :18348:0:99999:7:::
sync: * :18348:0:99999:7:::
```

和/etc/passwd 一样,shadow 文件的每一行内容,也是以冒号(:)作为分隔符,共 9 个字段,其各个字段的意义如下。

- 字段 1:账号名称。
- 字段 2:加密的密码。
- 字段 3:最近更改密码的时间。从 1970/1/1 到上次修改密码的天数。
- 字段 4:禁止修改密码的天数。从 1970/1/1 开始,多少天之内不能修改密码,默认值为 0。
- 字段 5:用户必须更改口令的天数。密码的最长有效天数,默认值为 99999。
- 字段 6:警告更改密码的期限。密码过期之前警告天数,默认值为 7,在用户密码过期前多少天提醒用户更改密码。
- 字段 7:不活动时间。密码过期之后账户宽限时间 3+5,在用户密码过期之后到禁用账户的天数。
- 字段 8:账号失效时间,默认值为空。从 1970/1/1 日起,到用户被禁用的天数。
- 字段 9:保留字段(未使用),标志。

任务实施

通过项目的学习能够熟练掌握创建用户、修改用户信息、删除用户的命令、理解命令中各选项含义并熟练操作。

(1) 新建一个 user1 用户,UID、GID、主目录均按默认。

(2) 新建一个 user2 用户,UID=800,其余按默认。

(3) 新建一个 user3 用户,默认主目录为/aa,其余默认,观察这 3 个用户的信息有什么不同。

(4) 分别为以上 3 个用户设置密码"112233"。

(5) 把 user1 用户改名为 ul ,UID 改为 700,主目录为/test,密码改为 123456。

（6）将用户 user3 的主目录改为 /abc，并修改其附加组为 group2。

（7）锁定账号 user1，看有什么变化，并解锁。

（8）连同主目录一并删除账号 user3 用户。

 **任务回顾**

【知识点总结】

（1）掌握在 UOS 中组的基本操作。

（2）理解用户和组的关系，并能够正确使用。

【思考与练习】

在操作系统中组的作用是什么？

项 目 总 结

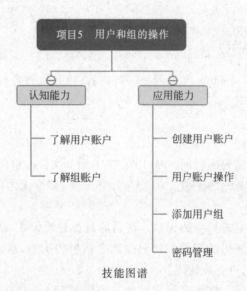

技能图谱

项 目 习 题

（1）root 用户的 UID 和 GID 为（　　）。

　　A. 2 和 0　　　　　　B. 0 和 0　　　　　　C. 1 和 0　　　　　　D. 3 和 0

（2）如果现在要新增一个用户叫 China，则用（　　）命令。

　　A. adduser china　　B. useradd china　　C. mkdir china

（3）以下文件中，保存用户账号信息的是（　　）。

　　A. /etc /users　　　B. /etc /shadow　　　C. /etc/passwd　　D. /etc/fstab

（4）以下文件中，保存组群账号信息的是（　　）。

　　A. /etc/gshadow　　B. /etc/shadow　　　C. /etc/passwd　　D. /etc/group

（5）root 用户的 UID 值是（　　）。

　　A. 499　　　　　　　B. 1001　　　　　　　C. 0　　　　　　　　D. 1

项目 **6**

文件管理

教学视频

　　张中成：在项目六中我们开始学习如何管理文件。

　　花小新：这个我会，我对 Windows 系统的文件管理挺熟的。

　　张中成：哦，请注意，UOS 系统使用的是 Linux 内核，所以 UOS 系统下的文件管理和 Windows 差别还是挺大的，首先文件系统格式就不一样，目录结构也完全不同，文件权限等的设置也有较大区别，更重要的是在 UOS 系统下面还可以方便地使用命令来操作文件。

　　花小新：啊，是这样啊，那我要认真学习了。

　　张中成：嗯，在项目六中我们需要完成七个任务，下面就随我一起走进 UOS 文件管理的世界。

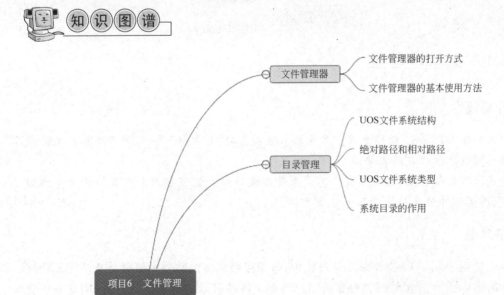

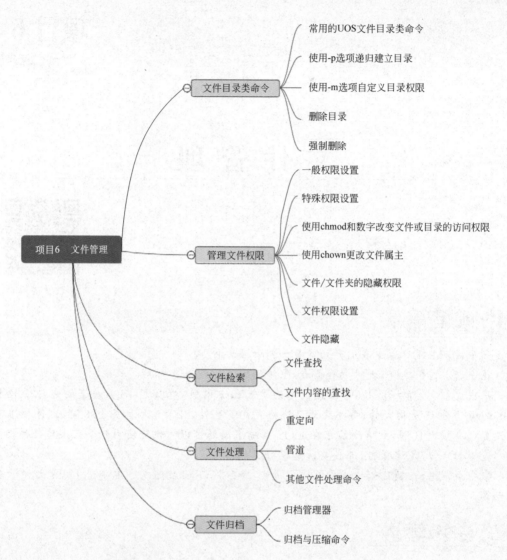

项目6　文件管理

- 文件目录类命令
  - 常用的UOS文件目录类命令
  - 使用-p选项递归建立目录
  - 使用-m选项自定义目录权限
  - 删除目录
  - 强制删除
- 管理文件权限
  - 一般权限设置
  - 特殊权限设置
  - 使用chmod和数字改变文件或目录的访问权限
  - 使用chown更改文件属主
  - 文件/文件夹的隐藏权限
  - 文件权限设置
  - 文件隐藏
- 文件检索
  - 文件查找
  - 文件内容的查找
- 文件处理
  - 重定向
  - 管道
  - 其他文件处理命令
- 文件归档
  - 归档管理器
  - 归档与压缩命令

任务 6.1　文件管理器

任务描述

花小新：在 Windows 操作系统中只要双击桌面上的"此电脑"图标，就可以打开文件管理器方便地操作和管理各类文件。

张中成：那么在 UOS 系统中我们怎么来管理文件呢？在任务 6.1 中我们就来介绍如何利用 UOS 系统中的文件管理器来管理文件。

知识储备

在我们使用 Windows 操作系统的过程中，每天接触最多的软件大概就是文件资源管理器了。Windows 文件资源管理器是帮助用户组织文件和目录的有力工具，可以用它来查看全部文件和目录，然后建立一个适合于自己的目录结构，还可以利用资源管理器来移动和拷贝文件、启动应用程序、打印文档和维护磁盘、连接网络，也还可以把数据文件和应用程序连接起来，实现在启动应用程序的同时打开文件。在 UOS 图形桌面系统中同样提供了文件管理器。UOS 文件管理器是一款功能强大、简单易用的文件管理工具。它沿用了文件管理器经典功能和布局，并在此基础上简化了用户操作，增加了很多特色功能。一目了然的导航栏、智能识别的搜索框、多样化的视图及排序让用户管理起来得心应手。

在任务实施环节我们就来重点介绍文件管理器的具体使用方法。

任务实施

6.1.1　文件管理器的打开方式

1. 运行文件管理器

运行文件管理器的步骤如下。

单击桌面底部的"开始"按钮，打开"开始"菜单，浏览或通过搜索找到"文件管理器"选项。单击运行它，如图 6-1-1 所示。

图 6-1-1　搜索"文件管理器"

2. 主界面介绍

文件管理器的主界面简单易用、功能全面，熟练地使用界面功能将使文件管理更加简单高效。主界面如图 6-1-2 所示，主要菜单功能如表 6-1-1 所示。

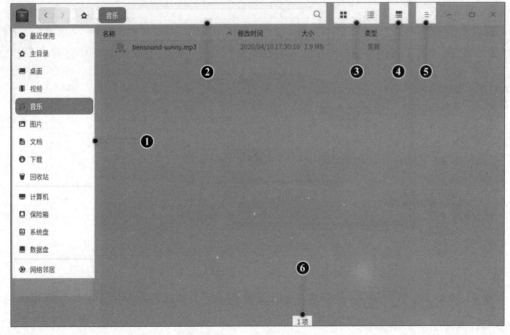

图 6-1-2　文件管理器主界面

表 6-1-1　文件管理器中主要菜单功能

标号	名　称	描　述
1	导航栏	单击导航图标，快速访问本地文件、磁盘、网络邻居、书签、标记等
2	地址栏	通过地址栏，可以快速切换访问历史、在上下级目录间切换、搜索、输入地址访问
3	图标/列表视图	单击 图标，以图标或列表形式查看文件（夹）
4	信息栏	单击 ，查看文件（夹）的基本信息和标记
5	菜单栏	通过主菜单，您可以新建窗口、切换窗口主题、设置共享密码、设置文件管理器、查看帮助文档和关于信息、退出文件管理器
6	状态栏	显示文件数量或者已选中文件的数量

6.1.2　文件管理器的基本使用方法

文件管理器具备基本的文件管理功能，对文件（夹）进行新建、复制、重命名、删除等操作都非常简单。

1）新建文件

在文件管理器界面上的空白处右击，选择"新建文档"。输入文件名称，按 Enter 键即可完成。

2）重命名文件

在文件管理器界面上右击文件，选择"重命名"，输入文件名称，按 Enter 键或者右击界面空白区域。

3）批量重命名

在文件管理器界面上选择多个文件，如图 6-1-3 所示。右击文件，选择"重命名"。选择"替换文本"查找需要替换的文本，并输入替换后的文本，文件名中的关键字将被统一替换。

图 6-1-3　批量重命名

选择"添加文本"输入需要添加的文本，并选择位置是名称之前还是名称之后，文件名将统一加入被添加的文本。

选择"自定义文本"输入文件名，并输入序列的递进数字，文件名将统一改成新文件名＋递进的数字。

4) 查看文件

鼠标单击界面上的▦图标和☰图标来切换图标视图和列表视图。

图标视图:平铺显示文件名称、图标或缩略图。

列表视图:列表显示文件图标或缩略图、名称、修改时间、大小、类型等信息。

5) 排序文件

在文件管理器界面上右击,选择"排序方式"。在子菜单中选择名称、修改时间、大小等类型来排序文件。

6) 打开文件

在文件管理器界面上右击文件,选择"打开方式"→"选择默认程序"选项,在程序列表中选择应用程序。

7) 隐藏文件

在文件管理器界面上右击文件,选择"属性"选项,勾选"隐藏此文件"。

8) 压缩文件

在文件管理器界面上右击文件,选择"压缩"选项,输入压缩包名称,选择压缩包类型和目标存储位置,选择"压缩"选项。

9) 删除文件

在文件管理器界面上右击文件,选择"删除"选项,可以删除文件。被删除的文件可以在回收站中找到,右击回收站中的文件可以进行"还原"或"删除"操作,被删除的文件的快捷方式将会失效。

10) 撤销文件

在文件管理器中,可以按 Ctrl＋Z 组合键来撤销上一步操作,包括删除新建的文件、恢复重命名(包括重命名文件后缀)之前的名字、从回收站还原删除的文件、恢复文件到移动(剪切移动、鼠标移动)前的原始路径、删除复制粘贴文件等。

11) 文件属性

文件属性会显示文件的基本信息,打开方式和权限设置。文件夹属性会显示文件夹的基本信息,共享信息和权限设置。

在文件管理器界面上右击文件,选择"属性"选项可以查看文件属性,如图 6-1-4 所示。

图 6-1-4　文件管理器界面

任务回顾

在本次任务中主要学习了 UOS 系统中文件管理器的用法,主要包括文件的新建、重命名、删除等常规操作,任务实践性较强,通过反复练习可以熟练掌握文件管理器的使用方法。

【知识点总结】

(1) UOS 系统中文件管理器的打开方式。

(2) UOS 系统中文件管理器的使用方法。

【思考与练习】

(1) 怎样打开 UOS 系统中的文件管理器?

(2) UOS 文件管理器主要有哪些功能?

任务 6.2　目录管理

任务描述

张中成：在上个任务中，我们已经学会了如何使用文件管理器来管理文件，在任务 6.2 中我们将学习 UOS 文件系统的结构以及系统目录的主要作用。

知识储备

6.2.1　UOS 文件系统结构

文件系统结构是文件存放在磁盘等存储设备上的组织方法，主要体现在对文件和目录的组织上。目录提供了管理文件的一个方便而有效的途径。UOS 系统采用的是 Linux 的内核，因此其目录结构和 Linux 系统一样，各级目录组成类似一个倒置的树状目录结构，它以一个名为根（"/"）的目录开始向下延伸，如图 6-2-1 所示。

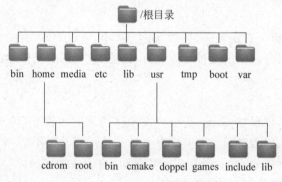

图 6-2-1　UOS 文件系统结构

在安装的时候，安装程序已经为用户创建了文件系统和完整而固定的目录组成形式，并指定了每个目录的作用和其中的文件类型。

该结构的最上层是根目录，其他的所有目录都是从根目录出发而生成的。微软的 DOS 和 Windows 也是采用树型结构，但是在 DOS 和 Windows 中这样的树型结构的根是磁盘分区的盘符，有几个分区就有几个树型结构，它们之间的关系是并列的。而在 UOS 中，无论操作系统管理几个磁盘分区，这样的目录树只有一个。

6.2.2　绝对路径和相对路径

在 Linux 中，简单的理解一个文件的路径，指的就是该文件存放的位置。例如，/home/cat 表示的是 cat 文件所存放的位置。只要我们告诉 Linux 系统某个文件存放的准确位置，那么它就可以找到这个文件。

指明一个文件存放的位置有两种方法，分别是使用绝对路径和使用相对路径。

我们知道，Linux 系统中所有的文件（目录）都被组织成以根目录"/"开始的倒置的树状结构，如图 6-2-2 所示。

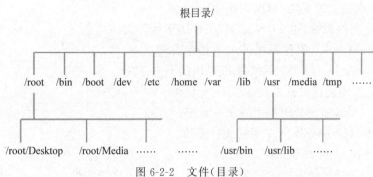

图 6-2-2　文件(目录)

　　绝对路径一定是由根目录/开始写起。例如,使用绝对路径的表示方式指明 bin 文件所在的位置,该路径应写为/usr/bin。

　　和绝对路径不同,相对路径不是从根目录/开始写起,而是从当前所在的工作目录开始写起。使用相对路径表明某文件的存储位置时,经常会用到前面讲到的两个特殊目录,即当前目录(用.表示)和父目录(用..表示)。

　　举个例子,当我们使用 root 身份登录 Linux 系统时,当前工作目录默认为 /root,如果此时需要将当前工作目录调整到 root 的子目录 Desktop 中,当然可以使用绝对路径,示例代码如下:

```
[root@localhost ~]#pwd     <-- 显示当前所在的工作路径
/root
[root@localhost ~]#cd /root/Desktop
[root@localhost Desktop]#pwd
/root/Desktop
```

　　注意:这里所使用的 pwd 和 cd 命令,目前只需知道它们的功能即可,具体用法会在后续文章中作详细讲解。

　　可以看到,通过使用绝对路径,我们成功地改变了当前工作路径。但除此之外,使用相对路径的方式会更简单。因为目前处于/root 的位置,而 Desktop 就位于当前目录下。

```
[root@localhost ~]#pwd     <-- 显示当前所在的工作路径
/root
[root@localhost ~]#cd ./Desktop
[root@localhost Desktop]#pwd
/root/Desktop
```

　　此代码中,./Desktop 表示的就是 Destop 文件相对于/root 所在的路径。

6.2.3　UOS 文件系统类型

　　Linux 在系统中支持的文件系统类型较多,主要包括以下几种。

　　ext2:早期 Linux 中常用的文件系统。

　　ext3:ext2 的升级版,带日志功能。

　　ext4:ext4 是 ext3 文件系统的后继版本。

RAMFS：内存文件系统，速度很快。

NFS：网络文件系统，由 SUN 发明，主要用于远程文件共享。

FAT：Windows XP 操作系统采用的文件系统。

NTFS：Windows NT/XP 操作系统采用的文件系统。

PROC：虚拟的进程文件系统。

ISO 9660：大部分光盘所采用的文件系统。

NCPFS：Novell 服务器所采用的文件系统。

SMBFS：Samba 的共享文件系统。

XFS：由 SGI 开发的先进的日志文件系统，支持超大容量文件。

JFS：IBM 的 AIX 使用的日志文件系统。

ReiserFS：基于平衡树结构的文件系统。

udf：可擦写的数据光盘文件系统。

在 UOS 中采用 ext4 文件系统格式，ext4 是一种针对 ext3 系统的扩展日志式文件系统，是专门为 Linux 开发的原始的扩展文件系统的第四版。Linux kernel 自 2.6.28 开始正式支持新的文件系统 ext4。ext4 是 ext3 的改进版，修改了 ext3 中部分重要的数据结构，而不仅像 ext3 对 ext2 只增加了一个日志功能，ext4 可以提供更佳的性能和可靠性，还有更为丰富的功能。

相对于 ext3，特点如下。

(1) 与 ext3 兼容。执行若干条命令，就能从 ext3 在线迁移到 ext4，而无须重新格式化磁盘或重新安装系统。原有 ext3 数据结构照样保留，ext4 作用于新数据，当然，整个文件系统因此也就获得了 ext4 所支持的更大容量。

(2) 更大的文件系统和更大的文件。较之 ext3 目前所支持的最大 16TB 文件系统和最大 2TB 文件，ext4 分别支持 1EB（1048576TB，1EB＝1024PB，1PB＝1024TB）的文件系统，以及 16TB 的文件。

(3) 无限数量的子目录。ext3 目前只支持 32000 个子目录，而 ext4 支持无限数量的子目录。

(4) Extents。ext3 采用间接块映射，当操作大文件时，效率极其低下。比如一个 100MB 大小的文件，在 ext3 中要建立 25600 个数据块（每个数据块大小为 4KB）的映射表。而 ext4 引入了现代文件系统中流行的 extents 概念，每个 extent 为一组连续的数据块，上述文件则表示为"该文件数据保存在接下来的 25600 个数据块中"，提高了不少效率。

(5) 多块分配。当写入数据到 ext3 文件系统中时，ext3 的数据块分配器每次只能分配一个 4KB 的块，写一个 100MB 文件就要调用 25600 次数据块分配器，而 ext4 的多块分配器 multiblock allocator（mballoc）支持一次调用分配多个数据块。

(6) 延迟分配。ext3 的数据块分配策略是尽快分配，而 ext4 和其他现代文件操作系统的策略是尽可能地延迟分配，直到文件在 cache 中写完才开始分配数据块并写入磁盘，这样就能优化整个文件的数据块分配，与前两种特性搭配起来可以显著提升性能。

(7) 快速 fsck。以前执行 fsck 第一步就会很慢，因为它要检查所有的 inode，现在 ext4 给每个组的 inode 表中都添加了一份未使用 inode 列表，今后执行 fsck，ext4 文件系统就可以跳过它们而只去检查那些在用的 inode 了。

（8）日志校验。日志是最常用的部分，也极易导致磁盘硬件故障，而从损坏的日志中恢复数据会导致更多的数据损坏。ext4 的日志校验功能可以很方便地判断日志数据是否损坏，而且它将 ext3 的两阶段日志机制合并成一个阶段，增加安全性的同时也提高了性能。

（9）"无日志"（no journaling）模式。日志总归有一些开销，ext4 允许关闭日志，以便某些有特殊需求的用户可以借此提升性能。

（10）在线碎片整理。尽管延迟分配、多块分配和 extents 能有效减少文件系统碎片，但碎片还是不可避免会产生。ext4 支持在线碎片整理，并提供 e4defrag 工具进行个别文件或整个文件系统的碎片整理。

（11）inode 相关特性。ext4 支持更大的 inode，较之前 ext3 默认的 inode 大小 128 字节，ext4 为了在 inode 中容纳更多的扩展属性（如纳秒时间戳或 inode 版本），默认 inode 大小为 256 字节。ext4 还支持快速扩展属性（fast extended attributes）和 inode 保留（inodes reservation）。

（12）持久预分配（persistent preallocation）。P2P 软件为了保证下载文件有足够的空间存放，常常会预先创建一个与所下载文件大小相同的空文件，以免未来的数小时或数天之内磁盘空间不足导致下载失败。ext4 在文件系统层面实现了持久预分配并提供相应的 API（libc 中的 posix_fallocate()），比应用软件自己实现更有效率。

（13）默认启用 barrier。磁盘上配有内部缓存，以便重新调整批量数据的写操作顺序，优化写入性能。因此，文件系统必须在日志数据写入磁盘之后才能写 commit 记录，若 commit 记录写入在先，日志有可能损坏，那么就会影响数据完整性。ext4 默认启用 barrier，只有当 barrier 之前的数据全部写入磁盘，才能写 barrier 之后的数据。

6.2.4　系统目录的作用

因为 UOS 是一个多用户系统，制订一个固定的目录规划有助于对系统文件和不同用户的文件进行统一管理。下面列出了 UOS 下一些主要目录的功用。

/bin：存储常用用户指令。

/boot：存放用于系统引导时使用的各种文件。

/dev：存放设备文件。

/etc：存放系统、服务的配置目录与文件。

/lib：存放库文件，如内核模块、共享库等。

/usr：存放系统应用程序目录。

/home：存放用户主目录，比如用户 user 的主目录就是/home/user。

/sbin：系统管理命令，存放的是系统管理员使用的管理程序。

/tmp：公用的临时文件存储点。

/root：系统管理员的主目录。

/mnt ：系统提供这个目录是让用户临时挂载其他的文件系统。

/proc：虚拟的目录，是系统内存的映射，可直接访问这个目录来获取系统信息。

/var：一些大文件的溢出区，比如说各种服务的日志文件。

任务实施

1. 浏览根目录

方式 1：打开文件管理器，其中列出的目录即为挂载在"/"下的目录，如图 6-2-3 所示。

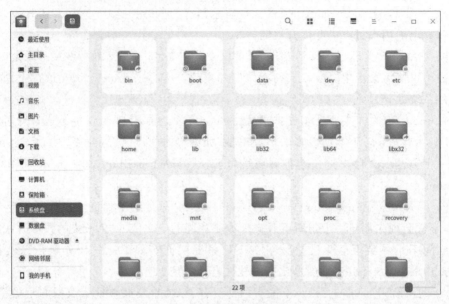

图 6-2-3　浏览"/"目录

方式 2：可以使用 ls 命令（在任务 6.3 中将介绍常见命令的作用）查看"/"下的目录，如图 6-2-4 所示。图中显示了在/下存放的若干目录，结果和方式 1 一致。

图 6-2-4　使用 ls 命令查看"/"下的目录

注意：也可以使用 ls -l 命令查看"/"下的目录的详细信息，如图 6-2-5 所示。

```
wujie@wujie-PC:~/Desktop$ ls -l /
总用量 76
lrwxrwxrwx    1 root root      7 6月   27 13:58 bin -> usr/bin
drwx------    6 root root   4096 7月    4 20:35 boot
drwxr-xr-x    7 root root   4096 7月    4 20:17 data
drwxr-xr-x   17 root root   3940 7月   25 09:55 dev
drwxr-xr-x  135 root root  12288 7月   25 09:55 etc
drwxr-xr-x    3 root root   4096 7月    4 20:34 home
lrwxrwxrwx    1 root root      7 6月   27 13:58 lib -> usr/lib
lrwxrwxrwx    1 root root      9 6月   27 13:58 lib32 -> usr/lib32
lrwxrwxrwx    1 root root      9 6月   27 13:58 lib64 -> usr/lib64
lrwxrwxrwx    1 root root     10 6月   27 13:58 libx32 -> usr/libx32
drwx------    2 root root  16384 7月    4 20:17 lost+found
drwxr-xr-x    5 root root   4096 7月    4 20:36 media
drwxr-xr-x    3 root root   4096 6月   27 14:07 mnt
drwxr-xr-x    4 root root   4096 6月   27 14:02 opt
dr-xr-xr-x  216 root root      0 7月   25  2022 proc
drwxr-xr-x    4 root root   4096 7月    4 20:35 recovery
drwx------    4 root root   4096 7月    4 20:30 root
drwxr-xr-x   31 root root    900 7月   25 09:57 run
lrwxrwxrwx    1 root root      8 6月   27 13:58 sbin -> usr/sbin
drwxr-xr-x    2 root root   4096 6月   27 13:58 srv
dr-xr-xr-x   13 root root      0 7月   25 09:55 sys
drwxrwxrwt   16 root root   4096 7月   25 10:13 tmp
drwxr-xr-x   16 root root   4096 3月   21 11:01 usr
drwxr-xr-x   15 root root   4096 7月    4 20:35 var
```

图 6-2-5　使用 ls -l 命令查看"/"下的目录的详细信息

2. 查看文件系统格式

右击系统盘,选择属性,可以查看到文件系统格式为 ext4,如图 6-2-6 所示。

图 6-2-6　查看文件系统格式

任务回顾

在任务 6.2 中主要介绍了 UOS 系统的文件结构、文件系统类型以及系统目录的主要作用,并给出了查看文件结构及文件系统类型的方法。

【知识点总结】

(1) UOS 文件系统结构。

(2) UOS 文件系统类型。

(3) UOS 系统目录的主要作用。

(4) 查看文件系统结构及文件系统类型的方法。

【思考与练习】

(1) 树形目录结构的好处有哪些?

(2) 说说你所知道的文件系统类型?

任务 6.3　文件目录类命令

任务描述

花小新:UOS 系统中的图形化工具简单易用,极大地降低了运维人员操作出错的概率。但是,很多图形化工具其实是调用了脚本来完成相应的工作,往往只是为了完成某种工作而设计的,缺乏 UOS 命令原有的灵活性及可控性。再者,图形化工具相较于 UOS 命令行界面会更加消耗系统资源。

　　张中成:通过前面任务的学习我们也感受到了使用命令的重要性,在任务 3 中我们重点来学习常见的文件目录类命令。

知识储备

6.3.1　常用的 UOS 文件目录类命令

　　既然 UOS 系统中已经有了 Bash 这么好用的"翻译官",那么接下来就有必要好好学习下怎么跟它沟通了。要想准确、高效地完成各种任务,仅依赖于命令本身是不够的,还应该根据实际情况来灵活调整各种命令的参数。比如,我们切寿司时尽管可以用菜刀,但米粒一定会撒得满地都是,因此寿司刀的设计用于透气的圆孔就是为了更好地适应场景而额外增加的参数。下面我们就一起来领悟 UOS 命令的奥秘,首先介绍几个常用的 UOS 文件目录类命令。

1. cd 命令

cd 命令的作用是切换目录,语法格式如下:

```
cd [选项] [目录名]
```

cd 命令的常用选项及其作用如表 6-3-1 所示。

表 6-3-1　cd 命令的常用选项及其作用

选项	作　　用
-P	如果切换的目标目录是一个符号链接,则直接切换到符号链接指向的目标目录
-L	如果切换的目标目录是一个符号链接,则直接切换到符号链接名所在的目录
-~	仅使用"-"选项时,当前目录将被切换到环境变量"OLDPWD"对应值的目录
..	切换至当前目录位置的上一级目录

2. who 命令

who 命令的作用是查看当前用户的登录信息。

3. pwd 命令

pwd 命令的作用是查看当前的位置。

4. ls 命令

ls 命令的作用是列出当前目录下内容,语法格式如下:

```
ls [选项] [目录名]
```

ls 命令的常用选项及其作用如表 6-3-2 所示。

表 6-3-2 ls 命令的常用选项及其作用

选项	作 用
-a	显示所有文件及目录（包括以"."开头的隐藏文件）
-l	使用长格式列出文件及目录信息
-r	将文件以相反次序显示（默认依英文字母次序）
-t	根据最后的修改时间排序
-A	同 -a,但不列出"-."（当前目录）及".."（父目录）
-S	根据文件大小排序
-R	递归列出所有子目录

5. mkdir 命令

mkdir 命令的作用是创建空白的目录,语法格式如下：

```
mkdir［选项］［目录］
```

mkdir 命令的常用选项及其作用如表 6-3-3 所示。

表 6-3-3 mkdir 命令的常用选项及其作用

选项	作 用
-p	递归创建出具有嵌套叠层关系的文件目录
-v	每次创建新目录都显示信息
-m	自定义目录权限

6. rmdir 命令

rmdir 命令的作用是删除空目录,语法格式如下：

```
rmdir［选项］［目录］
```

说明：该命令从一个目录中删除一个或多个子目录项。需要特别注意的是,一个目录被删除之前必须是空的。

命令中选项的含义：

－p 递归删除目录,当子目录删除后其父目录为空时,也一同被删除。如果整个路径被删除或者由于某种原因保留部分路径,则系统在标准输出上显示相应的信息。

7. cp 命令

cp 命令的作用是复制,语法格式如下：

```
cp［选项］［文件］
```

cp 命令的常用选项及其作用如表 6-3-4 所示。

表 6-3-4　cp 命令的常用选项及其作用

选项	作　　用
-f	若目标文件已存在,则会直接覆盖原文件
-i	若目标文件已存在,则会询问是否覆盖
-p	保留源文件或目录的所有属性
-r	递归复制文件和目录
-d	当复制符号链接时,把目标文件或目录也建立为符号链接,并指向与源文件或目录链接的原始文件或目录
-l	对源文件建立硬链接,而非复制文件
-s	对源文件建立符号链接,而非复制文件
-b	覆盖已存在的文件目标前将目标文件备份
-v	详细显示 cp 命令执行的操作过程
-a	等价于"dpr"选项

8. mv 命令

mv 命令的作用是移动或者剪切,语法格式如下:

mv [选项] [文件]

mv 命令的常用选项及其作用如表 6-3-5 所示。

表 6-3-5　mv 命令的常用选项及其作用

选项	作　　用
-i	若存在同名文件,则向用户询问是否覆盖
-f	覆盖已有文件时,不进行任何提示
-b	当文件存在时,覆盖前为其创建一个备份
-u	当源文件比目标文件新,或者目标文件不存在时,才执行移动此操作

9. rm 命令

rm 命令的作用是删除,语法格式如下:

rm [选项] [文件]

rm 命令的常用选项及其作用如表 6-3-6 所示。

表 6-3-6　rm 命令的常用选项及其作用

选项	作　　用	选项	作　　用
-f	忽略不存在的文件,不会出现警告信息	-r/R	递归删除
-i	删除前会询问用户是否操作	-v	显示指令的详细执行过程

10. touch 命令

touch 命令用于创建空白文件或设置文件的时间,语法格式如下:

```
touch [选项][文件]
```

touch 命令的选项及其作用如表 6-3-7 所示。

表 6-3-7　touch 命令的选项及其作用

选项	作　　用
-a	仅修改"读取时间"(atime)
-m	仅修改"修改时间"(mtime)
-d	同时修改 atime 与 mtime

11. dd 命令

dd 命令用于按照指定大小和个数的数据块来复制文件或转换文件,语法格式如下:

```
dd [选项]
```

dd 命令是一个比较重要且有特色的一个命令,它能够让用户按照指定大小和个数的数据块来复制文件的内容。dd 命令的选项及其作用如表 6-3-8 所示。

表 6-3-8　dd 命令的选项及其作用

选项	作　　用	选项	作　　用
if	输入的文件名称	bs	设置每个"块"的大小
of	输出的文件名称	count	设置要复制"块"的个数

例如,我们可以用 dd 命令从 /dev/zero 设备文件中取出一个大小为 560MB 的数据块,然后保存成名为 560_file 的文件。理解了这个命令后就能创建任意大小的文件了。

```
[root@linuxprobe ~]    #dd if=/dev/zero of=560_file count=1 bs=560M
1+0 records in
1+0 records out
587202560 bytes (587 MB) copied, 27.1755 s, 21.6 MB/s
```

12. file 命令

file 命令用于查看文件的类型,语法格式如下:

```
file [文件名]
```

在 Linux 系统中,由于文本、目录、设备等所有这些一切都统称为文件,而我们又不能单凭后缀就知道具体的文件类型,这时就需要使用 file 命令来查看文件类型。

```
[root@linuxprobe ~]#file anaconda-ks.cfg
anaconda-ks.cfg: ASCII text
[root@linuxprobe ~]#file /dev/sda
/dev/sda: block special
```

任务实施

6.3.2 使用-p 选项递归建立目录

```
[root@localhost ~]#mkdir lm/movie/jp/cangls
mkdir:无法创建目录"lm/movie/jp/cangls":没有那个文件或目录
[root@localhost ~]#mkdir -p lm/movie/jp/cangls
[root@localhost ~]#ls
anaconda-ks.cfg cangls install.log install.log.syslog lm
```

6.3.3 使用-m 选项自定义目录权限

```
[root@localhost ~]#mkdir -m 711 test2
[root@localhost ~]#ls -l
drwxr-xr-x 3 root root 4096 Jul 18 12:50 test
drwxr-xr-x 3 root root 4096 Jul 18 12:53 test1
drwx--x--x 2 root root 4096 Jul 18 12:54 test2
```

仔细看上面的权限部分，也就是 ls 命令输出的第一列数据（绿色部分），test 和 test1 目录由于不是使用-m 选项设定访问权限，因此这两个目录采用的是默认权限（这里的默认权限值是 755，后续章节再详细介绍默认权限）。而在创建 test2 时，使用了-m 选项，通过设定 711 权限值来给予新的目录 drwx--x--x 的权限，有关权限值的具体含义放到后续章节介绍。

6.3.4 删除目录

如果需要删除目录，则需要使用"-r"选项。

```
[root@localhost ~]#mkdir -p /test/lm/movie/jp
#递归建立测试目录
[root@localhost ~]#rm /test
rm:无法删除"/test/": 是一个目录
#如果不加"-r"选项,则会报错
[root@localhost ~]#rm -r /test
rm:是否进入目录"/test"?y
rm:是否进入目录"/test/lm/movie"?y
rm:是否删除目录"/test/lm/movie/jp"?y
rm:是否删除目录"/test/lm/movie"?y
rm:是否删除目录"/test/lm"?y
rm:是否删除目录"/test"?y
#会分别询问是否进入子目录、是否删除子目录
```

6.3.5 强制删除

如果要删除的目录中有一万个子目录或子文件，那么普通的 rm 删除最少需要确认一万次。所以，在真正删除文件的时候，我们会选择强制删除。

```
[root@localhost ~]#mkdir -p /test/lm/movie/jp
#重新建立测试目录
[root@localhost ~]#rm -rf /test
#强制删除
```

加入了强制功能之后,删除就会变得很简单,但是需要注意,数据强制删除之后无法恢复,除非依赖第三方的数据恢复工具,如 extundelete 等。另外,数据恢复很难恢复完整的数据,一般只能恢复 70%~80%。

任务回顾

文件目录类命令是对文件和目录进行各种操作的命令,任务 6.3 主要介绍了一些常用的文件目录类命令,包括新建、删除等操作。

【知识点总结】

(1) 文件目录类命令的主要作用。

(2) 文件目录类命令的语法格式。

【思考与练习】

(1) rmdir 和 rm 命令都可以用来进行删除操作,它们有何区别?

(2) mkdir 和 touch 命令的作用相同吗? 通过实际操作看看结果有何不同?

任务 6.4 管理文件权限

任务描述

花小新:在任务 6.3 中我学会了使用 mkdir 命令可以在新建目录时设置权限。

张中成:其实为了保证操作系统的安全,我们必须管理好文件权限。

花小新:文件权限?

张中成:在本次任务中我们来学习如何设置权限。

知识储备

6.4.1 一般权限设置

在 UOS 中每一个文件或目录都有访问权限,这些访问权限决定了谁能访问和如何访问这些文件和目录。

通过设定权限可以从三种访问方式限制访问权限。只允许用户自己访问,允许一个预先指定的用户组中的用户访问。允许系统中的任何用户访问。同时,用户能够控制一个给定的文件或目录的访问程度。一个文件目录可能有读、写及执行权限。当创建一个文件时,系统会自动赋予文件所有者读和写的权限,这样可以允许所有者能够显示文件内容和修改文件。文件所有者可以将这些权限改变为任何他想指定的权限。一个文件也许只有读权限,禁止任何修改。文件也可能只有执行权限,允许它像一个程序一样执行。

三种不同的用户类型能够访问同一个目录或者文件,即所有者、用户组或其他用户。所有者就是创建文件的用户，用户是所有用户所创建的文件的所有者，用户可以允许所在的用户组能访问用户的文件。通常，用户都组合成用户组，例如，某一类或某一项目中的所有用户都能够被系统管理员归为一个用户组，一个用户能够授予所在用户组其他成员的文件访问权限。最后，用户也将自己的文件向系统内的所有用户开放，在这种情况下，系统内的所有用户都能够访问用户的目录或文件。在这种意义上，系统内的其他所有用户就是其他用户类。

每一个用户都有它自身的读、写和执行权限。第一组权限控制访问自己的文件权限，即所有者权限。第二组权限控制用户组访问其中一个用户的文件的权限。第三组权限控制其他所有用户访问其中一个用户的文件的权限，这三组权限赋予用户不同类型（即所有者、用户组和其他用户）的读、写及执行权限就构成了一个有9种类型的权限组。

我们可以用-l参数的ls命令显示文件的详细信息，其中包括权限，如下所示。

```
yekai@kebao:/media/sda5/软件压缩/Linux$ ls -lh
总用量 191M
-rwxrwx--- 1 root plugdev 18M 2007-02-28 18:05 ActionCube_v0.92.tar.bz2
-rwxrwx--- 1 root plugdev 60M 2007-04-30 22:52 nexuiz-223.zip
-rwxrwx--- 1 root plugdev 7.4M 2007-04-25 02:16 stardict-oxford-gb-2.4.2.
tar.bz2
-rwxrwx--- 1 root plugdev 102M 2007-05-01 18:22 tremulous-1.1.0-installer.
x86.run
-rwxrwx--- 1 root plugdev 4.9M 2007-04-30 14:32 wqy-bitmapfont-0.8.1-7_all.
deb.bin
```

当执行ls -l或ls -al命令后显示的结果中，最前面的第2～10个字符是用来表示权限。第一个字符一般用来区分文件和目录。

d：表示是一个目录。

-：表示这是一个普通的文件。

l：表示这是一个符号链接文件，实际上它指向另一个文件。

b、c：分别表示区块设备和其他的外围设备，是特殊类型的文件。

s、p：这些文件关系到系统的数据结构和管道，通常很少见到。

下面详细介绍一下权限的种类和设置权限的方法。

第2～10个字符当中的每3个为一组，左边三个字符表示所有者权限，中间3个字符表示与所有者同一组的用户的权限，右边3个字符是其他用户的权限。这三个一组共9个字符，代表的意义如下。

r（Read，读取）：对文件而言，具有读取文件内容的权限；对目录来说，具有浏览目录的权。

w（Write，写入）：对文件而言，具有新增、修改文件内容的权限；对目录来说，具有删除、移动目录内文件的权限。

x（eXecute，执行）：对文件而言，具有执行文件的权限；对目录了来说该用户具有进入目录的权限。

-：表示不具有该项权限。

下面举例说明。

-rwx-----：文件所有者对文件具有读取、写入和执行的权限。

-rwxr—r--：文件所有者具有读、写与执行的权限，其他用户则具有读取的权限。

-rw-rw-r-x：文件所有者与同组用户对文件具有读写的权限，而其他用户仅具有读取和执行的权限。

drwx--x--x：目录所有者具有读写与进入目录的权限，其他用户近能进入该目录，却无法读取任何数据。

drwx-----：除了目录所有者具有完整的权限外，其他用户对该目录完全没有任何权限。

每个用户都拥有自己的专属目录，通常集中放置在/home 目录下，这些专属目录的默认权限为 rwx-----，表示目录所有者本身具有所有权限，其他用户无法进入该目录。执行 mkdir 命令所创建的目录，其默认权限为 rwxr-xr-x，用户可以根据需要修改目录的权限。

文件和目录的权限表示，是用 rwx 这三个字符来代表所有者、用户组和其他用户的权限。有时候字符似乎过于麻烦，因此，还有另外一种方法是以数字来表示权限，而且仅需三个数字。

r：对应数值 4

w：对应数值 2

x：对应数值 1

—：对应数值 0

按照上面的规则，rwx 合起来就是 4＋2＋1＝7，一个 rwxrwxrwx 权限全开放的文件，数值表示为 777；而完全不开放权限的文件"—————————"其数字表示为 000。下面举几个例子。

-rwx-----：等于数字表示 700。

-rwxr—r--：等于数字表示 744。

-rw-rw-r-x：等于数字表示 665。

drwx—x—x：等于数字表示 711。

drwx-----：等于数字表示 700。

此外，默认的权限可用 umask 命令修改，用法非常简单，只需执行 umask 777 命令，便代表屏蔽所有的权限，因而之后建立的文件或目录，其权限都变成 000，依次类推。通常 root 账号搭配 umask 命令的数值为 022、027 和 077，普通用户则是采用 002，这样所产生的权限依次为 755、750、700、775。有关权限的数字表示法，后面将会详细说明。

用户登录系统时，用户环境就会自动执行 rmask 命令来决定文件、目录的默认权限。

6.4.2　特殊权限设置

1. 特殊权限 SUID

1）主要作用

前面我们已经学习过 r（读）、w（写）、x（执行）这三种普通权限，但是我们在查询系统文件权限时会发现出现了一些其他权限字母，示例如下：

```
[root@bgx ~]#ll /usr/bin/passwd
-rwsr-xr-x. 1 root root 27832 Jun 10 2014 /usr/bin/passwd
```

在属主本来应该是 x（执行）权限的位置出现了一个小写 s，我们把这种权限称作 SetUID 权限，也叫作 SUID 的特殊权限。这种权限有什么作用呢？

在 Linux 系统中，每个普通用户都可以更改自己的密码，这是合理的设置。问题是，普通用户的信息保存在/etc/passwd 文件中，用户的密码在/etc/shadow 文件中，也就是说，普通用户在更改自己的密码时修改了/etc/shadow 文件中的加密密码，但是文件权限显示，普通用户对这两个文件其实都是没有写权限的，那为什么普通用户可以修改自己的权限呢？

```
[root@bgx ~]#ll /etc/passwd
-rw-r--r-- 1 root root 6209 Apr 13 03:26 /etc/passwd
[root@bgx ~]#ll /etc/shadow
---------- 1 root root 11409 Apr 13 03:26 /etc/shadow
```

其实，普通用户可以修改自己的密码在于 passwd 命令。该命令拥有特殊权限 SetUID，也就是在属主的权限位的执行权限上是 s。可以这样来理解它，当一个具有执行权限的文件设置 SetUID 权限后，用户在执行这个文件时将以文件所有者的身份来执行。

当普通用户使用 passwd 命令更改自己的密码时，实际上是在用 passwd 命令所有者 root 的身份在执行 passwd 命令，root 当然可以将密码写入/etc/shadow 文件，所以普通用户也可以修改/etc/shadow 文件，命令执行完成后，该身份也随之消失。

举个例子，有一个用户 lamp，可以修改自己的权限，是因为 passwd 命令拥有 SetUID 权限。但是她不能查看/etc/shadow 文件的内容，因为查看文件的命令（如 cat）没有 SetUID 权限。命令如下：

```
#自己可以修改自己的密码，从而改变/etc/shadow 中的数据
[lamp@bgx ~]$ passwd
#但无法使用 cat 命令查看/etc/shadow
[lamp@bgx ~]$ cat /etc/shadow
cat: /etc/shadow: Permission denied
```

例子解释：

passwd 是系统命令，可以执行，所以可以赋予 SetUID 权限。

lamp 用户对 passwd 命令拥有 x（执行）权限。

lamp 用户在执行 passwd 命令的过程中，会暂时切换为 root 身份，所以可以修改/etc/shadow 文件。

命令结束，lamp 用户切换回自己的身份。

cat 命令没有 SetUID 权限，所以使用 lamp 用户身份去访问/etc/shadow 文件，当然没有相应权限了。

2）suid 授权方法

4000 权限字符 s(S)，用户位置上的 x 位上设置。

```
# chmod 4755 passwd
# chmod u+s passwd
```

3）suid 的作用

让普通用户对可执行的二进制文件,临时拥有二进制文件的所属主权限。

如果设置的二进制文件没有执行权限,那么 suid 的权限显示就是大 S。

特殊权限 suid 仅对二进制可执行程序有效,其他文件或目录则无效。

注意:suid 极度危险,不信可以尝试对 vim 或 rm 进行设定 SetUID。

2. 特殊权限 SGID

1）主要作用

将目录设置为 sgid 后,如果在该目录下创建文件,都将与该目录的所属组保持一致,例如下例。

```
#建立测试目录
[root@bgx ~]#cd /tmp/ && mkdir dtest
#给测试目录赋予 SetGID 权限,检查 SetGID 是否生效
[root@bgx tmp]#chmod g+s dtest/ && ll -d dtest/
drwxr-sr-x 2 root root 6 Apr 13 05:21 dtest/
#给测试目录赋予 777 权限,让普通用户可以写
[root@bgx tmp]#chmod 777 dtest/
#切换成普通用户 lamp,并进入该目录
[root@bgx tmp]#su - lamp
[lamp@bgx ~]$ cd /tmp/dtest/
#普通用户创建测试文件,检查文件的信息
[lamp@bgx dtest]$ touch lamp_test
[lamp@bgx dtest]$ ll
-rw-rw-r-- 1 lamp root 0 Apr 13 05:21 lamp_test
```

2）sgid 授权方法

2000 权限字符 s(S),取决于属组位置上的 x。

```
#chmod 2755 directory
#chmod g+s directory
```

3）sgid 的作用

针对用户组权限位修改,用户创建的目录或文件所属组和该目录的所属组一致。

当某个目录设置了 sgid 后,在该目录中新建的文件不再是创建该文件的默认所属组,使用 sgid 可以使得多个用户之间共享一个目录的所有文件变得简单。

3. 特殊权限 SBIT

1）主要作用

sticky(SI TIKI)黏滞位目前只对目录有效,作用如下。

普通用户对该目录拥有 w 和 x 权限,即普通用户可以在此目录中拥有写入权限。如果没有黏滞位,那么普通用户拥有 w 权限,就可以删除此目录下的所有文件,包括其他用户建立的文件。但是一旦被赋予了黏滞位,除了 root 可以删除所有文件,普通用户就算拥有 w 权限,也只能删除自己建立的文件,而不能删除其他用户建立的文件。

```
[root@bgx tmp]#ll -d /tmp/
drwxrwxrwt. 12 root root 4096 Apr 13 05:32 /tmp/
```

2）sticky 授权方法

1000 权限字符 t(T)，其他用户位的 x 位上设置。

```
#chmod 1755 /tmp
#chmod o+t /tmp
```

3）sticky 作用

让多个用户都具有写权限的目录，并让每个用户只能删除自己的文件。

特殊 sticky 目录表现在 others 的 x 位，用小 t 表示，如果没有执行权限是 T。一个目录即使它的权限为"777"，但是设置了黏滞位，除了目录的属主和"root"用户有权限删除，除此之外其他用户都不允许删除该目录。

6.4.3　使用 chmod 和数字改变文件或目录的访问权限

前面重点讲解了普通权限和特殊权限的概念，下面介绍 chmod 命令，执行 chmod 命令可以改变文件和目录的权限。我们先执行 ls -l 看看目录内的情况。

```
[root@localhost ~]#ls -l
总用量 368
-rw-r--r-- 1 root root 12172 8 月 15 23:18 conkyrc.sample
drwxr-xr-x 2 root root 48 9 月 4 16:32 Desktop
-r--r--r-- 1 root root 331844 10 月 22 21:08 libfreetype.so.6
drwxr-xr-x 2 root root 48 8 月 12 22:25 MyMusic
-rwxr-xr-x 1 root root 9776 11 月 5 08:08 net.eth0
-rwxr-xr-x 1 root root 9776 11 月 5 08:08 net.eth1
-rwxr-xr-x 1 root root 512 11 月 5 08:08 net.lo
drwxr-xr-x 2 root root 48 9 月 6 13:06 vmware
```

可以看到，conkyrc.sample 文件的权限是 644，然后把这个文件的权限改成 777。执行下面命令。

```
[root@localhost ~]#chmod 777 conkyrc.sample
```

然后 ls -l 看一下执行后的结果。

```
[root@localhost ~]#ls -l
总用量 368
-rwxrwxrwx 1 root root 12172 8 月 15 23:18 conkyrc.sample
drwxr-xr-x 2 root root 48 9 月 4 16:32 Desktop
-r--r--r-- 1 root root 331844 10 月 22 21:08 libfreetype.so.6
drwxr-xr-x 2 root root 48 8 月 12 22:25 MyMusic
-rwxr-xr-x 1 root root 9776 11 月 5 08:08 net.eth0
-rwxr-xr-x 1 root root 9776 11 月 5 08:08 net.eth1
-rwxr-xr-x 1 root root 512 11 月 5 08:08 net.lo
drwxr-xr-x 2 root root 48 9 月 6 13:06 vmware
```

可以看到,conkyrc.sample 文件的权限已经修改为 rwxrwxrwx。

如果要加上特殊权限,就必须使用 4 位数字才能表示。特殊权限的对应数值如下。

s 或 S(SUID):对应数值 4。

s 或 S(SGID):对应数值 2。

t 或 T:对应数值 1。

用同样的方法修改文件权限就可以了。

例如:

```
[root@localhost ~]#chmod 7600 conkyrc.sample
[root@localhost ~]#ls -1
总用量 368
-rwS--S--T 1 root root 12172 8 月 15 23:18 conkyrc.sample
drwxr-xr-x 2 root root 48 9 月 4 16:32 Desktop
-r--r--r-- 1 root root 331844 10 月 22 21:08 libfreetype.so.6
drwxr-xr-x 2 root root 48 8 月 12 22:25 MyMusic
-rwxr-xr-x 1 root root 9776 11 月 5 08:08 net.eth0
-rwxr-xr-x 1 root root 9776 11 月 5 08:08 net.eth1
-rwxr-xr-x 1 root root 512 11 月 5 08:08 net.lo
drwxr-xr-x 2 root root 48 9 月 6 13:06 vmware
```

加入想一次修改某个目录下所有文件的权限,包括子目录中的文件权限也要修改,要使用参数-R 表示启动递归处理。

例如:

```
[root@localhost ~]#chmod 777 /home/user
```

注意:仅把/home/user 目录的权限设置为 rwxrwxrw。

```
[root@localhost ~]#chmod -R 777 /home/user
```

注意:表示将整个/home/user 目录与其中的文件和子目录的权限都设置为 rwxrwxrwx。

6.4.4 使用 chown 更改文件属主

chown 设置文件的归属(只有 root 用户才可以用"chown"指令来改变文件的拥有者)。

语法格式:

```
chown 属主:属组 文件名
```

6.4.5 文件/文件夹的隐藏权限

管理 Linux 系统中的文件和目录,除了可以设置上述读写执行权限外,还可以使用 chattr 设置文件/文件夹的隐藏权限,chattr 只有 root 用户可以使用。

1. 命令格式

```
chattr [+-=][属性] 文件/目录名
```

参数说明：

＋，在原有参数设定基础上，追加参数。

－，在原有参数设定基础上，移除参数。

＝，更新为指定参数设定。

2. 不同属性的设置含义

（1）i. 如果对文件设置 i 属性，那么不允许对文件进行删除、改名，也不能添加和修改数据；如果对目录设置 i 属性，那么只能修改目录下文件中的数据，但不允许建立和删除文件。

（2）a. 如果对文件设置 a 属性，那么只能在文件中增加数据，但是不能删除和修改数据；如果对目录设置 a 属性，那么只允许在目录中建立和修改文件，但是不允许删除文件。

（3）u. 设置此属性的文件或目录，在删除时，其内容会被保存，以保证后期能够恢复，常用来防止意外删除文件或目录。

（4）s. 和 u 相反，删除文件或目录时，会被彻底删除（直接从硬盘上删除，然后用 0 填充所占用的区域），不可恢复。

任务实施

6.4.6　文件权限设置

```
groupadd pxb              #创建组 pxb
useradd - g pxb uos1      #创建用户 uos1 并指定他的组
useradd - g pxb uos2      #创建用户 uos2 并指定他的组
echo 12345678 > /test     #创建一个文件并写入
chown uos1:pxb /test      #更改属主属组
chmod 640 /test           #权限修改为 640"rw-r-----",uos1 权限可读可写,组权限可读,其
                            他人没有权限
su - uos1                 #切换到 uos1 用户
cat /test                 #可查看
echo 123 >> /test         #可写
su - uos2                 #切换到 uos2 用户
cat /test                 #能读
echo 123 >> /test         #不能写
useradd uos3              #创建 uos3
su - uos3                 #切换用户
cat /test                 #不能读
echo 456 >> /test         #不能写
```

6.4.7　文件隐藏

```
touch uosfile
lsattr uosfile            #查看文件或目录的隐藏属性
chattr +i uosfile         #不能修改,不能删除
lsattr uosfile
chattr -i +a uosfile
lsattr uosfile
```

```
echo 123 > uosfile
echo 123 >> uosfile
chattr -a uosfile          #只能追加,不能删除
rm uosfile
```

任务回顾

任务 6.4 主要讲解了文件权限的概念,主要包括普通权限设置、特殊权限设置、改变文件或目录的访问权限、更改文件属主等内容。

【知识点总结】

(1) 普通权限设置。

(2) 特殊权限设置。

(3) 改变文件或目录的访问权限。

(4) 更改文件属主。

【思考与练习】

(1) 当用户 xiaoming 对/testdir 目录无执行权限时,意味着无法做哪些操作?

(2) 复制/etc/fstab 文件到/var/tmp 下,设置文件所有者为 wangcai 读/写权限,所属组为 sysadmins 组有读/写权限,其他人无权限。

任务 6.5   文件检索

任务描述

花小新:有了前面几个任务所学的知识,我们可以使用文件管理器方便地查找自己所需的文件。但是如果没有图形界面,我们怎样在不同文件夹中浏览,找到需要的文件呢?

张中成:在任务 6.5 中,我们会展示如何在 UOS 中利用命令查找特定的文件。

知识储备

6.5.1   文件查找

1. 可执行文件的搜索

which <指令>显示一个指令的完整路径与别名。

whereis <指令>搜索一个指令的完整路径以及其帮助文件。

2. locate 更快地查找

locate 用于查找文件或目录,比 find 命令快,是因为不用回去搜索目录,而是搜索一个数据库/var/lib/mlocate/mlocate.db,这个库有本地所有文件信息,Linux 会自动创建这个数据库,每天自动更新一次。因此,我们在用 whereis 和 locate 查找文件时,有时会找到已经被删除的数据,而刚刚建立的文件却可能无法被查找到,原因就是数据库文件没有被更新。为了避免这种情况,可以在使用 locate 之前,先使用 updatedb 命令,手动更新数据库。

```
apt-get install locate -y
updatedb
locate passwd
```

3. find 在指定目录下查找文件

1）特点

（1）从指定路径下递归向下搜索文件。

（2）支持按照各种条件方式搜索。

（3）支持对搜索得到的文件再进一步的使用指令操作（例如：删除、统计大小、复制等）。

2）常用选项

（1）-name：根据文件名寻找文件。

（2）-user：根据文件拥有者寻找文件。

（3）-group：根据文件所属组寻找文件。

（4）-perm：根据文件权限寻找文件。

（5）-size：根据文件大小寻找文件。

（6）-type：根据文件类型寻找文件，常见类型有：f（普通文件）、c（字符设备文件）、b（块设备文件）、l（连接文件）、d（目录）。

示例：

```
find / -name uos1
find / -user hehe
find / -group xiaolizi
find / -perm 644
find / -size +10k
find /etc -size -10k
find /etc -type f/c/b/l/d
```

3）对文件进一步操作

```
find[路径][参数][表达式]-exec 指令 {} \;
```

参数说明：

{}代表 find 找到的文件。

;命令结束标志，由于各个系统中的;会有不同的意义，所以前面加\转义。

示例：

```
find /tmp/ -type f -exec rm -rf {} \;        #用 exec 选项执行 cp 命令
```

6.5.2　文件内容的查找

grep 命令用于在文本中执行关键词搜索，并显示匹配的结果，格式为"grep［选项］［文件］"。grep 命令的参数及其作用如表 6-5-1 所示。

表 6-5-1　grep 命令的参数及其作用

参数	作　用
-b	将可执行文件(binary)当作文本文件(text)来搜索
-c	计算匹配关键字的行数
-i	忽略字符大小写的差别
-n	显示匹配的行及其行号
-v	反向选择——仅列出没有"关键词"的行
-s	不显示不存在或不匹配文本的错误信息
-h	查询多个文件时不显示文件名
-l	查询文件时只显示匹配字符所在的文件名

示例：

```
grep root /etc/passwd
grep ^root /etc/passwd
grep bash$ /etc/passwd
grep -i ROOT /etc/passwd
```

任务实施

在 Linux 系统中，/etc/passwd 文件保存着所有的用户信息，而一旦用户的登录终端被设置成/sbin/nologin，则不再允许登录系统，因此可以使用 grep 命令来查找出当前系统中不允许登录系统的所有用户信息。

```
[root@linuxprobe ~]#grep /sbin/nologin /etc/passwd
bin:x:1:1:bin:/bin:/sbin/nologin
daemon:x:2:2:daemon:/sbin:/sbin/nologin
adm:x:3:4:adm:/var/adm:/sbin/nologin
lp:x:4:7:lp:/var/spool/lpd:/sbin/nologin
mail:x:8:12:mail:/var/spool/mail:/sbin/nologin
operator:x:11:0:operator:/root:/sbin/nologin
……………省略部分输出过程信息………………
```

如果要想获取到该目录中所有以 host 开头的文件列表，可以执行如下命令。

```
[root@linuxprobe ~]#find /etc -name "host*" -print
/etc/avahi/hosts
/etc/host.conf
/etc/hosts
/etc/hosts.allow
/etc/hosts.deny
/etc/selinux/targeted/modules/active/modules/hostname.pp
/etc/hostname
```

如果要在整个系统中搜索权限中包括 SUID 权限的所有文件(详见项目 5)，只需使用

—4000 即可。

```
[root@linuxprobe ~]#find / -perm -4000 -print
/usr/bin/fusermount
/usr/bin/su
/usr/bin/umount
/usr/bin/passwd
/usr/sbin/userhelper
/usr/sbin/usernetctl
·················省略部分输出信息·················
```

任务回顾

任务 6.5 主要讲解了常见的文件检索命令，包括 locate、find、grep 等。

【知识点总结】

（1）文件查找命令的用法。

（2）文件内容查找命令的用法。

【思考与练习】

find 和 grep 命令都可以用来进行检索，它们有何区别？

任务 6.6　文件处理

任务描述

张中成：在任务 6.6 中我们将学习文件处理的一些高级技巧，包括重定向、管道等。

知识储备

6.6.1　重定向

重定向可以分为输入重定向和输出重定向，相较于输入重定向，我们使用输出重定向的频率更高。输出重定向指的是把在终端执行命令的结果保存到目标文件，和输入重定向不同的是输出重定向还可以细分为标准输出重定向和错误输出重定向两种技术。输出重定向用到的符号及作用如表 6-6-1 所示。

表 6-6-1　输出重定向用到的符号及作用

命令符号格式	作　　用
命令＞文件	将命令执行的标准输出结果重定向输出到指定的文件中，如果该文件中已包含数据，会清空原有数据，再写入新数据
命令 2＞文件	将命令执行的错误输出结果重定向到指定的文件中，如果该文件中已包含数据，会清空原有数据，再写入新数据
命令＞＞文件	将命令执行的标准输出结果重定向输出到指定的文件中，如果该文件中已包含数据，新数据将写入到原有内容的后面

续表

命令符号格式	作　用
命令 2＞＞文件	将命令执行的错误输出结果重定向到指定的文件中,如果该文件中已包含数据,新数据将写入到原有内容的后面
命令＞＞文件 2＞&1 或者命令 &＞＞文件	将标准输出或者错误输出写入到指定文件,如果该文件中已包含数据,新数据将写入到原有内容的后面。注意,第一种格式中,最后的 2＞&1 是一体的,可以认为是固定写法

6.6.2　管道

利用 Linux 所提供的管道符"|"将两个命令隔开,管道符左边命令的输出就会作为管道符右边命令的输入。连续使用管道意味着第一个命令的输出会作为第二个命令的输入,第二个命令的输出又会作为第三个命令的输入,以此类推。

示例:

```
cat /etc/passwd | grep root
cat /etc/passwd | grep ^root
```

6.6.3　其他文件处理命令

除了前面提到的重定向和管道,下面还列出了一些常见的文件内容处理命令。

more 文件分页查看,按空格键向下一屏,按 Ctrl+B 组合键返回上一屏。

less 文件分页查看,使用[pageup][pagedown]来往前往后翻看文件,按 Enter 键下一行,按空格键翻页,按 q 键退出。

```
head /etc/passwd              #默认前 10 行
tail /etc/passwd              #默认后 10 行
tail -f /var/log/message      #实时监测文件
wc -l /etc/passwd             #显示行数
sort -rnk 3 -t : /etc/passwd
-r                            #以相反的顺序来排序
-n                            #依照数值的大小排序
-k                            #是指按照那一列进行排序
-t <分隔字符>                  #指定排序时所用的栏位分隔字符
uniq -c uosfile
-c                            #在每行旁边显示该行重复出现的次数
sort uosfile | uniq -c
-r                            #以相反排序
df -Th | grep sda2 | tr -s " " | cut -d " " -f 6 | cut -d "%" -f 1
cut -d                        #自定义分隔符
-f                            #分隔符后第几行
tr -s                         #把连续重复的字符以单独一个字符表示
paste file1 file2 file3       #把每个文件以列对列的方式,一列列地加以合并
```

任务实施

例 6-6-1　新建一个包含有"Linux"字符串的文本文件 Linux.txt，以及空文本文件 demo.txt，然后执行如下命令。

```
[root@localhost ~]#cat Linux.txt > demo.txt
[root@localhost ~]#cat demo.txt
Linux
[root@localhost ~]#cat Linux.txt > demo.txt
[root@localhost ~]#cat demo.txt
Linux <--这里的 Linux 是清空原有的 Linux 之后，写入的新的 Linux
[root@localhost ~]#cat Linux.txt >> demo.txt
[root@localhost ~]#cat demo.txt
Linux
Linux <--以追加的方式，新数据写入原有数据之后
[root@localhost ~]#cat b.txt > demo.txt
cat: b.txt: No such file or directory  <-- 错误输出信息依然输出到了显示器中
[root@localhost ~]#cat b.txt 2> demo.txt
[root@localhost ~]#cat demo.txt
cat: b.txt: No such file or directory  <--清空文件，再将错误输出信息写入该文件中
[root@localhost ~]#cat b.txt 2>> demo.txt
[root@localhost ~]#cat demo.txt
cat: b.txt: No such file or directory
cat: b.txt: No such file or directory  <--追加写入错误输出信息
```

例 6-6-2　使用管道输出信息。

```
#cat /etc/passwd | grep /bin/bash | wc -l
```

这条命令使用了两个管道，利用第一个管道将 cat 命令（显示 passwd 文件的内容）的输出送给 grep 命令，grep 命令找出含有"/bin /bash"的所有行；第二个管道将 grep 的输出送给 wc 命令，wc 命令统计出输入中的行数。这个命令的功能在于找出系统中有多少个用户使用 bash。

任务回顾

任务 6.6 主要讲解了文件管理中常用到的一些技术或命令，主要包括重定向、管道。

【知识点总结】

（1）输出重定向的作用。

（2）管道的作用。

（3）常用文件处理命令。

【思考与练习】

more 和 cat 命令都可以用来显示文件内容，它们有何区别？

任务 6.7 文件归档

任务描述

花小新：在日常办公过程中，我们经常需要对文件进行打包（归档），在归档过程中还可能需要进行压缩。

张中成：在任务 6.7 中我们就来学习文件归档。

知识储备

在 UOS 中，学会对文件或目录进行打包（归档）和压缩，是每个初学者的基本技能。

打包指的是将多个文件和目录集中存储在一个文件中，压缩则指的是利用算法对文件进行处理，从而达到缩减占用磁盘空间的目的。在本次任务中将介绍几个常用的打包和压缩命令，包括 tar 打包命令以及 gzip、zip、bzip2 等压缩命令。

在讲解具体的归档命令和压缩命令之前，先来了解一下归档和压缩所各自代表的含义。

归档也称为打包，指的是一个文件或目录的集合，而这个集合被存储在一个文件中。归档文件没有经过压缩，因此，它占用的空间是其中所有文件和目录的总和。

和归档文件类似，压缩文件也是一个文件和目录的集合，且这个集合也被存储在一个文件中，但它们的不同之处在于，压缩文件采用了不同的存储方式，使其所占用的磁盘空间比集合中所有文件大小的总和要小。

压缩是指利用算法将文件进行处理，已达到保留最大文件信息，而让文件体积变小的目的。其基本原理为通过查找文件内的重复字节，建立一个相同字节的词典文件，并用一个代码表示。比如说，在压缩文件中，有不止一处出现了"C 语言中文网"，那么在压缩文件时，这个词就会被用一个代码表示并写入词典文件，这样就可以实现缩小文件体积的目的。

由于计算机处理的信息是以二进制形式表示的，因此压缩软件就是把二进制信息中相同的字符串以特殊字符标记，只要通过合理的数学计算，文件的体积就能够大大压缩。把一个或者多个文件用压缩软件进行压缩，形成一个文件压缩包，既可以节省存储空间，又方便在网络上传送。

采用压缩工具对文件进行压缩，生成的文件称为压缩包，该文件的体积通常只有原文件的一半甚至更小。需要注意的是，压缩包中的数据无法直接使用，使用前需要利用压缩工具将文件数据还原，此过程又称解压缩。

Linux 下，常用的归档命令有 2 个，分别是 tar 和 dd（相对而言，tar 的使用更为广泛）。常用的压缩命令有很多，比如 gzip、zip、bzip2 等。这些命令的详细用法，后续文件会做一一介绍。需要说明的是，tar 命令也可以作为压缩命令，也很常用。

6.7.1 归档管理器

归档管理器是一款界面友好、使用方便的压缩与解压缩软件，如图 6-7-1 所示，支持 7z、jar、tar、tar.bz2、tar.gz、tar.lz、tar.lzm、tar.lzo、tar.Z、zip 等多种压缩包格式，还支持加密压缩等设置。

图 6-7-1　归档管理器界面

通过以下方式运行或关闭归档管理器，或者创建归档管理器的快捷方式。

1. 运行压缩

（1）单击桌面底部的"开始"按钮，打开"开始"菜单。

（2）上下滚动鼠标滚轮浏览或通过搜索，找到"归档管理器"选项，单击运行它，如图 6-7-2 所示。

图 6-7-2　搜索"归档管理器"

（3）右击 ，可以完成以下操作。

① 选择"发送到桌面"选项，在桌面创建快捷方式。

② 选择"发送到任务栏"选项，将应用程序固定到任务栏。

③ 选择"开机自动启动"选项,将应用程序添加到开机启动项,在计算机开机时自动运行该应用。

2. 关闭压缩

在归档管理器界面单击 ✕ 按钮,退出压缩。

在任务栏中右击 ▓ 按钮,选择"关闭所有"选项来退出归档管理器。

在归档管理器界面单击 ≡ 按钮,选择"退出"选项来退出归档管理器。

3. 基本操作

1) 压缩

对单个或多个文件/文件夹以及压缩包的集合都可以进行压缩。

(1) 在归档管理器界面,单击"选择文件"按钮,选择需要压缩的文件,单击"打开"按钮。

(2) 如果需要继续添加压缩文件,可以单击工具栏中的 ➕ 按钮或者 ≡ 按钮→"打开文件",添加压缩文件,如图 6-7-3 所示。

图 6-7-3　添加待压缩文件

(3) 单击"下一步"按钮。

(4) 设置文件名、存储路径、压缩包格式等,如图 6-7-4 所示。

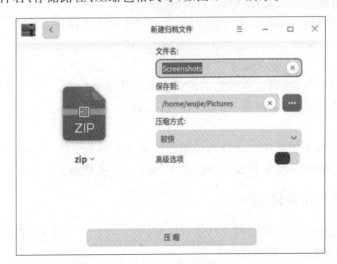

图 6-7-4　设置压缩信息

(5) 如果开启高级选项模式,可以设置文件加密、文件列表加密或分卷压缩。

（6）单击"压缩"按钮。

（7）压缩成功（见图6-7-5）之后，还可以单击"查看文件"按钮，查看压缩文件的具体存放位置。

图 6-7-5　压缩完成界面

单击"返回"按钮，返回主界面，选择文件进行压缩。

2）解压缩

（1）在归档管理器界面，单击"选择文件"按钮。

（2）选择需要解压缩的文件，单击"打开"按钮。

（3）单击"解压到：/home/wd123"按钮，也可以重新设置解压缩路径。

（4）单击"解压"按钮。

（5）解压缩成功之后，可以完成以下操作。

单击"查看文件"按钮，可以查看解压缩文件的具体存放位置。

单击"返回"按钮，返回主界面，选择文件进行压缩。

3）提取文件

在归档管理器界面中选中一个待解压缩文件或该文件夹中的子文件，右击"解压"或"解压到当前文件夹"，将文件解压到相应的路径下，如图6-7-6所示。

6.7.2　归档与压缩命令

使用归档管理器可以方便地对文件进行压缩归档，我们同样也可以使用命令对文件进行压缩归档，下面介绍几个常用命令。

1. tar命令

tar命令用于对文件进行打包压缩或解压，格式如下：

图 6-7-6 提取文件

tar [选项][文件]

在 Linux 系统中,常见的文件格式比较多,其中主要使用的是.tar 或.tar.gz 或.tar.bz2 格式,我们不用担心格式太多而记不住,其实这些格式大部分都是由 tar 命令来生成的。tar 命令的参数及其作用如表 6-7-1 所示。

表 6-7-1　tar 命令的参数及其作用

参数	作　　用	参数	作　　用
-c	创建压缩文件	-v	显示压缩或解压的过程
-x	解开压缩文件	-f	目标文件名
-t	查看压缩包内有哪些文件	-p	保留原始的权限与属性
-z	用 Gzip 压缩或解压	-P	使用绝对路径来压缩
-j	用 bzip2 压缩或解压	-C	指定解压到的目录

首先,-c 参数用于创建压缩文件,-x 参数用于解压文件,因此这两个参数不能同时使用。其次,-z 参数指定使用 Gzip 格式来压缩或解压文件,-j 参数指定使用 bzip2 格式来压缩或解压文件。用户使用时则是根据文件的后缀来决定应使用何种格式参数进行解压。在执行某些压缩或解压操作时,可能需要花费数小时,因此非常推荐使用-v 参数,可以向用户不断显示压缩或解压的过程。-C 参数用于指定要解压到哪个指定的目录。-f 参数特别重要,它必须放到参数的最后一位,代表要压缩或解压的软件包名称。我们一般使用"tar -czvf 压缩包名称.tar.gz 要打包的目录"命令把指定的文件进行打包压缩,相应的解压命令为"tar -xzvf 压缩包名称.tar.gz"。

2. gzip 命令

文件经过 gzip 命令压缩后,会多出一个.gz 后缀。gzip 命令对文本文件有 $60\%\sim70\%$ 的压缩率,主要参数如表 6-7-2 所示。

表 6-7-2　gzip 命令的参数及其作用

参数	作　　用	参数	作　　用
-c	保留源文件	-l	列出压缩文件详细信息
-d	解压.gz 文件	-h	在线帮助
-v	打印操作详细信息		

3. bzip2 命令

bzip2 命令用来压缩和解压缩文件，是在 Linux 系统中经常使用的一个对文件进行压缩和解压缩的命令，采用 Burrow-Wheeler 块排序文本压缩算法和 Huffman 编码将文件压缩为后缀为.bz2 的 bzip2 文件。

任务实施

下面我们来逐个演示打包压缩与解压的操作。先使用 tar 命令把/etc 目录通过 gzip 格式进行打包压缩，并把文件命名为 etc.tar.gz。

```
[root@linuxprobe ~]#tar -czvf etc.tar.gz /etc
tar: Removing leading '/' from member names
/etc/
/etc/fstab
/etc/crypttab
/etc/mtab
/etc/fonts/
/etc/fonts/conf.d/
/etc/fonts/conf.d/65-0-madan.conf
/etc/fonts/conf.d/59-liberation-sans.conf
/etc/fonts/conf.d/90-ttf-arphic-uming-embolden.conf
/etc/fonts/conf.d/59-liberation-mono.conf
/etc/fonts/conf.d/66-sil-nuosu.conf
……………省略部分压缩过程信息………………
```

接下来将打包后的压缩包文件指定解压到/root/etc 目录中（先使用 mkdir 命令来创建/root/etc 目录）。

```
[root@linuxprobe ~]#mkdir /root/etc
[root@linuxprobe ~]#tar xzvf etc.tar.gz -C /root/etc
etc/
etc/fstab
etc/crypttab
etc/mtab
etc/fonts/
etc/fonts/conf.d/
etc/fonts/conf.d/65-0-madan.conf
etc/fonts/conf.d/59-liberation-sans.conf
etc/fonts/conf.d/90-ttf-arphic-uming-embolden.conf
etc/fonts/conf.d/59-liberation-mono.conf
etc/fonts/conf.d/66-sil-nuosu.conf
etc/fonts/conf.d/65-1-vlgothic-gothic.conf
etc/fonts/conf.d/65-0-lohit-bengali.conf
etc/fonts/conf.d/20-unhint-small-dejavu-sans.conf
……………省略部分解压过程信息………………
```

任务6.7讲解了归档管理器的使用方法并重点介绍了 tar、gzip、bzip2 等归档和压缩命令的用法。

【知识点总结】

（1）归档管理器的使用方法。

（2）tar、gzip、bzip2 的语法格式及基本用法。

【思考与练习】

文件归档和文件压缩有何区别？

项目总结

本项目主要介绍了 UOS 图形界面下文件管理器的应用，常用的文件和目录处理命令如查看、复制、删除、移动、查找、归档、打包等。除此之外，还重点介绍了文件权限管理方面的知识。每个项目包含若干技能点，层层推进最终实现项目目标，为下一步学 UOS 系统打下了坚实的基础。

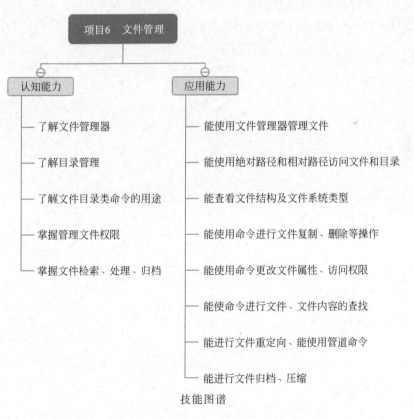

技能图谱

项目习题

1. 选择题

(1) 文件权限读、写、执行对应的英文字母分别是(　　)。

　　A. rwx　　　　　　B. xrw　　　　　　C. rdx　　　　　　D. srw

(2) 改变文件所有者的命令是(　　)。

　　A. chmod　　　　　B. touch　　　　　C. chown　　　　　D. cat

(3) 实现文件压缩的命令是(　　)。

　　A. locate　　　　　B. gzip　　　　　　C. who　　　　　　D. less

(4) 设置文件权限的命令是(　　)。

　　A. chmod　　　　　B. touch　　　　　C. chown　　　　　D. cat

2. 操作题

(1) 进入/etc目录,查看该目录下的内容。

(2) 在/home目录下新建两个目录 dir1 和 dir2。

(3) 将/etc下的 init.d 目录复制到 dir1。

(4) 把/bin 目录打包压缩存放在 dir2。

项目 7

Shell 编程

教学视频

张中成：在统信 UOS 操作系统中，Shell 不仅是常用的命令解释程序，还是高级编程语言。

花小新：编程语言？

张中成：用户可以通过编写 Shell 程序来完成大量自动化的任务。Shell 可以互动地解释和执行用户输入的命令，也可以用来进行程序设计。它提供了定义变量和参数的手段以及丰富的程序控制结构。

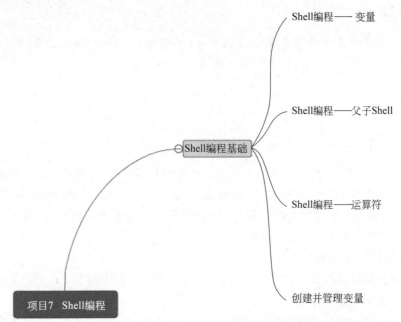

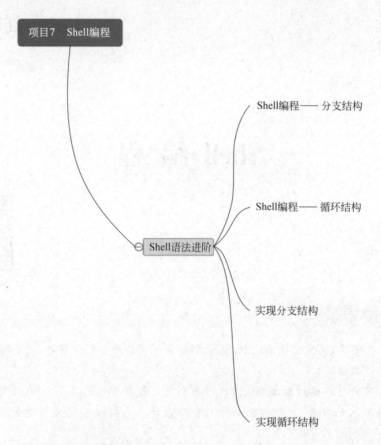

项目7　Shell编程

Shell编程——分支结构

Shell编程——循环结构

Shell语法进阶

实现分支结构

实现循环结构

任务 7.1　Shell 编程基础

任务描述

张中成：本任务主要是带大家去掌握 Shell 编程基础，例如变量、父子 Shell、运算符。通过本任务的学习，大家要掌握 Shell 脚本的基本知识。

知识储备

7.1.1　Shell 编程——变量

在统信 UOS 操作系统中，使用 Shell Script 来编写程序时，要掌握 Shell 变量、Shell 运算符、Shell 流程控制语句等相关变量、运算符、语法、语句。Shell 变量是 Shell 传递数据的一种方式，用来代表每个取值的符号名，当 Shell Script 需要保存一些信息，如一个文件名或一个数字时，会将其存放在一个变量中。

Shell 变量的设置规则如下。

（1）变量名称可以由字母、数字和下画线组成，但是不能以数字开头，环境变量名称建议采用大写字母，用于区分。

（2）在 bash 中，变量的默认类型都是字符串型，如果要进行数值运算，则必须指定变量类型为数值型。

（3）变量用"＝"连接值，等号两侧不能有空格。

（4）如果变量的值有空格，则需要使用单引号或者双引号将其引起来。

有效的 Shell 变量名示例如下。

（1）USERNAME

（2）LD_LIBRARY_PATH

（3）_var

（4）var1

无效的变量名示例如下。

（1）var＝123

（2）User * name＝yantaol

Shell 中的变量分为环境变量、位置参数变量、预定义变量和用户自定义变量，从变量的作用域角度分为全局变量和局部变量，可以通过 set 命令查看系统中的所有变量。

（1）环境变量用于保存与系统操作环境相关的数据，如 HOME、PWD、SHELL、USER 等。

（2）位置参数变量主要用于向脚本中传递参数或数据，变量名不能自定义，变量的作用固定。

（3）预定义变量是 Shell 中已经定义好的变量，变量名不能自定义，变量的作用也是固定的。

（4）用户自定义变量以字母或下画线开头，由字母、数字或下画线组成，大小写字母的含义不同，变量名长度没有限制。

1．变量的使用

习惯上使用大写字母来命名变量，变量名以字母或下画线开头，不能以数字开头。在使用变量时，要在变量名前面加上"＄"。

1）变量赋值"＝"

```
root@localhost:~/Desktop$ A= 2;B= 4
root@localhost:~/Desktop$ echo $A $b
2 4
root@localhost:~/Desktop$ C= "Hello world"
root@localhost:~/Desktop$ echo $C
Hello world
root@localhost:~/Desktop$
```

2）使用单引号和双引号的区别

（1）双引号的作用。

```
root@localhost:~/Desktop$ Num= 10
root@localhost:~/Desktop$ Str= "$Num times"
root@localhost:~/Desktop$ echo $Str
10 time
root@localhost:~/Desktop$
```

（2）单引号的作用。

```
root@localhost:~/Desktop$ Num= 10
root@localhost:~/Desktop$ Str= '$Num times'
root@localhost:~/Desktop$ echo $Str
$Num times
root@localhost:~/Desktop$
```

综合(1)、(2)不难看出单引号的内容会被全部输出，但是双引号中的内容会有所变化，因为双引号会对其中的特殊符号进行转义。

① 列出本地定义的 Shell 变量"set"。

```
root@localhost:~/Desktop$ set
A= 2
B= 4
```

② 显示所有的环境变量 env。

```
root@localhost-pc:~/Desktop$ env
SHELL= -bash
WINDOWID= 0
QT_ACCESSIBILITY= 1
COLORTERM= truecolor
XDG_SESSION_PATH= /org/freedesktop/DisplayManager/Session0
GNOME_DESKTOP_SESSION_ID= this-is-deprecated
GTK_IM_MODULE= fcitx
LANGUAGE= zh_CN
D_DISABLE_RT_SCREEN_SCALE= 1
QT_LOGGING_RULES= *.debug= false
SSH_ANTH_SOCK= -RUN/USER/1000/keyring/ssh
XDG_DATA_HOME= /home/zahi/.laocal/share
INPUT_METHOD= fcitx
```

③ 显示指定的环境变量 printenv。

```
root@localhost-pc:~/Desktop$ printenv LOGNAME
Zhai
root@localhost-pc:~/Desktop$
```

其中，printenv 在不添加参数的条件下跟 env 功能上是一致的。

④ 撤销变量"unset"。

```
root@localhost-pc:~/Desktop$ echo $A
2
root@localhost-pc:~/Desktop$ unset A
root@localhost-pc:~/Desktop$ echo $A
root@localhost-pc:~/Desktop$
```

注意：如果我们申明的变量是一个静态的变量（只读变量），那么我们就不能用 unset 命令来进行撤销。

```
root@localhost-pc:~/Desktop$ readonly A= 10
root@localhost-pc:~/Desktop$ echo $A
10
root@localhost-pc:~/Desktop$ unset A
Bash: unset: A: 无法取消设定:只读 variable
root@localhost-pc:~/Desktop$
```

2. 环境变量

用户自定义变量只在当前的 Shell 中生效，而环境变量会在当前 Shell 及其所有的子 Shell 中生效。如果将环境变量写入相应的配置文件，则这个环境变量将会在所有的 Shell 中生效。

3. 位置参数变量

$n：$0 代表命令本身，$1-9 代表接收的第 1～9 个参数，10 及以上需要用{}括起来。例如${10}代表接收的第 10 个参数。

$*：代表接收所有参数，将所有的参数看作一个整体。

$@：代表接收所有参数，将每个参数都区别对待。

$#：代表接收的参数的个数。

4. 预定义变量

预定义变量是在 Shell 中已经定义的变量，和默认环境变量有些类似，但不同的是预定义变量是不能重新定义的，用户只能根据 Shell 的定义来使用这些变量。预定义变量及其功能说明如表 7-1-1 所示。

表 7-1-1　预定义变量及其功能说明

预定义变量	功　能　说　明
$	最后一次执行的命令的返回状态。如果这个变量的值为 0 就证明上一条命令是执行正确的；如果这个变量的值不是 0，则证明上一条执行的是错误的
$$	当前进程的进程号
$!	后台运行的最后一个进行的进程号

7.1.2　Shell 编程——父子 Shell

在 Shell 环境内嵌套一个 Shell，那么第一个 Shell 就是新开 Shell 的父 Shell，而新开的 Shell 就是第一个 Shell 的子 Shell。子 Shell 和父 Shell 最大的区别就是，环境变量的集成关系，如在子环境设置的当前变量，父环境变量是不可见的。

1. 父 Shell

父 Shell 是用于登录某个远程主机或虚拟控制器终端或在 GUI 中运行终端仿真器时所启动的默认的交互式 Shell。

```
source script              #在当前 Shell 执行 script 文件
. script                   #在当前 Shell 执行 script 文件
```

2. 子 Shell（subshell）

子 Shell 是父 Shell 进程调用了 fork() 函数，在内存中复制出一个与父 Shell 进程几乎完全一样的子进程。子 Shell 继承了父 Shell 的所有环境变量（包括全局和局部变量）。可以通过环境变量 BASH_SUBSHELL（其值表明子 Shell 的嵌套深度）判断是第几层子 Shell（0 说明当前 Shell 不是子 Shell）。

```
`command[;command...]`         #command 在子 Shell 中执行
( command[;command...] )       #command 在子 Shell 中执行(可嵌套)
command1 | command2            #command1 和 command2 都在子 Shell 中运行
```

子 Shell 从父 Shell 继承得来的属性如下。

（1）当前工作目录。

（2）环境变量。

（3）标准输入、标准输出和标准错误输出。

（4）所有已打开的文件标识符。

（5）忽略的信号。

子 Shell 不能从父 Shell 继承的属性，归纳如下。

（1）除环境变量和.bashrc 文件中定义变量之外的 Shell 变量。

（2）未被忽略的信号处理。

7.1.3　Shell 编程——运算符

Shell 支持很多的运算符，其中包括算术运算符、关系运算符、布尔运算符、字符串运算符、逻辑运算符和文件测试运算符等。

1. 算术运算符

原生的 bash 是不支持间的数学运算的，但是可以通过其他的命令来完成，例如 awk 和 expr，其中 expr 是比较常见的命令。expr 是一个表达式计算命令，可以用它来完成表达式的求值操作。

例如，需要求两个数的求和，编写 add.sh 代码。

```
root@localhost-pc:~/Desktop$ vim add.sh
root@localhost-pc:~/Desktop$ . add.sh
```

两个元素相加的结果为 6。

```
root@localhost-pc:~/Desktop$
    add.sh 代码运算结果
```

1）代码执行的方式

（1）采用 bash+代码相对路径或绝对路径。

```
sh test.sh
```

（2）采用代码绝对路径或相对路径直接运行（需要赋予文件执行权限）。

```
./test.sh
```

（3）采用 source 或.＋代码相对路径或绝对路径。

```
source ./test.sh　或　../test
```

其中，add.sh 内容如下：

```
#!./bin/bash
#文件名称 add.sh
#版本号:1.0
#功能 2 个元素的求和
VAR= `expr 3+3`
ehco"两个元素相加的结果为:SVAR"
```

注意：add.sh 的第一行♯!是必须要填写的不能省略,表达式和运算符之间必须要有空格,脚本中"3＋3"不能写成"3＋3",这个与大多数的编程有些不一样,同时完整的表达式是要加反引号(")不是单引号('')。

2）算数运算符有以下几种

（1）＋（加），如`expr $A＋$B。

（2）－（减），如`expr $A－$B。

（3）＊（乘），如`expr $A＊$B。

（4）/（除），如`expr $A/$B。

（5）＝（赋值），如 A＝$B 表示将变量 B 赋值给 A。

（6）＝＝（等于），用于比较两个数字,相等则返回 true。

（7）!＝（不等），用于比较两个数字,不相等则返回 true。

（8）％（取余），如`expr $A ％ $B。

我们可以运用上述算术运算符进行加减乘除综合运算,相关命令如下：

```
root@localhost-pc:~/Desktop$ vim zhys.sh
root@localhost-pc:~/Desktop$ sh zhys.sh
```

定义两个元素 a＝10,b＝20。

加法运算,两数相加的值为 30。

减法运算,两数相减的数为－10。

乘法运算,两数相乘的数为 200。

除法运算,两数相除的值为 0。

其中,zhys.sh 内容如下：

```
root@localhost-pc:~/Desktop$ cat zhys.sh
#!./bin/bash
#文件名称：zhys.sh
#文件版本：1.0
#功能：综合运算
echo '定义两个元素 a= 10,b= 20'
a=10
b=20
echo '加法运算'
S='expr $a + $b'
echo 两数相加的值为："$s
echo'减法运算'
S='expr $a - $b'
echo 两数相减的值为：$s"
Echo'乘法运算'
S='expr $a / * $b'
echo 两数相除的值为："$s
zhys.sh 代码
```

2. 关系运算符

关系运算符只支持数字，不支持字符串，除非字符串的值是数字。常用的关系运算符如表 7-1-2 所示，假设 A=10，B=20。

表 7-1-2　常用的关系运算符

运算符	功 能 说 明	举　　例
-eq	检测两个数是否相等，相等则返回 true	[$A-eq $B] 返回 true
-ne	检测两个数是否不相等，不相等则返回 true	[$A-ne $B] 返回 true
-gt	检测运算符左边的数是否大于运算符右边的数，如果是则返回 true	[$A-gt $B] 返回 true
-lt	检测运算符左边的数是否小于运算符右边的数，如果是则返回 true	[$A-lt $B] 返回 true
-ge	检测运算符左边的数是否大于等于运算符右边的数，如果是则返回 true	[$A-ge $B] 返回 true
-le	检测运算符左边的数是否小于等于运算符右边的数，如果是则返回 true	[$A-le $B] 返回 true

我们可以运用关系运算符完成运算，相关命令如下。
（1）等于运算代码。

```
#!/bin/bash
#文件名:gxys.sh
#版本:关系运算
a= 10
B= 20
If [$a -eq $b];then
     echo'两数相等'
else
     echo'两数不相等'
fi
```

运算结果如下：

```
root@localhost-pc:~/Desktop$ sh gxys.sh
两数不相等
hai@zahi-pc:~/Desktop$
```

（2）不等于运算代码。

```
#!/bin/bash
#文件名:gxys.sh
#版本:关系运算
a= 10
B= 20
If [$a -en $b];then
    echo'两数不相等'
else
    echo'两数相等'
fi
```

运算结果如下：

```
root@localhost-pc:~/Desktop$ sh gxys.sh
两数不相等
    hai@zahi-pc:~/Desktop$
```

3.布尔运算符

常用的布尔运算符如表 7-1-3 所示。

表 7-1-3　常用的布尔运算符

运算符	功能说明	举例
-a	与运算,两个表达式都为 true 时,则返回 true	[$A-lt 20 -a $B -gt 10]结果为:true
-o	或运算,两个表达式只要其中一个为 true 时,则返回 true	[$A-lt 20 -o $B -gt 10]结果为:true
!	非运算,表达式结果为 true 时,返回 false	[!true]结果为:false

4.字符串运算符

常用的字符串运算符如表 7-1-4 所示。

表 7-1-4　常用的字符串运算符

运算符	功能说明	举例
=	检测两个字符是否相等,相等则返回 true	[$A=$B]返回结果 false
!=	检测两个字符是否不相等,不相等则返回 true	[$A != $B]返回结果 true
-z	检测字符串长度是否为 0,为 0 则返回 true	[-z $B]返回结果 false
-n	检测字符串长度是否不为 0,不为 0 则返回 true	[-n"$B"]返回结果 false
$	检测字符串长度是否为空,不为空则返回 true	[$B]返回结果 true

5. 逻辑运算符

常用的逻辑运算符如表 7-1-5 所示。

表 7-1-5 常用的逻辑运算符

运 算 符	功 能 说 明	举　　例
&&	逻辑与	[$A-lt 50 && $Y -gt 50]返回 true
||	逻辑或	[$A-lt 50 || $B -gt 50] 返回 true

6. 文件测试运算符

常用的文件测试运算符如表 7-1-6 所示。

表 7-1-6　常用的文件测试运算符

运算符	功 能 说 明	举　　例
-b file	检测文件是否为块设备文件,如果是,返回 true	[-b $file]返回 false
-c file	检测文件是否为字符设备文件,如果是,返回 true	[-c $file]返回 false
-d file	检测文件是否为目录文件,如果是,返回 true	[-d $file]返回 false
-f file	检测文件是否为普通文件,如果是,返回 true	[-f $file]返回 true
-g file	检测文件是否设置了 SGID 位,如果是,返回 true	[-g $file]返回 false
-k file	检测文件是否设置黏滞位,如果是,返回 true	[-k $file]返回 false
-p file	检测文件是否为有名管道,如果是,返回 true	[-p $file]返回 false
-u file	检测文件是否为 SUID 位,如果是,返回 true	[-u $file]返回 false
-r file	检测文件是否可读,如果是,返回 true	[-r $file]返回 true
-w file	检测文件是否可写,如果是,返回 true	[-w $file]返回 true
-x file	检测文件是否执行,如果是,返回 true	[-x $file]返回 true
-s file	检测文件是否为空,如果是,返回 false	[-s $file]返回 true
-e file	检测文件是否存在,如果是,返回 true	[-e $file]返回 true

7. $()和｀

在 Shell 中,$()和｀是可以用于命令替换。采用如上这两种方式都可以获得内核的版本号,但是也有其各自的优缺点。

1) $()的优点和缺点

优点：输入直观,不容易输入错误。

缺点：不是所有的 Shell 都支持$()。

2) ｀的优点和缺点

优点：｀基本上是可以在所有的 Shell 中使用的。

缺点：｀很容易输入错误。

8. ${}

${}可用于变量替换,一般情况下,$VAR 与${VAR}没有什么不同,但是后者能准确地定位变量名称的范围。举例如下：

```
root@localhost-pc:~/Desktop$ A= B
root@localhost-pc:~/Desktop$ echo $AB
root@localhost-pc:~/Desktop$
```

以上准本是将$A的结果替换出来的,之后再将B拼接在$A后面。但是我们使用$A就不会出现上述的情况。

```
root@localhost-pc:~/Desktop$ A= B
root@localhost-pc:~/Desktop$ echo ${A}B
BB
root@localhost-pc:~/Desktop$
```

9. $[]和$(())

在$[]和$(())的作用的相似的,都可以用于数学的运算,支持加、减、乘、除、取余的运算,但是需要注意的是,bash只能进行整数的运算,浮点数是被当作字符串进行处理的。

```
root@localhost-pc:~/Desktop$  A= 10;B= 20;C= 30
root@localhost-pc:~/Desktop$ echo $((A+B) * C)
610
root@localhost-pc:~/Desktop$ echo $(((A+B)/C)
1
root@localhost-pc:~/Desktop$ echo $(((A+B)%C)
0
root@localhost-pc:~/Desktop$
```

10. []

[]为test命令的另一种形式,但使用时要注意以下几点。

(1) 必须在其左括号的右侧和右括号的左侧各加一个空格,否则会报错。

(2) test命令使用标准的数学比较符号来表示字符串的比较,而[]使用文体符号来表示数值的比较。

(3) 大于符号或小于符号必须要进行转义,否则会被理解成重定向操作。

11. (())和[[]]

(())和[[]]分别是[]针对数学比较表达式和字符串表达式的加强版。[[]]增加了模式匹配特效。(())不需要再将表达式中的大于或小于符号转义,其除了可以使用标准的算术运算符外,还增加了以下运算符:a++(后增)、a——(后减)、++a(先增)、——a(先减)、!(逻辑反)、~(求反)、**(幂运算)、<<(左位移)、>>(右位移)、&(位布尔与)|(位布尔或)&&(逻辑与)||(逻辑或)。

任务实施

7.1.4 创建并管理变量

1. 定义变量

在我们定义变量的时候我们一般使用"="来定义一个变量,通过如下的方式我们创建了一个变量,同时赋予数字 10 为它的值。

```
root@localhost-pc:~/Desktop$ A= 10
root@localhost-pc:~/Desktop$
```

2. 撤销变量

在我们定义变量的时候我们如果不需要这个变量那么我们就需要撤销这个变量,我们可以通过 unset 来对已经存在的变量进行撤销。

```
root@localhost-pc:~/Desktop$ unset A
root@localhost-pc:~/Desktop$
```

3. 定义静态变量

如果我们需要一个常量,也就是一个不能随时更改的变量,那么我们需要用到 readonly,下面我们就利用 readonly 来创建一个常量。

```
root@localhost-pc:~/Desktop$ readonly A= 10
```

注意：readonly 是不能采用 unset 来进行撤销的。

```
root@localhost-pc:~/Desktop$ readonly A= 10
Bash:A: 只读变量
root@localhost-pc:~/Desktop$ unset A
Bash:unset:A:无法取消设定:只读 variable
root@localhost-pc:~/Desktop$
```

4. 输出变量

上面都是用来创建或撤销变量的,那我们如何来查看变量呢? 这里需要用到 echo 这个基础指令。

```
root@localhost-pc:~/Desktop$ echo $A
10
root@localhost-pc:~/Desktop$
```

上面 A 是我们创建的一个只读变量值为 10。

任务回顾

【知识点总结】

(1) Shell 中的变量分为环境变量、位置参数变量、预定义变量和用户自定义变量,从变量的作用域角度分为全局变量和局部变量。

(2) Shell 运算符。主要讲解了算术运算符、关系运算符、布尔运算符、字符串运算符、逻辑运算符、文件测试运算符、$()和`、$[]和$(())、${}、[]、(())、[[]]。

【思考与练习】

（1）执行 Shell 脚本有哪几种方式？

（2）Shell 编程支持哪几种变量类型？

任务 7.2　Shell 语法进阶

任务描述

张中成：本任务主要是带大家去掌握 Shell 编程的分支结构、循环结构，这两种结构在编程中最为常见，同时也是必不可少的两个部分，通过本次任务学习，大家一定要去体会 if 的单双分支和循环的魅力。

（1）Shell 关键字：例如 if…else、for do…done。

（2）控制流语句：例如 if…then…else 和执行重复操作的 Shell 循环。

知识储备

7.2.1　Shell 编程——分支结构

Shell 流程分支控制语句可以使用单分支 if 条件语句、多分支 if 条件语句和 case 语句，下面进行分别举例。

1. 单分支 if 条件语句

单分支 if 条件语句的语法格式如下：

```
if [条件语句]; then
执行程序                    #当条件语句成立时执行
    fi                     #结束语句
```

2. 多分支 if 条件语句

多分支 if 条件语句的语法格式如下：

```
If [条件语句1];then
执行程序
elif [条件语句2];then    #elif 其实是 else if 的缩写
    执行程序
    …
else
    执行程序              #当所有条件都不成立的时候,最后执行的程序
Fi
```

3. case 语句

case 语句相当于一个多分支的 if 条件语句，case 变量的值用来匹配多个 value 值，等匹配到对应的 value 值时，则执行相对应的程序，直到遇到"；；"为止，case 语句以 esac 作为结

束符。

case 语句的语法格式如下：

```
case 值 in
value1)
执行程序 1
;;
value2)
执行程序 2
;;
...
valuen)
执行程序 n
;;
Esac
```

7.2.2 Shell 编程——循环结构

Shell 提供的循环结构有 3 种，分别为 for、while、until。

1. for 循环语句

for 循环语句用于在一个列表中执行有限次数的命令。for 命令后跟一个自定义的变量、一个关键字 in 和一个字符串列表。第一次执行 for 循环语句的时候，字符串列表中的第一个字符会赋值给自定义变量，同时执行循环体，直到遇到 done 语句；第二次执行 for 循环语句的时候，会将字符串列表中的第二个字符赋值给自定义的变量。以此类推，直到字符串列表遍历完毕。

for 循环语句的语法格式如下：

```
for 变量 [in 列表]
do
    执行语句
done
```

2. while 循环语句

while 循环用于不断地执行一系列命令，一直到测试条件为 false。

while 循环语句的语法格式如下：

```
while 条件语句
do
    执行语句
done
```

3. until 循环语句

until 循环语句和 while 循环语句类似，区别在于 until 循环语句在条件为 true 时退出循环，反之则一直在循环体里面。我们 while 循环语句是当条件为 false 的时候退出循环体,反之则一直在执行循环。

until 循环语句的语法格式如下:

```
until 条件语句
do
执行语句
done
```

任务实施

7.2.3　实现分支结构

1. 单分支 if 条件语句

例如,判断输入的成绩是否合格,大于等于 60 则判定成绩合格。

```
#!/bin/bash

read -p "请输入成绩:"a
b= 60

if ["$a" -ge "$b"]
then
echo "合格"
fi
```

执行结果如下:

```
root@localhost-pc:~/Desktop$ ./demo.sh
请输入成绩:70
合格
root@localhost-pc:~/Desktop$
```

注意:方括号跟条件语句之间要有空格,then 可以换行写,这样就不需要再有方括号后面加";"。

2. 多分支 if 条件语句

例如,判断输入的成绩是否合格,大于等于 60 则判定成绩合格反之则为不合格。

```
#!/bin/bash
read -p "请输入成绩:"a
b= 60

if ["$a" -ge "$b"]
then
echo "合格"
Else
echo "不合格"
fi
```

执行结果如下：

```
root@localhost-pc:~/Desktop$ ./demo.sh
请输入成绩:70
合格
root@localhost-pc:~/Desktop$
```

3. case 语句

如下面例子。

```
root@localhost-pc:~/Desktop$ cash.sh
#!/bin/bash
read -p"[1:优秀,2:良好,3:中等,4:及格,5:不合格]请输入 1-5:"a
case $a in
1) echo"成绩优秀"
;;
2) echo"成绩良好"
;;
3) echo"成绩中等"
;;
4) echo"成绩及格"
;;
5) echo"成绩不及格"
;;
esac
root@localhost-pc:~/Desktop$
```

执行结果如下：

```
root@localhost-pc:~/Desktop$ .cash.sh
[1:优秀,2:良好,3:中等,4:及格,5:不合格]请输入 1-5:3
成绩中等
root@localhost-pc:~/Desktop$
```

7.2.4　实现循环结构

1. for 循环

例如，按照顺序输出列表中的数字。

```
root@localhost-pc:~/Desktop$ cat for.sh
#!/bin/bash
for var in 1 2 3 4 5 6 7 8
do
        echo $var
root@localhost-pc:~/Desktop$
```

执行结果如下：

```
root@localhost-pc:~/Desktop$ cat for.sh
1
2
3
4
5
6
7
8
```

2. while 循环

例如,利用 while 循环求 1 到 50 的和。

```
#!/bin/bash
num= 0
while [$num -le 50]
do
        total= 'expr $total] + $num'
        num= 'expr $num + 1'
done
echo "结果为: $total"
```

执行结果如下:

```
root@localhost-pc:~/Desktop$ cat for.sh
结果为: 1275
root@localhost-pc:~/Desktop$
```

3. until 循环

例如,利用 until 循环求的 1～50 的总和。

```
#!/bin/bash
Total= 0
util [$num -gt 50]
do
        total= 'expr $total] + $num'
        num= 'expr $num + 1'
done
echo "结果为: $total"
```

执行结果如下:

```
root@localhost-pc:~/Desktop$ cat for.sh
计算结果为: 1275
root@localhost-pc:~/Desktop$
```

任务回顾

【知识点总结】

（1）Shell 流程分支控制语句，主要讲解了单分支 if 条件语句、多分支 if 条件语句、case 语句。

（2）Shell 流程循环控制语句，主要讲解了 for 循环语句、while 循环语句、until 循环语句。

【思考与练习】

简述条件语句 if 和 case 之间的区别。

项目总结

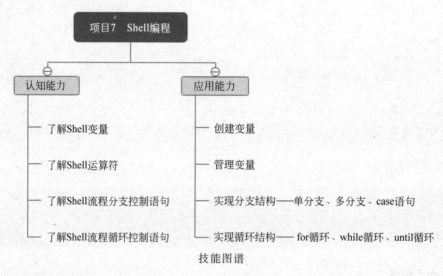

技能图谱

项目习题

（1）（　　）不是 Shell 的循环控制结构。

    A. for   B. while   C. switch   D. until

（2）可以使用（　　）命令对 Shell 变量进行算术运算。

    A. read   B. expr   C. export   D. echo

（3）Shell Script 通常使用（　　）符号作为脚本的开始。

    A. ♯   B. $ C. @   D. ♯!

项目 8

认 识 主 机

教学视频

花小新：老师，到底什么是主机，我查阅了资料，为什么说法都不太一样呢？

张中成：生活中，人们常将除显示器、键盘、鼠标等外部设备之外的主机箱部分称为主机。在学科领域或者说学术界，主机也有着不一样的提法，如从计算机硬件结构的角度上讲，主机是运算器、控制器、内存储器、输入/输出接口和总线的总称，如下图所示；从操作系统的视角出发，主机则通常指的是操作系统的宿主机器，本质上等同于人们在日常生活中所说的主机，包括学术层面上讲的硬件主机、外存储器和输入/输出设备等部分。

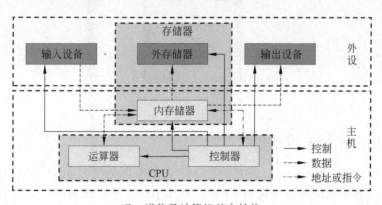

冯·诺依曼计算机基本结构

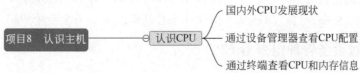

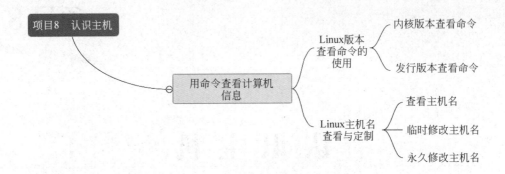

任务 8.1　认识 CPU

任务描述

张中成：在统信 UOS 操作系统中查看硬件结构意义上主机 CPU 和内存等主要部件参数，能够评估主机性能。

知识储备

计算机硬件是人们看得见、摸得着的实体设备，是计算机的物质基础。硬件意义上的主机，其中运算器和控制器合称为 CPU（central processing unit），是计算机的核心，如图 8-1-1 所示，类似于人类的大脑，是衡量计算机性能的重要参数之一。上一页图中的内存储器，俗称内存，也是衡量计算机性能的重要参数。

图 8-1-1　CPU 外观图

8.1.1　国内外 CPU 发展现状

目前，我们日常使用的个人计算机，其 CPU 大多来自美国的 intel 和 AMD 两家公司。几十年来，intel 和 AMD 两家公司的 CPU 产品几乎垄断了全球的个人计算机 CPU 市场。为打破垄断，解决"缺芯少魂"问题，我国先后启动了"泰山计划""863 计划"子项目、"核高基计划"等系列科技工程，龙芯、申威、飞腾、海思等国产 CPU 设计团队应运而生，且正异军突起，拟从硬件方面破冰西方垄断；统信 UOS、银河麒麟等国产操作系统针对国产 CPU 硬件进行了较大幅度优化，正逐步取代 Windows、CentOS 等国外操作系统软件，为我国信息化建设建立在"安全、可靠、可信"的国产基础软件平台基础上带来了全新希望。

8.1.2　通过设备管理器查看 CPU 配置

在设备管理器界面，单击"概况"按钮，界面将显示处理器、主板、内存等硬件列表，及其对应的详细信息如品牌、名称、型号和规格等信息,如图 8-1-2 所示。

图 8-1-2　VMware 虚拟机安装 UOS 情况下设备管理器概况

在图 8-1-2 所示界面单击处理器,将显示处理器也就是 CPU 列表信息,如图 8-1-3 所示。

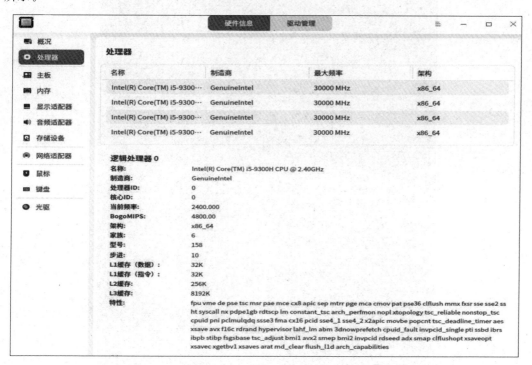

图 8-1-3　显示 CPU 信息

任务实施

个人计算机,也就是终端层面,我们可以方便地通过本地设备管理器查看 CPU、内存等关键配件的信息。但服务器通常配置于专用无人值守机房,甚至可能位于国内不同省份或国外的运维公司，我们不太可能跑到服务器机房在服务器显示器上查看 CPU 等配件信息。这时候就需要引入远程终端，并通过相应的系统命令来查看了。

8.1.3　通过终端查看 CPU 和内存信息

（1）使用 cat 命令在 UOS 桌面终端查看 CPU 信息。

命令如下：

```
cat /proc/cpuinfo
```

结果如图 8-1-4 所示，只截取编号为 0 的第一个核心信息，具体内容请参照图 8-1-3 所示的中文版信息。

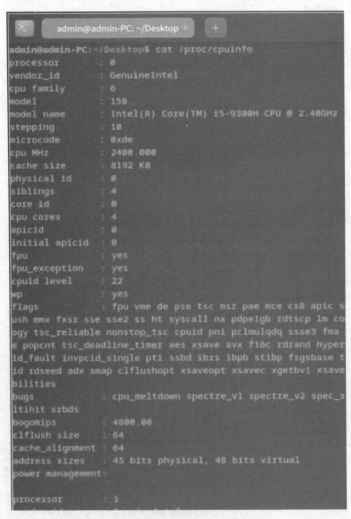

图 8-1-4　在本地终端查看 CPU 单核信息

（2）使用 cat 命令在 Xshell 等远程终端软件查看 CPU 信息，结果如图 8-1-5 所示。

（3）使用 cat 命令在 Xshell 等远程终端软件查看内存信息，结果如图 8-1-6 所示。

图 8-1-5　在远程终端查看 CPU 单核信息

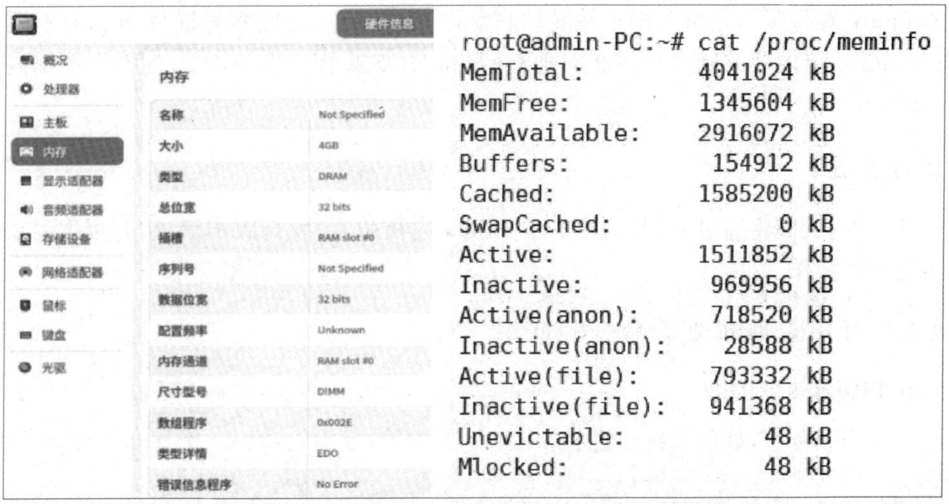

图 8-1-6　在设备管理器和终端查看内存信息对照

任务回顾

【知识点总结】

（1）通过设备管理器查看 CPU、内存等关键配件信息。

（2）通过 shell 命令在本地终端或远程终端查看 CPU 等配件信息。

（3）以国产操作系统为代表的基础软件和国产 CPU 芯片为代表的关键芯片产业正异军突起，迎头赶上。

【思考与练习】

（1）通过 cat 命令还可以查看 proc 目录中哪些信息？

（2）检索查看 CPU 天梯图，评估所用主机的性能定位。

任务 8.2　用命令查看计算机信息

任务描述

日常工作、生活中，功能各异的应用软件或系统支撑软件会被按需要安装在主机系统中。主机系统版本的不同，也会影响到人们安装软件的版本。本任务将引导读者通过 shell 命令查看系统状态，以方便"按图索骥"下载相应版本的软件，完成相应的管理、维护操作。

知识储备

一套完整的操作系统包含内核和一系列为用户提供各种服务的外围程序。外围程序又包括 GNU 程序库和工具、命令行 shell、图形界面的 X Window 系统和相应的桌面环境（如 KDE 或 GNOME），并包含从办公套件、编译器、文本编辑器到科学工具在内的数量不一的应用软件。许多个人、组织和企业将 Linux 系统的内核与外围应用软件和文档包装起来，并提供一些系统安装界面和系统设置与管理工具，开发出了基于 GNU/Linux 的家庭或版本不同的 Linux 发行版。相对于操作系统内核版本，发行版本的版本号随发布者的不同而不同，与 Linux 系统内核的版本号是相对独立的，如 UOS 桌面专业版 V20 的操作系统内核是 Linux-4.19.0。

任务实施

本任务中，我们将通过 shell 命令查看 Linux 内核版本、发行版本信息，并根据需要完成主机名定制等操作。

8.2.1　Linux 版本查看命令的使用

1．内核版本查看命令

（1）uname 命令，显示系统信息。

```
root@admin-PC:~#uname
Linux
```

（2）uname -r 命令，输出内核发行号。

```
root@admin-PC:~#uname -r
4.19.0-amd64-desktop
```

其中，4.19.0 就是内核发行版的信息，命名规则如下：

```
主版本号: 4
次版本号: 19"奇数为开发版本,偶数为稳定版本"
修订版本号: 0"修改的次数"
```

（3）uname -a 命令，显示操作系统详细信息

```
root@admin-PC:~#uname -a
Linux admin-PC 4.19.0-amd64-desktop #5310 SMP Mon Oct 10 19:43:13 CST 2022 x86_64
GNU/Linux
```

2. 发行版本查看命令

1）cat /etc/os-release

```
root@admin-PC:~#cat /etc/os-release
PRETTY_NAME= "UnionTech OS Desktop 20 Pro"
NAME= "uos"
VERSION_ID= "20"
VERSION= "20"
ID= uos
HOME_URL= "https://www.chinauos.com/"
BUG_REPORT_URL= "http://bbs.chinauos.com"
VERSION_CODENAME= eagle
```

2）cat /proc/version

```
root@admin-PC:~#cat /proc/version
Linux version 4.19.0-amd64-desktop (uos@x86-compile-PC) (gcc version 8.3.0 (Uos
8.3.0.5-1+dde)) #5310 SMP Mon Oct 10 19:43:13 CST 2022
```

3）dmesg

dmesg(显示信息 display message 或驱动程序信息 driver message)是大多数 UNIX/Linux 操作系统的通用命令，用于显示内核和缓冲区的信息等。

```
root@admin-PC:~#dmesg | grep uos
[0.000000] Linux version 4.19.0-amd64-desktop (uos@x86-compile-PC) (gcc version
8.3.0 (Uos 8.3.0.5-1+dde)) #5310 SMP Mon Oct 10 19:43:13 CST 2022
[0.631325] UOS Manager initialized: uosmanager
[3.236451] init_uos_proc
[17.959702] uos_bluetooth_connection_control: loading out-of-tree module taints
kernel.
[17.964667] start to init uos hook demo
[17.964898] finish to init uos hook demo
```

4）lsb_release -a

使用该命令即可列出所有的 Linux 发行版版本信息，包括 Red Hat、SUSE、Debian 等发行版。

```
root@admin-PC:~#lsb_release -a
No LSB modules are available.
Distributor ID: UOS
Description: UnionTech OS Desktop 20 Pro
Release: 20
Codename: eagle
```

5）cat /etc/issue

该命令也适用于 Linux 所有发行版。

```
root@admin-PC:~#cat /etc/issue
UnionTech OS GNU/Linux 20 \n \l
```

8.2.2 Linux 主机名查看与定制

1. 查看主机名

```
root@admin-PC:~#hostname
admin-PC
```

2. 临时修改主机名

```
root@admin-PC:~#hostname targetname
root@admin-PC:~#hostname
targetname
```

其中，targetname 为拟临时修改的主机名。

3. 永久修改主机名

方法 1：通过使用 vim 编辑器修改主机名配置文件"/etc/hostname"，永久修改主机名。

```
vim /etc/hostname
```

方法 2：通过 hostnamectl 命令来永久修改主机名。

（1）通过 hostnamectl 查看主机名信息

```
root@admin-PC:~#hostnamectl
   Static hostname: admin-PC
Transient hostname: targetname
         Icon name: computer-vm
           Chassis: vm
        Machine ID: a43c8cd022add9fba38a02756362d6d5
           Boot ID: a4c267daa02243f7826f16a9aa9e28b5
    Virtualization: vmware
```

```
Operating System: UnionTech OS Desktop 20 Pro
         Kernel: Linux 4.19.0-amd64-desktop
   Architecture: x86-64
```

（2）通过 hostnamectl set-hostname targetname 命令永久修改主机名（即静态主机名）

```
root@admin-PC:~#hostnamectl set-hostname target-hostname
root@admin-PC:~#hostnamectl
  Static hostname: target-hostname
        Icon name: computer-vm
          Chassis: vm
       Machine ID: a43c8cd022add9fba38a02756362d6d5
          Boot ID: a4c267daa02243f7826f16a9aa9e28b5
   Virtualization: vmware
 Operating System: UnionTech OS Desktop 20 Pro
           Kernel: Linux 4.19.0-amd64-desktop
     Architecture: x86-64
```

测试完毕，不要忘记修改回原来的主机名。否则，系统重启后，主机名将显示修改后的静态主机名，此案例为 target-hostname。

```
root@admin-PC:~#hostnamectl set-hostname admin-PC
root@admin-PC:~#hostnamectl
  Static hostname: admin-PC
        Icon name: computer-vm
          Chassis: vm
       Machine ID: a43c8cd022add9fba38a02756362d6d5
          Boot ID: a4c267daa02243f7826f16a9aa9e28b5
   Virtualization: vmware
 Operating System: UnionTech OS Desktop 20 Pro
           Kernel: Linux 4.19.0-amd64-desktop
     Architecture: x86-64
```

任务回顾

【知识点总结】

（1）使用 shell 命令查看系统内核版本和发行版本信息。

（2）使用 shell 命令临时或永久修改主机名，通过 VIM 编辑器修改主机名配置文件，进而实现主机名的永久修改操作。

【思考与练习】

（1）目前阶段，常用的 Linux 发行版本有哪些？

（2）UOS 桌面专业版 V20 系统使用的内核版本是哪个？有何优缺点？发行版本呢？

 项目总结

本项目通过桌面工具和 shell 命令两种手段查看和评估主机系统关键配件（如 CPU、内存等）参数及其性能，进而对整机性能做出评估。读者可检索查阅 CPU 天梯图等资料，对

所用主机进行评估定级。在了解硬件配置的基础上，进一步认识和熟悉操作系统的相关参数，搜索下载相应的软件包和工具进行安装、调试，完成系统配置和管理维护等工作。

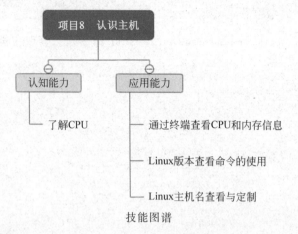

技能图谱

 项 目 习 题

（1）生活中的人们常说的主机和学术界讲的主机有什么区别？

（2）通过远程终端查看硬件配置信息的意义何在？

进 程 管 理

教学视频

花小新：计算机的日常使用中，人们偶尔会遇到其运行速度莫名其妙下降，甚至不响应的情况。

张中成：此时，如果计算机并未主动执行占用大量CPU、内存等系统资源的程序，那么就要高度怀疑计算机中存在着异常进程，而这类异常进程通常会在后台偷偷占用大量系统资源。如何发现并杀死此类异常进程，解决计算机卡顿问题，将是进程管理和调度的重要任务之一。本项目将通过图形界面和字符界面两种形式全面介绍进程管理与进程（任务）调度。

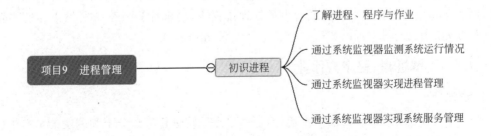

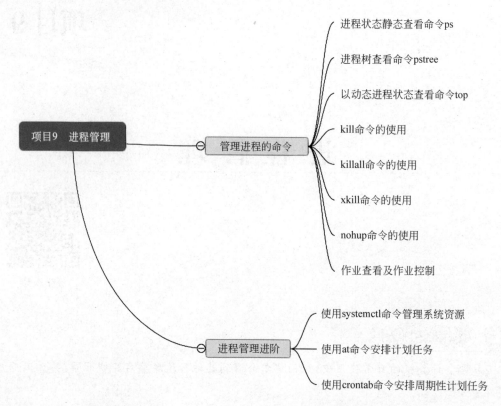

任务 9.1 初识进程

任务描述

张中成：在 UOS 中通过图形界面的系统监视器监测硬件负载、程序运行和系统服务，并适时介入系统管理，实施必要的系统运行维护等。

知识储备

计算机中最基本的操作（如求两个二进制数值的和）称为指令（instruction）。一系列指令构成的集合称为程序（program）。程序、相应的数据和作业说明书则组成作业（job）。通俗地讲，作业是指用户在一次计算或者事务处理过程中，要求计算机系统所做工作的集合。作业（程序）在执行过程中可以产生一个或多个进程（process）。

9.1.1 了解进程、程序与作业

1. 进程

进程是具有独立功能程序的一次运行过程，也是系统进行资源分配和调度的基本单位。UOS 创建新进程时都会为其指定一个唯一编号，我们称其为进程号（PID），并以此区分不同的进程。

进程不是程序，但由程序产生，两者有着密切的联系。进程是程序的一次运行过程，是动态的概念；程序是一系列指令的集合，是静态的概念。进程只能暂时性地存在，而程序可

以长期保存。进程与程序并非一一对应,一个程序可启动或创建多个进程,一个进程也可以调用多个程序。

2. 作业

正在执行的一个或多个相关进程可形成一个作业。根据作业运行方式的不同,可将作业分为两大类。

(1) 前台作业。运行于前台,用户可与其进行交互。

(2) 后台作业。运行于后台,不接收终端输入,即不接受用户交互,但可以向终端输出执行结果。

作业既可以在前台运行也可以在后台运行,同一时刻,每个虚拟终端只能有一个前台作业。

3. 进程的状态

为了充分利用系统资源,进程将根据需要分别进入以下几种状态。

(1) 运行状态。进程正在使用 CPU 运行的状态。处于运行状态的进程又被称为当前进程(current process)。

(2) 就绪状态。进程已获得运行所需的除 CPU 外的全部资源,一旦系统把 CPU 分配给它后即可投入运行。

(3) 睡眠状态。又称为等待状态,进程正在等待某个事件或某个资源。

(4) 暂停状态。又称为挂起状态,进程需要接受某种特殊处理而暂时停止运行。

(5) 休眠状态。进程主动暂时停止运行。

(6) 僵死状态。又称为僵尸状态,进程的运行已经结束,但它的控制信息仍在系统中。

(7) 终止状态。进程已经结束,系统正在回收资源。

4. 进程的类型

进程大致可分为交互进程、批处理进程和守护进程。

(1) 交互进程。由 shell 通过执行程序所产生的进程,可以工作在前、后台。

(2) 批处理进程。不需要与终端交互,是一个进程序列。

(3) 守护进程。UOS 系统自动启动,工作在后台,用于监视特定服务。

5. 进程的优先级

在操作系统中,进程之间属资源(如 CPU 和内存的占用等)竞争关系。Linux 类操作系统一般采用优先数调度算法来为进程分配 CPU。每个进程都有两个优先级值,即静态值和动态值。静态优先级也称 niceness,俗称 nice 值,除非用户人为修改,否则不会改变;而动态优先级也称 priority,它以静态优先级为基础,决定了 CPU 处理进程的顺序,操作系统内核会根据需要调整该数值的大小。通常说的优先级是指静态优先级,因为用户无法主动介入修改动态优先级。

进程优先级(niceness)的取值范围是 $-20 \sim 19$ 的整数,共分为 5 个等级,具体为非常高(nice 值为 $-20 \sim -8$)、高(nice 值为 $-7 \sim -3$)、普通(nice 值为 $-2 \sim 2$)、低(nice 值为 $3 \sim 6$)、非常低(nice 值为 $7 \sim 19$)。nice 值越高,优先级越低,默认优先级为 0。启动进程的普通用户只能降低进程优先级,超级用户不但可以降低进程优先级,也可以提高进程优先级。

6. 服务

服务是一类常驻内存的进程,这类进程启动后就会在后台持续不停地运行,负责一些系统提供的功能来服务用户的各项任务,所以这类进程被称为服务,又叫作 daemon 进程(守护进程)。

Linux 类系统的服务非常多,大致分为两类,系统本身所需的服务(如 crond、atd、rsyslogd 等)和网络服务(如 Apache、named、postfix、vsftpd 等)。常见的系统服务名称通常以字母"d"结尾。

9.1.2　通过系统监视器监测系统运行情况

1. 系统监视器主菜单

1) 主题设定

系统监视器窗口主题包含浅色主题、深色主题和跟随系统主题,其中跟随系统主题为默认设置。在图 9-1-1 所示界面,单击"主题"选项,可以根据个人喜好选择主题颜色。

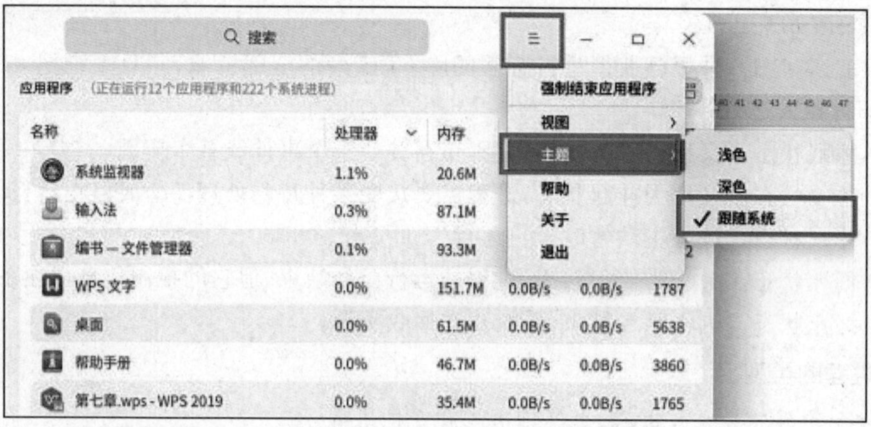

图 9-1-1　系统监视器主题设定

2) 视图选择

系统监视器提供了舒展模式和紧凑模式,用户可根据需要选择展现监控信息的模式。在图 9-1-2 所示界面,单击"视图"选项,可选择一种视图模式。

2. 系统监视器基本功能的使用

1) 搜索进程

在系统监视器顶部的搜索框,可以单击 🔍 图标输入关键字,实现查找内容的快速定位。

2) 硬件监控

系统监视器可以实时监控计算机的处理器、内存、网络状态。

处理器监控使用数值和图形实时显示处理器占用率,还可以通过圆环或波形显示最近一段时间的处理器占用趋势,如图 9-1-3 和图 9-1-4 中①所示。

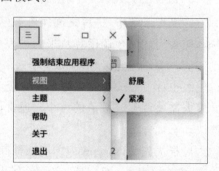

图 9-1-2　系统监视器视图选择

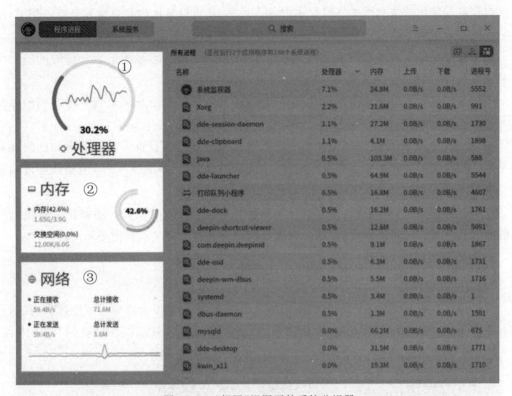

图 9-1-3 "舒展"视图下的系统监视器

图 9-1-4 "紧凑"视图下的系统监视器

内存监控使用数值和图形实时显示内存占用率,还可以显示内存总量和当前占用量,交换分区内存总量和当前占用量,如图 9-1-3 和图 9-1-4 中②所示。

网络监控可以实时显示当前上传下载速度,还可以通过波形显示最近一段时间的上传下载速度趋势,如图 9-1-3 和图 9-1-4 中③所示。

磁盘监控可以实时显示当前磁盘读写速度,还可以通过波形显示最近一段时间的磁盘读写速度趋势,如图 9-1-4 中④所示。

在"舒展"视图下,使用圆环图和百分比数字显示处理器运行负载。圆环中间的曲线显示最近一段时间的处理器的运行负载情况,曲线会根据曲线波峰、波谷高度自适应圆环内部的高度。

在"紧凑"视图下,使用示波图和百分比数字显示处理器运行负载。示波图显示最近一段时间的处理器运行负载情况,曲线会根据波峰波谷高度自适应示波图显示高度。

3. 程序进程管理

1) 切换进程标签

可以单击监视器界面右上角的图标切换进程标签,分别可以查看应用程序进程、我的进程和所有进程。单击🖻图标切换到"应用程序进程"页面。单击👤图标切换到"我的进程"页面。单击🖧图标切换到"所有进程"页面,如图 9-1-5 所示。

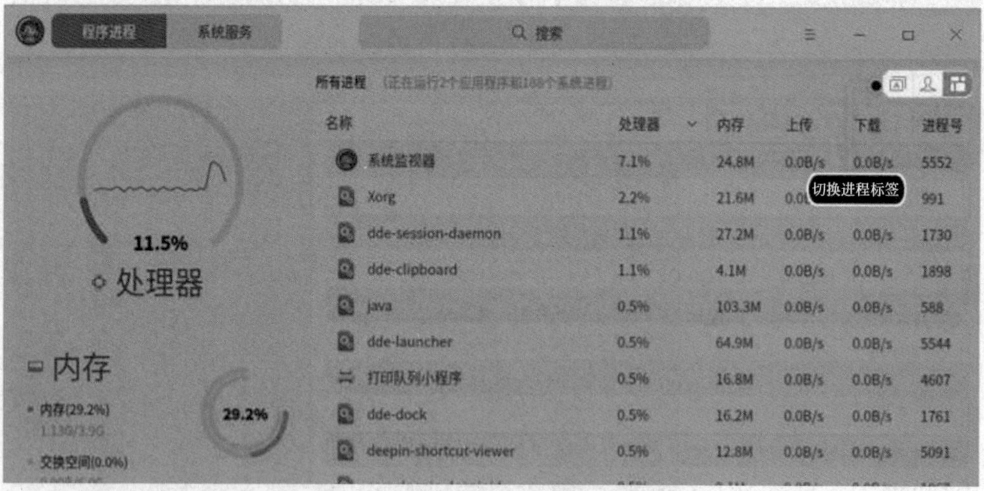

图 9-1-5　进程标签切换示意图

2) 调整进程排序

进程列表可以根据名称、处理器、用户、内存、上传、下载、磁盘读取、磁盘写入、进程号、nice 值、优先级等进行排列。

在系统监视器界面单击进程列表顶部的标签,进程会按照对应的标签排序,多次单击可以切换升序和降序,如图 9-1-6 所示。

在系统监视器界面右击进程列表顶部的标签栏,可以取消选中标签来隐藏对应的标签列,再次选中可以恢复显示,如图 9-1-6 所示。

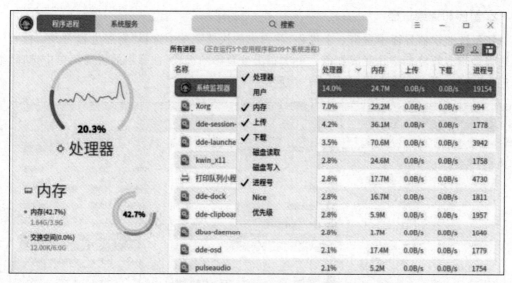

图 9-1-6 进程顺序调整及标签增减示意图

任务实施

9.1.3 通过系统监视器实现进程管理

1. 终止进程

可以使用系统监视器结束系统和应用进程。在系统监视器界面中右击需要结束的进程，在弹出的快捷菜单中选择"结束进程"选项，并单击确认结束该进程，如图 9-1-7 所示。

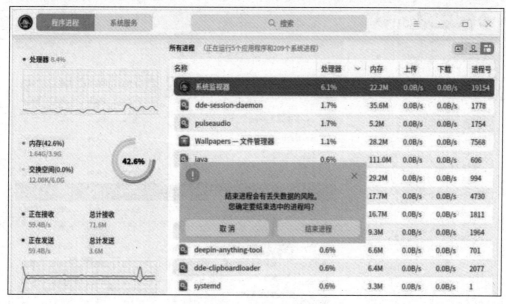

图 9-1-7 终止进程操作示意

2. 暂停和继续进程

在系统监视器界面中右击一个进程，在弹出的快捷菜单中选择"暂停进程"选项，被暂停的进程会带有暂停标签并变成红色。再次右击被暂停的进程，在弹出的快捷菜单中选择"继续进程"选项，可继续该进程，如图 9-1-8 所示。

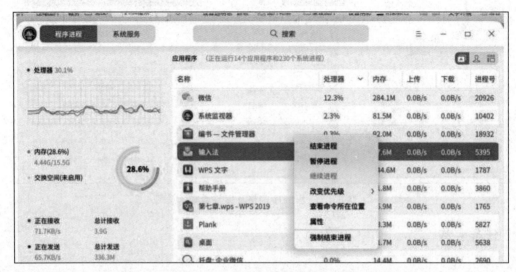

图 9-1-8　暂停和继续进程操作示意

3. 改变进程优先级

在系统监视器界面中右击某个进程，在弹出的快捷菜单中选择"改变优先级"选项，可以调整其优先级。还可以自定义进程的优先级，如图 9-1-9 所示。

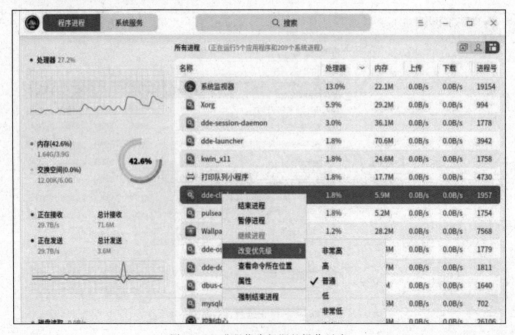

图 9-1-9　进程优先级调整操作示意

4．查看进程属性

在系统监视器界面中右击某个进程，在弹出的快捷菜单中选择"属性"选项，可以查看进程的英文名、命令行、启动时间等信息，如图9-1-10所示。

图9-1-10　查看进程属性

9.1.4　通过系统监视器实现系统服务管理

通过系统监视器，可以实现系统服务进程的启动、停止、重新启动、设置启动方式、刷新等操作。不建议在系统服务列表中强制结束应用程序。同时，为了系统更平稳地运行，也不建议用户主动结束系统服务自身的进程以及根进程。

1．启动系统服务

在系统监视器界面中选择"系统服务"标签。选中某个未启动的系统进程，右击，在弹出的快捷菜单中选择"启动"选项；如果弹出授权对话框，请输入密码授权。系统服务的"活动"会设置为"已启用"。右击已选中的系统进程，在弹出的快捷菜单中选择"设置启动方式"选项，将启动方式设置为自动或者手动。右击，在弹出的快捷菜单中选择"刷新"选项，刷新服务列表，如图9-1-11所示。

图9-1-11　系统服务启停等操作示意

2.停止系统服务

在系统监视器界面中选择"系统服务"标签。选中某个已启动的系统进程,右击,在弹出的快捷菜单中选择"停止"选项;如果弹出授权对话框,请输入密码授权。系统服务的"活动"会被设置为"未启用"。右击,在弹出的快捷菜单中选择"刷新"选项,刷新服务列表。也可以右击,在弹出的快捷菜单中选择"重新启动"系统服务,可参照图 9-1-11 所示弹出的快捷菜单。

任务回顾

【知识点总结】

(1) 了解和区分进程、程序、作业的概念及其相互关系。

(2) 熟悉进程的状态、分类、优先级等概念。

(3) 通过系统监视器监视查看系统运行状态。

(4) 通过系统监视器进行进程管理操作。

(5) 通过系统监视器进行系统服务管理启停等操作。

【思考与练习】

(1) 进程、程序、作业三者间有何联系和区别?

(2) 在系统监视器中如何增减进程标签进而实现不同依据的排序?

任务 9.2　管理进程的命令

任务描述

张中成:进程管理和系统监视的功能在图形界面和字符驱动界面下都能实现,而对于作业管理,必须在 shell 环境下进行。

花小新:系统监视器偶尔也会无法实现某些特殊进程的终止操作,这时候我们是不是也需要用到字符驱动界面的进程管理操作命令?

张中成:功课做得不错。部分熟悉 Linux 发行版的用户或已习惯字符界面的操作,并通过此类操作可以实现更为专业化的系统管理与维护。

知识储备

与图形界面的系统监视器一体化操作不同,命令行模式需要通过不同的 shell 命令查看系统运行状态,并判断其健康情况,根据需要调用相应的命令终止或重启进程。

进程状态查看命令方面,UOS 提供了三种常用的工具,包括静态查看命令 ps、pstree 和动态查看命令 top。系统监视方面,UOS 也提供了常用的三个命令,包括进程动态状态查看命令 top 在内,另两个命令分别是查看当前登录用户命令 who,和显示内存与交换分区使用情况命令 free。系统作业查看方面,UOS 提供了 jobs 命令,用于查看当前系统中所有作业状态。

进程操纵命令包括进程的终止、重启、优先级调整等,UOS 提供了包括常用的 kill、killall、pkill、xkill、nice、renice、fg、bg 等命令。

9.2.1 进程状态静态查看命令 ps

ps 命令是 proces status 的缩写,使用 ps 命令可以查看系统中所有进程的运行状态、进程已运行了多久、进程正在使用的资源、进程的相对优先级、进程的标志号(PID)、启动进程的用户以及启动进程的 shell 命令等一系列信息,这些信息对于系统管理员用来了解系统中进程的运行情况十分重要。

ps 命令执行后,将列出该命令运行时间点的系统中所有进程的状态快照(snapshot)。通过使用合理的选项,ps 可以获取并显示系统中进程的绝大多数信息。由于历史传承原因,ps 命令支持三种不同风格的选项语法格式,分别是 UNIX 风格、BSD 风格和 GNU 风格。UNIX 风格,选项可组合在一起,且选项前必须有"-"连字符。BSD 风格,选项可组合在一起,但选项前不能有"-"连字符。GNU 风格的长选项,选项前有两个"-"连字符。在 ps 中,可以混用上述三种风格的选项。

语法格式:

> ps［选项］

ps 命令常用选项及其说明如表 9-2-1 所示。

表 9-2-1 ps 命令常用选项及其说明

选 项	说 明
-e	列出系统内的所有进程信息(同-A)
-f	使用完整的(full)格式显示进程信息,通常和其他选项联用,如"-ef"
-F	表示在-f 选项基础上显示额外的完整格式的进程信息
a	列出当前终端下的所有进程,包括其他用户的进程信息。与 x 选项结合使用可以列出系统中所有进程的信息。通常组合 u 和 x 一起使用,如"aux"
u	使用以用户为主的格式显示进程详细信息,包括 CPU、内存的使用情况等
x	当前用户在所有终端下的进程
f	显示进程层次树状结构
-l	显示进程的详细信息,包括父进程号、登录的终端号、进程优先级等
--sort<字段名>	指定标题字段对进程进行排序
-o<字段名列表>	定制进程查看命令 ps 所显示的具体信息字段
-p<进程 pid>	显示指定进程状态
-u<用户 uid｜用户名>	显示指定用户所有进程的状态

1. 不带选项执行 ps 命令

例 9-2-1 直接执行不带选项的 ps 命令,只显示当前用户登录的会话中打开的进程,如图 9-2-1 所示。

截图中第一行为标题行,包含 4 个基本字段,各字段的含义描述如表 9-2-2 所示。

```
root@admin-PC:~# ps
  PID TTY          TIME CMD
10461 pts/1    00:00.00 bash
18913 pts/1    00:00:00 ps
```

图 9-2-1　不带选项执行 ps 命令

表 9-2-2　ps 命令不带选项显示字段含义

字段	含　义
PID	进程编号
TTY	命令运行所在的终端
TIME	进程占用的 CPU 处理时间
CMD	创建该进程的命令

2. 以 UNIX 风格标准选项查看系统所有进程

例 9-2-2　使用"ps -ef"命令查看系统中所有进程状态，选项说明参见表 9-2-1，结果如图 9-2-2 所示。

```
root@admin-PC:~# ps -ef
UID        PID  PPID  C STIME TTY          TIME CMD
root         1     0  0 17:02 ?        00:00:07 /sbin/init splash
root         2     0  0 17:02 ?        00:00:00 [kthreadd]
root         3     2  0 17:02 ?        00:00:00 [rcu_gp]
root         4     2  0 17:02 ?        00:00:00 [rcu_par_gp]
root         6     2  0 17:02 ?        00:00:00 [kworker/0:0H-kblockd]
root         8     2  0 17:02 ?        00:00:00 [mm_percpu_wq]
root         9     2  0 17:02 ?        00:00:00 [ksoftirqd/0]
root        10     2  0 17:02 ?        00:00:10 [rcu_sched]
root        11     2  0 17:02 ?        00:00:00 [rcu_bh]
root        12     2  0 17:02 ?        00:00:00 [migration/0]
```

图 9-2-2　ps -ef 命令执行结果截略图

图中第一行为标题行，包含 8 个字段，其中 4 个字段同表 9-2-2，其余 4 个字段的含义描述如表 9-2-3 所示。

表 9-2-3　ps 带"-ef"选项显示结果中 4 个字段的含义

字段	含　义	字段	含　义
UID	启动该进程的用户的 ID 号	C	该进程 CPU 占用率
PPID	该进程的父进程的 ID 号	STIME	该进程的启动时间

例 9-2-3　使用"ps -eF"命令查看系统中所有进程状态，选项说明参见表 9-2-1，结果如图 9-2-3 所示。

```
root@admin-PC:~# ps -eF
UID        PID  PPID  C    SZ   RSS PSR STIME TTY          TIME CMD
root         1     0  0 41572 10964   2 17:02 ?        00:00:07 /sbin/init splash
root         2     0  0     0     0   2 17:02 ?        00:00:00 [kthreadd]
root         3     2  0     0     0   0 17:02 ?        00:00:00 [rcu_gp]
root         4     2  0     0     0   0 17:02 ?        00:00:00 [rcu_par_gp]
root         6     2  0     0     0   0 17:02 ?        00:00:00 [kworker/0:0H-kblockd]
root         8     2  0     0     0   0 17:02 ?        00:00:00 [mm_percpu_wq]
root         9     2  0     0     0   0 17:02 ?        00:00:00 [ksoftirqd/0]
root        10     2  0     0     0   1 17:02 ?        00:00:10 [rcu_sched]
root        11     2  0     0     0   3 17:02 ?        00:00:00 [rcu_bh]
root        12     2  0     0     0   0 17:02 ?        00:00:00 [migration/0]
root        14     2  0     0     0   0 17:02 ?        00:00:00 [cpuhp/0]
root        15     2  0     0     0   1 17:02 ?        00:00:00 [cpuhp/1]
```

图 9-2-3　ps -eF 命令执行结果部分截图

除例 9-2-2 中所列出的 8 个字段外，额外的 3 个字段的含义描述如表 9-2-4 所示。

表 9-2-4 ps 带"-eF"选项显示结果中 3 个字段的含义

表 9-2-4 ps 带"-eF"选项显示结果中 3 个字段的含义

字段	含 义
SZ	映射到内存中物理页面的大小,包括文本、数据和堆栈空间。该类页面由进程单独使用,即显示进程实际占用的内存数
RSS	进程所使用的真实常驻内存(物理内存)的大小,以千字节(KB)为单位
PSR	分配给该进程的处理器编号,即进程在哪颗 CPU 核心上运行

3. 查看系统所有进程(BSD 风格)

例 9-2-4 ps 使用 BSD 风格的语法查看系统中所有进程的命令是 ps ax,选项说明参见表 9-2-1,运行结果如图 9-2-4 所示。

```
root@admin-PC:~# ps ax
  PID TTY      STAT   TIME COMMAND
    1 ?        Ss     0:01 /sbin/init splash
    2 ?        S      0:00 [kthreadd]
    3 ?        I<     0:00 [rcu_gp]
    4 ?        I<     0:00 [rcu_par_gp]
    6 ?        I<     0:00 [kworker/0:0H-kblockd]
    8 ?        I<     0:00 [mm_percpu_wq]
    9 ?        S      0:00 [ksoftirqd/0]
   10 ?        I      0:00 [rcu_sched]
   11 ?        I      0:00 [rcu_bh]
   12 ?        S      0:00 [migration/0]
   14 ?        S      0:00 [cpuhp/0]
```

图 9-2-4 ps ax 命令运行结果截图

运行结果 STAT 字段的含义如表 9-2-5 所示。

表 9-2-5 ps 带"ax"选项输出中 STAT 字段的含义

字段	含 义
STAT	表示进程的当前状态,状态代码共有 15 种。 R:running,运行或可运行状态(在运行队列中),正在运行或准备运行的进程。 S:interruptable sleeping,可中断睡眠(等待事件完成),正在睡眠的进程。 D:uninterruptable sleeping,不可中断的睡眠进程(通常 I/O 操作相关)。 T:stopped,停止的进程,由作业控制信号(SIGSTOP)停止,可以发送 SIGCONT 信号让进程继续运行。 Z:exit_zombie,终止失败的("僵尸")进程。 W:进入内存交换(内核 2.6 版本以后版本无效,或不再存在该状态)。 s:session leader,会话层状态,代表的是父进程。 t:tracing stop,追踪停止状态。 X:dead,死亡状态,该状态是返回状态,在任务列表中看不到。 N:低优先级进程。 <:高优先级进程。 +:前台进程,在前台进程组中。 I:空闲进程。 l:多线程,克隆线程进程。 L:有页面被封锁在内存中。

例 9-2-5 使用 ps aux 以面向用户的格式显示当前终端下的所有进程信息、系统常用命令格式,运行结果如图 9-2-5 所示。

```
root@admin-PC:~# ps aux
USER       PID %CPU %MEM    VSZ   RSS TTY      STAT START   TIME COMMAND
root         1  0.0  0.5 167272 11064 ?        Ss   17:10   0:02 /sbin/init splash
root         2  0.0  0.0      0     0 ?        S    17:10   0:00 [kthreadd]
root         3  0.0  0.0      0     0 ?        I<   17:10   0:00 [rcu_gp]
root         4  0.0  0.0      0     0 ?        I<   17:10   0:00 [rcu_par_gp]
root         6  0.0  0.0      0     0 ?        I<   17:10   0:00 [kworker/0:0H-kblockd]
root         8  0.0  0.0      0     0 ?        I<   17:10   0:00 [mm_percpu_wq]
root         9  0.0  0.0      0     0 ?        S    17:10   0:00 [ksoftirqd/0]
root        10  0.0  0.0      0     0 ?        I    17:10   0:03 [rcu_sched]
root        11  0.0  0.0      0     0 ?        I    17:10   0:00 [rcu_bh]
root        12  0.0  0.0      0     0 ?        S    17:10   0:00 [migration/0]
root        14  0.0  0.0      0     0 ?        S    17:10   0:00 [cpuhp/0]
root        15  0.0  0.0      0     0 ?        S    17:10   0:00 [cpuhp/1]
root        16  0.0  0.0      0     0 ?        S    17:10   0:00 [migration/1]
root        17  0.0  0.0      0     0 ?        S    17:10   0:00 [ksoftirqd/1]
root        19  0.0  0.0      0     0 ?        I<   17:10   0:00 [kworker/1:0H-kblockd]
```

图 9-2-5　ps aux 命令运行结果截图

运行结果中 4 个与前几个例子不同的标题字段含义如表 9-2-6 所示。

表 9-2-6　ps 带"aux"选项显示结果中 4 个字段的含义

字　段	含　　义
USER	启动该进程的用户名
%CPU	进程占用的 CPU 百分比
%MEM	进程所占用的物理内存百分比
VSZ	进程占用的虚拟内存（swap 空间）的大小，以千字节（KB）为单位

4. 列表方式显示进程树

（可比较 9.2.2 小节 pstree 命令的显示结果）

例 9-2-6　以树状结构显示进程来查看进程的父子关系，可以使用 afj 选项，运行结果如图 9-2-6 所示。

```
root@admin-PC:~# ps afj
PPID   PID  PGID   SID TTY      TPGID STAT   UID   TIME COMMAND
3355  3356  3356  3356 pts/2     6755 Ss    1000   0:00 -bash
3356  3378  3378  3356 pts/2     6755 S        0   0:00  \_ su - root
3378  3395  3395  3356 pts/2     6755 S        0   0:00      \_ -bash
3395  6755  6755  3356 pts/2     6755 R+       0   0:00          \_ ps afj
2935  3046  3046  3046 pts/1     3150 Ss    1000   0:00 /bin/bash
3046  3147  3147  3046 pts/1     3150 S        0   0:00  \_ su - root
3147  3150  3150  3046 pts/1     3150 S+       0   0:00      \_ -bash
2935  2951  2951  2951 pts/0     2951 Ss+   1000   0:00 /bin/bash
```

图 9-2-6　ps afj 命令运行结果截图

新增 3 个字段含义如表 9-2-7 所示。

表 9-2-7　ps 带"afj"选项显示结果中 3 个新增字段的含义

字　段	含　　义
PGID	进程组 ID，或者等效的进程组组长的进程 ID
SID	进程的登录会话 ID
TPGID	进程连接到的 tty（终端）上的前台进程组 ID，如进程未连接到 tty，则为－1

5. 对进程按字段名排序

例 9-2-7　当运行的应用程序较多时,可对进程进行排序以方便查看。ps 命令可使用 "--sort"选项指定字段来对进程进行排序。如按内存占用率进行排序命令 ps aux --sort %mem,将按内存占用率升序排序进程,命令运行结果如图 9-2-7 所示。如拟将进程按内存占用率降序排序,则可以在"%mem"前添加"-"。

```
root@admin-PC:~# ps aux --sort %mem
USER        PID %CPU %MEM    VSZ   RSS TTY      STAT START   TIME COMMAND
root          2  0.0  0.0      0     0 ?        S    17:10   0:00 [kthreadd]
root          3  0.0  0.0      0     0 ?        I<   17:10   0:00 [rcu_gp]
root          4  0.0  0.0      0     0 ?        I<   17:10   0:00 [rcu_par_gp]
root          6  0.0  0.0      0     0 ?        I<   17:10   0:00 [kworker/0:0H-kblockd]
root          8  0.0  0.0      0     0 ?        I<   17:10   0:00 [mm_percpu_wq]
root          9  0.0  0.0      0     0 ?        S    17:10   0:00 [ksoftirqd/0]
root         10  0.0  0.0      0     0 ?        I    17:10   0:04 [rcu_sched]
root         11  0.0  0.0      0     0 ?        I    17:10   0:00 [rcu_bh]
root         12  0.0  0.0      0     0 ?        S    17:10   0:00 [migration/0]
root         14  0.0  0.0      0     0 ?        S    17:10   0:00 [cpuhp/0]
root         15  0.0  0.0      0     0 ?        S    17:10   0:00 [cpuhp/1]
root         16  0.0  0.0      0     0 ?        S    17:10   0:00 [migration/1]
root         17  0.0  0.0      0     0 ?        S    17:10   0:00 [ksoftirqd/1]
root         19  0.0  0.0      0     0 ?        I<   17:10   0:00 [kworker/1:0H-kblockd]
root         20  0.0  0.0      0     0 ?        S    17:10   0:00 [cpuhp/2]
root         21  0.0  0.0      0     0 ?        S    17:10   0:00 [migration/2]
root         22  0.0  0.0      0     0 ?        S    17:10   0:00 [ksoftirqd/2]
root         24  0.0  0.0      0     0 ?        I<   17:10   0:00 [kworker/2:0H-kblockd]
```

图 9-2-7　ps aux -sort %mem 命令运行结果截图

命令格式:

```
ps aux --sort -%mem
```

ps 命令中几乎所有标准格式指定符(standard format specifiers)都可以作为排序的指定字段名,具体指定符可运行 man ps 命令来查看。

6. 指定条件查找进程

例 9-2-8　当系统中运行的应用程序较多时,可以指定条件查找相应的进程。常用的做法是用管道符结合正则查找(grep)命令,查找特定的进程,如图 9-2-8 所示的命令在系统中查找 apache2 进程(其中 grep -v grep 命令用于排除本条命令自身所创建的进程)。

```
root@admin-PC:~# ps aux | grep apache2 | grep -v grep
root     10276  0.0  0.2   6560  4108 ?        Ss   19:44   0:00 /usr/sbin/apache2 -k start
www-data 10278  0.0  0.1 1997636 3612 ?        Sl   19:44   0:00 /usr/sbin/apache2 -k start
www-data 10279  0.0  0.1 1997636 3612 ?        Sl   19:44   0:00 /usr/sbin/apache2 -k start
```

图 9-2-8　ps aux｜grep apache2｜grep -v grep 命令运行结果截图

例 9-2-9　ps 命令本身可以使用不同选项指定条件来查找显示进程状态,如图 9-2-9 所示的指定"-C"选项显示名为 systemd 的进程状态。

类似地,还可以使用"-u"选项,指定显示某用户的进程,使用"-p"选项显示指定进程号的进程信息。

7. 定制字段内容显示进程状态

例 9-2-10　ps 命令带"-o"选项可用于指定要输出的进程的具体信息,如图 9-2-10 所示

ps -eo pid,c,command 命令运行结果，仅输出指定的 PID、C 和 COMMAND 字段信息。

```
root@admin-PC:~# ps -eo pid,c,command
  PID C COMMAND
    1 0 /sbin/init splash
    2 0 [kthreadd]
    3 0 [rcu_gp]
    4 0 [rcu_par_gp]
    6 0 [kworker/0:0H-kblockd]
    8 0 [mm_percpu_wq]
    9 0 [ksoftirqd/0]
   10 0 [rcu_sched]
   11 0 [rcu_bh]
   12 0 [migration/0]
   14 0 [cpuhp/0]
```

```
root@admin-PC:~# ps -C systemd
  PID TTY          TIME CMD
    1 ?        00:00:03 systemd
 2000 ?        00:00:00 systemd
```

图 9-2-9　ps -C systemd 命令运行结果截图　　图 9-2-10　ps -eo pid,c,command 命令运行结果截图

9.2.2　进程树查看命令 pstree

与 9.2.1 小节第 4 部分例 9-2-6 ps afj 命令仅显示非系统用户进程的树状结构信息不同，pstree 命令将显示包括系统用户在内的所有用户进程的树状结构信息，带"-p"选项可同时显示进程的进程号。但 pstree 命令仅能显示进程树状层次结构（从属关系），不能显示各进程占用系统资源等更具体的信息，使用场景有限。

（1）pstree 命令格式。

语法格式：

```
pstree［选项］
```

常用选项如下。

-a：显示启动进程的命令行。

-n：按进程号进行排序。

-p：显示进程的进程号。

（2）pstree -p 命令运行结果如图 9-2-11 所示。

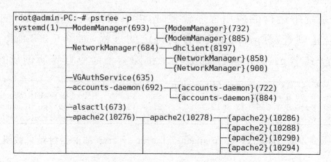

图 9-2-11　pstree -p 命令运行结果截图

9.2.3　以动态进程状态查看命令 top

与 ps 命令类似，top 命令也可以用来查看目前系统正在执行的进程状态信息。但与 ps 命令不同的是，top 命令在执行后会以指定的时间间隔来更新显示的信息，因此 top 命令可以用于动态地监控系统性能，是管理员管理和维护系统的好帮手。

（1）top 命令格式。

语法格式：

```
top [选项]
```

选项说明如下。

-d n：设置刷新间隔，如 top -d 3 表示每 3s 刷新一次。如不设置刷新时间，则默认每 5s 刷新一次。

-i：不显示空闲进程或僵死进程。

按 Ctrl＋C 组合键或者 Q 键可结束或退出 top 命令。

（2）top 不带选项运行，某一时间点的运行结果如图 9-2-12 所示。

```
root@admin-PC:~# top
top - 20:42:26 up  3:31,  2 users,  load average: 4.40, 4.42, 4.38
Tasks: 234 total,   1 running, 232 sleeping,   0 stopped,   1 zombie
%Cpu(s):  0.0 us,  0.3 sy,  0.0 ni, 99.6 id,  0.0 wa,  0.0 hi,  0.2 si,  0.0 st
MiB Mem :   1993.7 total,    273.9 free,    798.9 used,    920.9 buff/cache
MiB Swap:   3064.0 total,   3049.5 free,     14.5 used.   1036.7 avail Mem

  PID USER      PR  NI    VIRT    RES    SHR S  %CPU  %MEM     TIME+ COMMAND
 2840 admin     20   0 1130508  92072  70964 S   1.0   4.5   1:34.58 dde-lock
 2132 admin     20   0 1352808 104796  41276 S   0.3   5.1   0:40.69 fcitx
  912 root      20   0  564984  86588  50172 S   0.7   4.2   0:38.67 deepin-devicema
  911 root      20   0 1133516  34948  21688 S   0.3   1.7   0:30.45 deepin-defender
 2187 admin     20   0 1868640 132504  97172 S   0.0   6.5   0:26.26 dde-desktop
 2935 admin     20   0 1115236  81120  65856 S   0.0   4.0   0:20.17 deepin-terminal
  679 root      20   0 1331080  22124  11756 S   0.3   1.1   0:19.17 deepin-elf-veri
 1003 root      20   0  506584  52120  32752 S   0.0   2.6   0:14.71 Xorg
 2185 admin     20   0 2965800  66732  27360 S   0.0   3.3   0:12.89 dde-session-dae
  677 root      20   0 1390820  19544   9920 S   0.3   1.0   0:12.88 uos-resource-ma
  683 message+  20   0    9712   5700   3204 S   0.3   0.3   0:11.74 dbus-daemon
```

图 9-2-12　top 命令运行某时间点结果截图

运行结果顶部 5 行汇总信息含义如表 9-2-8 所示。

表 9-2-8　不带选项的 top 命令运行结果汇总信息含义

汇总信息行	含　　义
top 行	系统当前时间、系统自启动以来的运行时间、系统当前登录的用户数量、已经过去的 1min、5min、15min 之前系统的平均负载情况
Tasks 行	进程总数、正在运行的进程数、睡眠进程数、终止进程数、僵死进程数
Cpu(s)行	用户进程、系统进程、优先级进程、空闲进程、等待进程等占用 CPU 的百分比
MiB Mem 行	可用内存、已用内存、空闲内存、缓存大小
MiB Swap 行	可用交换容量、已用交换容量、闲置交换容量、高速缓存容量大小

运行结果标题部分字段含义如表 9-2-9 所示。

表 9-2-9　不带选项的 top 命令运行结果标题部分字段含义

字　段	含　　义
swap	显示结果的下面部分为进程的信息，包括：PR：进程运行的优先级。NI：进程的优先级
VIRT	进程占用的虚拟内存大小

续表

字　段	含　义
RES	进程占用的非交换内存的大小
SHR	和其他进程共享内存的总量，单位为 KB
TIME+	进程累计运行时间

（3）用户可与 top 命令进行交互操作。

top 命令在执行过程中，用户还可以通过输入键盘命令与其进行交互操作。常见的交互命令如表 9-2-10 所示。

表 9-2-10　用户与 top 命令交互操作所用到的命令含义

命令	含　义
M	按内存使用率排列所有进程
N	以进程 ID 大小排序，由大到小
T	按进程的执行时间排列所有进程
P	按照 CPU 使用率排列所有进程，默认从大到小
h	显示 top 下的帮助信息
k	终止某个进程，系统将提示用户输入要终止的进程的 PID，以及发送给该进程的信号。信号 9 表示强制结束该进程。更多信号可参见本任务实施部分，kill 命令所使用的信号
i	忽略闲置和僵死进程。这是一个开关式命令，按一次忽略，再按一次恢复
s	改变两次刷新之间的延迟时间。系统将提示用户输入新的时间，单位为秒

任务实施

系统维护过程中，通过进程状态的静态或动态查看命令，我们可以分析判断出哪些进程不能正常结束，或者消耗系统资源超出常规，属于异常进程。而此类异常进程或其他类型非法进程，需人为介入杀死，以保障系统的正常运行。常用的杀死或结束进程命令有 kill、killall、pkill、xkill 等。

9.2.4　kill 命令的使用

通常情况下，kill 命令只能用于杀死或终止后台进程，使用 Ctrl＋C 组合键可以终止前台进程。在多虚拟终端情况下，root 用户使用"ps -a"命令可以查看到所有用户的进程，这时可以使用 kill 命令终止普通用户（也就是非 root 账户）的前台进程。

1. kill 命令语法

```
kill［选项］进程 ID
```

选项说明如下。

-s［signal］：给进程发送信号。

-1［signal］：显示进程可以发送的信号列表。

2. kill 命令可用信号

kill 命令是通过发送信号来终止进程的。可以发送的信号如图 9-2-13 所示。发送信号时,既可以使用信号名称,也可以使用信号名称前的信号码。

例 9-2-11 运行 kill -l 命令查看可以发送的信号列表。

```
root@admin-PC:~# kill -l
 1) SIGHUP       2) SIGINT       3) SIGQUIT      4) SIGILL       5) SIGTRAP
 6) SIGABRT      7) SIGBUS       8) SIGFPE       9) SIGKILL     10) SIGUSR1
11) SIGSEGV     12) SIGUSR2     13) SIGPIPE     14) SIGALRM     15) SIGTERM
16) SIGSTKFLT   17) SIGCHLD     18) SIGCONT     19) SIGSTOP     20) SIGTSTP
21) SIGTTIN     22) SIGTTOU     23) SIGURG      24) SIGXCPU     25) SIGXFSZ
26) SIGVTALRM   27) SIGPROF     28) SIGWINCH    29) SIGIO       30) SIGPWR
31) SIGSYS      34) SIGRTMIN    35) SIGRTMIN+1  36) SIGRTMIN+2  37) SIGRTMIN+3
38) SIGRTMIN+4  39) SIGRTMIN+5  40) SIGRTMIN+6  41) SIGRTMIN+7  42) SIGRTMIN+8
43) SIGRTMIN+9  44) SIGRTMIN+10 45) SIGRTMIN+11 46) SIGRTMIN+12 47) SIGRTMIN+13
48) SIGRTMIN+14 49) SIGRTMIN+15 50) SIGRTMAX-14 51) SIGRTMAX-13 52) SIGRTMAX-12
53) SIGRTMAX-11 54) SIGRTMAX-10 55) SIGRTMAX-9  56) SIGRTMAX-8  57) SIGRTMAX-7
58) SIGRTMAX-6  59) SIGRTMAX-5  60) SIGRTMAX-4  61) SIGRTMAX-3  62) SIGRTMAX-2
63) SIGRTMAX-1  64) SIGRTMAX
```

图 9-2-13 使用 kill -l 命令查看可发送信号结果截图

其中,常用信号有 7 个,详见表 9-2-11 所示。

表 9-2-11 kill 命令常用的 7 个信号的作用

信 号	作 用
SIGHUP(1)	挂起信号,通常是因为终端掉线或者用户退出引起
SIGINT(2)	中断信号,与按 Ctrl+C 组合键等同
SIGQUIT(3)	退出信号,与按 Ctrl+\组合键等同
SIGTERM(15)	终止信号,默认发送该信号
SIGKILL(9)	强制终止信号,不可捕获和忽略
SIGSTOP(19)	暂停信号,与按 Ctrl+Z 组合键等同
SIGCONT(18)	继续信号,与 STOP 信号相反

3. 使用 kill 命令终止进程实践

用 kill 命令终止进程相当简单,一般分两步,先查找确定进程 PID,再用 kill 终止进程。通常情况下,我们可以使用 kill 命令给进程发送 SIGTERM 信号(信号代码为 15),通知进程停止工作并退出。如果进程不接受该信号,则可以通过 SIGKILL(9)信号强行杀死进程。

发送 SIGKILL(9)信号要十分小心,该信号不能被进程忽略或者捕获,会直接强制结束进程,将导致进程在结束前无法清理并释放资源。所以一般不推荐使用,除非其他办法都无效。发送 SIGKILL(9)信号后,建议通过 ps -ef 命令查看是否有僵尸进程存在。若有,可通过终止其父进程来及时清除僵尸进程。

例 9-2-12 在桌面伪终端 pts/1 上切换用户至 root 账户,通过远程终端 xshell 查看系统用户进程,并终止用户位于桌面伪终端 pts/1 上的进程,然后观察桌面伪终端 pts/1 上用户登录信息的变化。ps -a 命令和 kill 命令运行结果,如图 9-2-14 和图 9-2-15 所示。

图 9-2-14　ps -a 和 kill 命令运行结果截图

图 9-2-15　UOS 桌面端登录账户变化情况

如图 9-2-15 所示，运行命令 kill 17129 终止桌面伪终端 pts/1 上的 su 进程后，当前登录的 root 账户所有进程均将被杀死，系统提示当前会话被终止，当前用户 root 被注销，系统自动切换至 admin 账户。在桌面伪终端再次运行 ps -a，显示结果如图 9-2-16 所示。

图 9-2-16　在桌面伪终端再次运行 ps -a 命令结果截图

9.2.5　killall 命令的使用

killall 命令用于通过进程名称向进程发送信号对其进行操控。9.2.4 小节中学习的 kill 命令可以通过进程 pid 向进程发送信号实现对其操控，但往往需要在之前使用 ps 或 top 等命令确定其进程 pid，而 killall 命令把上述两个过程合二为一，可简化操作人员的工作，是一个较为好用的命令。

系统中另有一个 pkill 命令与 killall 命令功能类似，区别在于 pkill 可以带"-t"选项针对终端号踢除终端，进而实现踢除用户及其所有进程的目的。

1. killall 命令语法

```
killall [选项] 进程名
```

killall 命令的常用选项及其作用如表 9-2-12 所示。

表 9-2-12　killall 命令的常用选项及其作用

选项	作　　用
-l	列出全部信号名称
-s	指定要发送的进程号，如果没有指定任何信号，默认发送的信号为 SIGTERM（−15）
-I	忽略进程名称中的大小写。建议配合 -i 使用，确保不会因"重名"而被误杀
-i	交互模式，终止进程前等待用户确认
-q	静默模式，如果未成功终止进程，不提示

续表

选项	作　　用
-u	向指定用户的进程发送信号
-w	等待所有要杀的进程终止。killall会每秒检查一次是否存在任何尚未被终止的进程,仅当这些进程都终结后才返回。 注意,如果信号被忽略或未起作用,或进程处于僵尸状态,killall命令可能会一直等待下去

2. killall 终止进程实践

用 killall 终止进程非常简单,后边跟上进程名即可,也可以通过使用通配符指定多个拟终止的进程。运行结果如图 9-2-17 所示。

```
root@admin-PC:~# ps -ef | grep sde | grep -v grep
root@admin-PC:~# ps -ef | grep apache2 | grep -v grep
root      10276     1  0 19:44 ?        00:00:00 /usr/sbin/apache2 -k start
www-data 10278 10276  0 19:44 ?        00:00:00 /usr/sbin/apache2 -k start
www-data 10279 10276  0 19:44 ?        00:00:00 /usr/sbin/apache2 -k start
root@admin-PC:~# killall apache2
root@admin-PC:~# ps -ef | grep apache2 | grep -v grep
root@admin-PC:~#
```

图 9-2-17　killall 命令一次性杀死三个进程结果截图

在 killall 命令中使用通配符指定多个拟终止的进程进行操作时,建议使用"-i"选项交互确认进程是否终止,以防止误杀进程。

9.2.6　xkill 命令的使用

xkill 是在桌面环境使用的杀死图形界面程序的工具。当某个图形界面程序出现崩溃而不能正常退出时,运行 xkill 命令,用光标单击程序图形界面就可以杀死该程序。如想终止 xkill 的运行,右击取消即可。

如现在想要杀死 UOS 自带浏览器这个程序,首先在命令行模式下运行 xkill 命令,系统将输出"Select the window whose client you wish to kill with button 1...."字样,同时鼠标指针将变成一个红色的带骷髅头的叉状组合图案。单击 UOS 自带浏览器的显示界面,UOS 自带浏览器将立即关闭,同时终端将输出"xkill:killing creator of resource 0x4c00001",表示已经将 UOS 自带浏览器进程杀死,运行结果如图 9-2-18 所示。

```
admin@admin-PC:~/Desktop$ xkill
Select the window whose client you wish to kill with button 1....
xkill:   killing creator of resource 0x4c00001
admin@admin-PC:~/Desktop$
```

图 9-2-18　使用 xkill 命令杀死桌面图形程序进程结果截图

9.2.7　nohup 命令的使用

通常情况下,父进程在终止时,子进程也会相应地被终止。特殊情况下,用户并不希望系统这样处理。例如,用户在执行一个需要大量时间才能完成的命令,而中途用户可能会暂时退出登录状态,但又希望上述命令不间断地执行下去,直到任务完成,这时就用到了

nohup 命令。

语法格式：

```
nohup 命令 &
```

nohup 命令中启动的进程不会随着父进程的终止而终止，一般将 nohup 中的命令放在后台执行。默认情况下，nohup 命令的执行结果和错误信息都将输出到 nohup.out 文件中。用户也可以使用输出重定向将执行结果输出到其他指定的文件。

例 9-2-13　运行 nohup find / -name appfile -print > result.txt & 命令，显示结果如图 9-2-19所示。

```
root@admin-PC:~# nohup find / -name appfile -print > result.txt &
[1] 18617
root@admin-PC:~# nohup: 忽略输入重定向错误到标准输出端
jobs
[1]+  退出 1                        nohup find / -name appfile -print > result.txt
root@admin-PC:~#
```

图 9-2-19　使用 nohup 命令忽略父进程终止结果截图

图示中 jobs 命令使用详情可参见 9.2.8 小节部分。

9.2.8　作业查看及作业控制

在 9.1.1 小节部分我们了解了作业及其与进程、程序间的关系，这里我们将学习作业的启动及其在前后台的切换方法。当用户在字符驱动界面（字符终端）输入 shell 命令后按 Enter 键就会启动一道前台作业。这道作业可能会同时启动多个前台进程。而在 shell 命令的末尾加上"&"符号，再按 Enter 键，就将启动一个后台作业。

1. 查看系统的作业命令 jobs

1）jobs 命令语法

```
jobs [选项]
```

常用选项说明如下。

-p：仅显示进程号。

-l：同时显示进程号和作业号。

-r：仅列出正在后台处于运行状态的作业。

-s：仅列出正在后台处于暂停状态的作业。

2）jobs 命令应用案例

例 9-2-14　通过 cat 命令和 find 命令创建两道作业，使用 jobs 命令查看后台作业情况。运行结果如图 9-2-20 所示。

运行结果中显示的后台两道作业，一道由 cat 命令创建，输入一行文字后，按 Ctrl+Z 组合键挂起至后台，"[1]"表示其为第一道作业，即作业号为 1，"+"表示其是当前后台下默认的作业（即使用 fg 命令默认恢复作业至前台运行，则该作业将被默认恢复），"已停止"表示当前作业的状态为暂停或被挂起；另一道作业由"&"将 find 命令放置于后台运行，作业号

```
root@admin-PC:~# cat > /root/welcome.txt
Welcome to the UOS world.
^Z
[1]+  已停止                    cat > /root/welcome.txt
root@admin-PC:~# find / -name init & -print >> /root/test.txt
[2] 17178
-bash: -print: 未找到命令
root@admin-PC:~# /usr/share/doc/init
/usr/share/initramfs-tools/init
/usr/share/alsa/init
/usr/lib/os-probes/init
/usr/lib/init
/usr/src/linux-headers-4.19.0-amd64-desktop/init
/usr/src/linux-headers-4.19.0-amd64-desktop/include/config/init
/usr/sbin/init
find: '/run/user/1000/gvfs': 权限不够
find: '/proc/1668/task/1668/net': 无效的参数
find: '/proc/1668/net': 无效的参数
jobs
[1]+  已停止                    cat > /root/welcome.txt
[2]-  退出  1                    find / -name init
root@admin-PC:~# jobs
[1]+  已停止                    cat > /root/welcome.txt
root@admin-PC:~#
```

图 9-2-20 使用 jobs 命令查看系统作业运行结果截图

为 2,"-"表示其为最近第二个被放置到后台的工作。

2. 作业的前后台切换命令 fg 和 bg

作业的前后台切换属于作业控制范畴。作业控制是指控制正在运行的进程的行为。在每个进程执行过程中,用户可以任意地挂起进程或重新启动进程,系统将记录所有启动的进程情况。前台进程和后台进程并不是固定不变的,可以通过命令进行转换。将前台进程转换为后台进程使用 bg 命令,将后台进程转换为前台进程使用 fg 命令。

1) fg 命令

语法格式:

```
fg [%][作业号]
```

功能:将后台作业切换到前台运行。若未指定作业号,则将当前后台默认作业,或者说作业号为 1 的作业切换到前台运行。

例 9-2-15 使用 fg 命令或 fg 1 命令或 fg ％ 1 命令恢复例 9-2-14 中挂起至后台的作业至前台进入运行状态,按 Ctrl＋D 组合键终止输入并结束 cat 命令。结果如图 9-2-21 所示。

```
root@admin-PC:~# jobs
[1]+  已停止                    cat > /root/welcome.txt
root@admin-PC:~# fg 1
cat > /root/welcome.txt
root@admin-PC:~#
```

图 9-2-21 使用 fg 命令恢复后台作业至前台运行结果截图

2) bg 命令

语法格式:

```
bg［%］［作业号］
```

功能：将前台作业切换到后台运行。若未指定作业号，则将当前作业切换到后台。作用相当于在命令行的末尾添加"&"符号。

例 9-2-16　使用 tar 命令压缩大文件，按 Ctrl＋Z 组合键将作业挂起至后台，再通过 bg 命令将其在后台切换至运行状态，如图 9-2-22 所示。使用 jobs 命令可以看到作业 1 由"已停止"状态转换为了"运行中"状态。

```
root@admin-PC:/# tar -zcf all.tar.gz /
tar: 从成员名中删除开头的"/"
^Z
[1]+ 已停止              tar -zcf all.tar.gz /
root@admin-PC:/# bg % 1
[1]+ tar -zcf all.tar.gz / &
-bash: bg: 任务 1 已在后台
root@admin-PC:/# bg 1
-bash: bg: 任务 1 已在后台
root@admin-PC:/# jobs
[1]+ 运行中              tar -zcf all.tar.gz / &
root@admin-PC:/# fg
tar -zcf all.tar.gz /
^C
root@admin-PC:/# ls
all.tar.gz  bin  boot  data  dev  etc  home  lib  lib32
root@admin-PC:/# rm -f all*
root@admin-PC:/# ls
bin  boot  data  dev  etc  home  lib  lib32  lib64  libx
root@admin-PC:/#
```

图 9-2-22　使用 bg 命令将挂起至后台的作业恢复运行结果截图

测试完毕，使用 fg 命令不带任何参数恢复 tar 命令至前台运行，并通过 Ctrl＋C 组合键取消 tar 命令的运行。当然，也可以使用 kill -n % jobnum 命令直接终止某道作业的运行。其中，n 为信号值，jobnum 为作业号。最后，不要忘记使用 rm -f all.tar.gz 或 rm -f all * 命令删除测试用压缩包，避免遗留不必要的垃圾文件。

📋 任务回顾

【知识点总结】

（1）UOS 常用的静态进程状态查看命令 ps、pstree 的使用。

（2）UOS 中常用的动态进程状态查看命令 top 的使用。

（3）进程操纵命令 kill、killall、pkill、xkill、nohup 等的使用。

（4）作业查看命令 jobs 及前后台作业切换命令 fg、bg 的使用。

【思考与练习】

（1）ps ajf 命令和 pstree 命令均被称为树结构查看进程状态命令，二者有何区别？各自优缺点有哪些？

（2）ps 查看进程命令中，通常会结合管道符调用 grep -v grep 命令，后者的作用是什么？

任务9.3　进程管理进阶

任务描述

花小新：任务9.2中，我已经掌握了进程状态查看命令、进程操控命令、前后台作业切换及状态查看命令，为准确高效地管理和维护系统做好了充分准备。

张中成：以此为基础，我们将学习使用Systemd守护进程管理系统服务，使用at和crontab两个守护进程管理计划任务或进程（作业）调度任务。

知识储备

Systemd是system management daemon的简记，主要用于初始化和管理系统服务。Systemd支持System V和LSB初始化脚本。

Systemd具有并行启动系统服务的功能，使用套接字和D-Bus激活来启动服务，按需启动、守护进程（程序）。使用Linux cgroups跟踪进程，维护安装和自动挂载挂载点，以及实现精心设计的基于事务依赖关系的服务控制逻辑。Systemd还可用于守护进程（程序）日志记录管理、控制基本系统配置（如主机名、日期、区域设置、已登录用户和正在运行的容器、虚拟机列表、系统账户、运行时目录和设置等）、简单网络的守护程序配置（如网络事件的同步，日志转发以及名称解析等）。

Systemd并不是一个命令，而是个包括了若干守护进程、库和应用命令的软件套件，涉及系统管理的方方面面，但它的核心只有/bin/systemd一个。Linux类操作系统内核启动后，Systemd作为第一个被执行的用户进程，起到了承上启下的作用，用户可以使用pstree命令来查看Systemd进程及其子进程组成的进程树状情况。当某个进程占用太多系统资源时，Systemd有权执行（MOO killer）机制来杀死该进程，即彻底结束该进程，以此保护整个系统不会因资源耗尽而崩溃。

本任务中，我们将使用systemctl命令来管理系统资源、使用at或crontab命令来安排计划任务。

9.3.1　使用systemctl命令管理系统资源

systemctl命令是用户与systemd守护进程进行交互的工具，也是systemd套件中的主命令（类似命令还有journalctl、timedatectl、localectl、hostnamectl等）。

1. systemctl命令的使用

语法格式：

```
systemctl［选项］命令［单元］
```

作用：控制systemd系统与服务管理器

systemctl的常用操作对象和操作命令如表9-3-1所示。

表 9-3-1　systemctl 的常用操作对象和操作命令

操作对象	操作命令
单元（unit）	1. list-units［单元］：列出 systemd 当前已加载到内存中的单元。 （1）可使用--all 选项列出全部单元（直接引用的单元、被依赖关系引用的单元、被应用程序调用的单元、启动失败的单元），否则默认仅列出活动的单元、失败的单元和正处于任务队列中的单元。 （2）如果给出了单元名，则表示该命令仅作用于指定单元。 （3）还可以通过--type＝与--state＝选项过滤要列出的单元。 （4）该命令是单元的默认操作命令
	2. status［单元/PID］：查看所指定单元或指定进程所属单元的运行状态及其最近的日志信息。 如未指定任何单元或 PID，则显示整个系统的状态信息
	3. start 单元：启动（activate）指定的已加载单元（无法启动未加载的单元）
	4. stop 单元：停止（deactivate）指定的单元
	5. reload 单元：要求指定的单元重新加载它们的配置
	6. restart 单元：重新启动（先停止再启动）指定的单元，若单元尚未启动，则启动之
	7. kill：向指定单元的--kill-who＝进程发送--signal＝信号
	8. is-active 单元：查看指定的单元是否处于活动（active）状态
	9. is-failed 单元：查看指定的单元是否处于失败（failed）状态
	10. set-property 单元属性＝值：在运行过程中修改单元的属性值。 （1）大多数资源控制类属性可以在运行时被修改，具体可通过 man 命令查看 systemd.resource-control（5）。所作修改会立即生效，并永远有效。 （2）如果使用了--runtime 选项，则此修改仅临时生效，重启此单元后，被修改属性将会恢复到原有的设置
	11. list-dependencies［单元］：显示单元的依赖关系
	12. isolate 单元：启动指定的单元及其依赖的所有单元，同时停止所有其他 IgnoreOnIsolate＝no 的单元（详见 systemd.unit（5）手册）。 （1）如果没有给出单元的类型，则默认是 target。 （2）如果单元是 target，则该命令会立即停止所有在新目标单元中不需要的进程，这其中可能包括当前正在运行的图形环境以及正在使用的终端
单元文件	1. list-unit-files［单元文件名］：列出所有已安装的单元文件及其启用状态（相当于调用了"systemctl is-enabled 单元文件名"命令）。如果给出了单元文件名，则表示该命令仅作用指定单元文件
	2. enable 单元文件名：启用指定的单元或单元实例，相当于将这些单元设为"开机时自动启动"或"插入某个硬件时自动启动"
	3. disable 单元文件名：停用指定的单元或单元实例，相当于撤销这些单元的"开机时自动启动"以及"插入某个硬件时自动启动"
	4. is-enabled 单元文件名：检查是否有至少一个指定的单元或单元实例已经被启用（使用 enable 命令）
	5. mask 单元文件名：屏蔽指定的单元或单元实例
	6. unmask 单元文件名：解除对指定单元或单元实例的屏蔽，这是 mask 命令的反动作
	7. get-default：显示默认的启动目标
	8. set-default target：设置默认的启动目标

续表

操作对象	操 作 命 令
系统	1. default：进入默认模式。相当于执行 systemctl isolate default.target 命令
	2. rescue：进入救援模式。相当于执行 systemctl isolate rescue.target 命令
	3. halt：关闭系统，但不切断电源
	4. poweroff：关闭系统，同时切断电源
	5. reboot：重启系统
	6. suspend：休眠到内存，相当于启动 suspend.target 目标
	7. hibernate：休眠到硬盘，相当于启动 hibernate.target 目标
	8. hybrid-sleep：进入混合休眠模式，即同时休眠到内存和硬盘，相当于启动 hybrid-sleep. target 目标
systemd	daemon-reload：重新加载 systemd 守护进程的配置。相当于重新运行所有的生成器 (systemd.generator)，重新加载所有单元文件，重建整个依赖关系树

2. 列表查看单元或单元文件

systemctl 可以管理几乎所有系统资源。不同的资源统称为 unit(单元)，共有 12 种，如表 9-3-2 所示。

表 9-3-2 systemctl 管理的 unit 种类

unit 名称	含 义	unit 名称	含 义
service	系统服务	scope	非 systemd 启动的外部进程
target	多个 unit 构成的一个组	slice	进程组
device	系统设备	snapshot	systemd 快照
mount	文件系统的挂载点	socket	进程间通信的套接字
automount	文件系统的自动挂载点	swap	交换文件
path	文件路径	timer	systemd 管理的定时器

例 9-3-1 systemctl list-unit-files 命令可以查看当前系统的所有可用 unit，如图 9-3-1 所示，输出的每行都代表一个 unit，每行两个标题字段，其含义如表 9-3-3 所示。

```
root@admin-PC:~# systemctl list-unit-files
UNIT FILE                                    STATE
proc-sys-fs-binfmt_misc.automount            static
-.mount                                      generated
boot.mount                                   generated
data.mount                                   generated
dev-hugepages.mount                          static
dev-mqueue.mount                             static
home.mount                                   generated
opt.mount                                    generated
proc-sys-fs-binfmt_misc.mount                static
recovery.mount                               generated
root.mount                                   generated
sys-fs-fuse-connections.mount                static
sys-kernel-config.mount                      static
sys-kernel-debug.mount                       static
var.mount                                    generated
acpid.path                                   disabled
cups.path                                    enabled
systemd-ask-password-console.path            static
```

图 9-3-1 systemctl list-unit-files 命令运行结果截图

表 9-3-3　使用 systemctl list-unit-files 命令输出标题字段含义

字　段	含　义
UNIT FILE	单元文件名称
单元（unit）	单元状态，有如下几种。
	enabled：单元被永久启用
	enabled-runtime：单元被临时启用
	masked：单元被永久屏蔽，start 操作会失败
	STATE masked-runtime：单元已被临时屏蔽，start 操作会失败
	static：单元尚未被启用，且不能被启用，通常意味着单元智能执行一次性动作或者仅是另一个单元的依赖单元
	disabled：单元尚未被启用，但能被启用 bad：单元文件不正确或者出现其他错误

使用 systemctl list-units 和 systemctl list-unit-files 命令都可以查看指定类型（--type 选项）或者指定状态（--state 选项）的 unit 或者 unit 文件，且更具针对性，查看起来更加简单明了，如图 9-3-2 和表 9-3-4 所示。

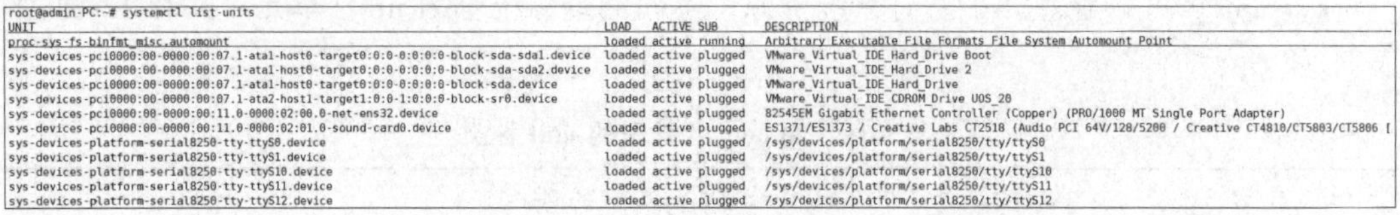

图 9-3-2　systemctl list-units 命令运行结果截图

表 9-3-4　systemctl list-units 命令输出字段

字　段	含　义	字　段	含　义
UNIT	单元名称	SUB	单元子状态，与单元类型有关
LOAD	单元加载状态	DESCRIPTION	单元的简短说明
ACTIVE	单元激活状态		

3. 以 sshd 为例查看或操控单元（或单元文件）

sshd 是远程联机服务守护进程，也是最常用的系统服务之一，UOS 默认安装 sshd，并随系统启动而启动。

例 9-3-2　查看 sshd 服务是否处于正在运行状态，运行结果如图 9-3-3 所示。

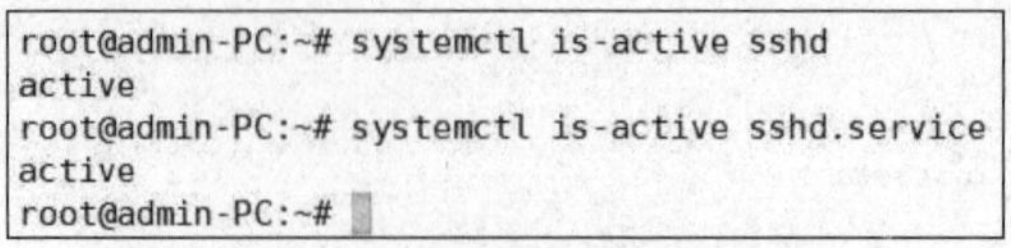

```
root@admin-PC:~# systemctl is-active sshd
active
root@admin-PC:~# systemctl is-active sshd.service
active
root@admin-PC:~#
```

图 9-3-3　查看 sshd 服务是否处于运行状态

例 9-3-3　查看 sshd 服务运行状态，运行结果如图 9-3-4 所示。运行结果前半部分以绿色圆点引导的部分即为 sshd（即 ssh.service）服务的状态信息，状态信息说明如表 9-3-5 所示；后半部分以日期引导的部分为 sshd 最近的 10 条日志数据。

```
● ssh.service - OpenBSD Secure Shell server
   Loaded: loaded (/lib/systemd/system/ssh.service; enabled; vendor preset: enabled)
   Active: active (running) since Wed 2022-11-30 10:44:14 CST; 1 day 11h ago
     Docs: man:sshd(8)
           man:sshd_config(5)
  Process: 29088 ExecStartPre=/usr/sbin/sshd -t (code=exited, status=0/SUCCESS)
 Main PID: 29089 (sshd)
    Tasks: 1 (limit: 2275)
   Memory: 3.1M
   CGroup: /system.slice/ssh.service
           └─29089 /usr/sbin/sshd -D

11月 30 14:02:34 admin-PC sshd[4507]: pam_deepin_authentication(sshd:auth): 请输入密码
11月 30 14:02:34 admin-PC sshd[4507]: pam_deepin_authentication(sshd:auth): 验证成功
11月 30 14:02:34 admin-PC sshd[4507]: Accepted password for admin from 192.168.10.1 port 58711 ssh2
11月 30 14:02:34 admin-PC sshd[4507]: pam_unix(sshd:session): session opened for user admin by (uid=0)
12月 01 19:07:11 admin-PC sshd[13627]: pam_deepin_authentication(sshd:auth): IsMFA: '0', Username: 'admin'
12月 01 19:07:11 admin-PC sshd[13627]: pam_deepin_authentication(sshd:auth): index(30) error of limit type
12月 01 19:07:11 admin-PC sshd[13627]: pam_deepin_authentication(sshd:auth): 请输入密码
12月 01 19:07:11 admin-PC sshd[13627]: pam_deepin_authentication(sshd:auth): 验证成功
12月 01 19:07:11 admin-PC sshd[13627]: Accepted password for admin from 192.168.10.1 port 62340 ssh2
12月 01 19:07:11 admin-PC sshd[13627]: pam_unix(sshd:session): session opened for user admin by (uid=0)
root@admin-PC:~#
```

图 9-3-4　查看 sshd 服务运行状态及最近 10 条日志数据

表 9-3-5　systemctl status 命令输出结果说明

行首标志	含　义
●ssh.service	在彩色终端上,前导点(●)使用不同的颜色来标记单元的不同状态。白色表示 inactive 或 deactivating 状态;红色表示 failed 或 error 状态;绿色表示 active 或 reloading 或 activating
Loaded	单元的加载状态:loaded 表示已经被载到内存中;error 表示加载失败;not-found 表示未找到单元文件;masked 表示已被屏蔽。该行同时还包含了单元文件的路径、启用状态、预设的启用状态
Active	单元的启动状态:active 表示已启动成功;inactive 表示尚未启动;activating 表示正在启动中;deactivating 表示正在停止中;failed 表示启动失败(崩溃、超时、退出码不为零……)。对于启动失败的单元,将会在日志中记录导致启动失败的原因,以方便事后查找故障原因
Doc	单元及其配置文件的帮助手册
Main PID	单元主进程的 PID
CGroup	单元控制组(Control Group)中的所有进程

例 9-3-4　查看 sshd 服务是否被启用,亦即是否开机自启动。如显示结果为 enable,则表示启用,如图 9-3-5 所示。

```
root@admin-PC:~# systemctl is-enabled sshd
enabled
root@admin-PC:~#
```

图 9-3-5　查看 sshd 服务是否开机自启动

4. 操控单元(服务)

操控单元的常见动作包括启动(start)、重启(restart)、停止(stop)、屏蔽(mask)、解除屏蔽(unmask)、启用(enable)和禁用(disable)。在操控单元时,需明确指出单元名和单元类型(type),如 sshd.service 表示名为 sshd 的服务,dbus.socket 表示名为 dbus 的套接字。如果不指出单元类型(type),则默认类型为 service。

（1）以启动单元(start)为例，其具体用法为 systemctl start sshd.service。start 的意义对于不同的单元来讲是不完全相同的，如对于服务(service)单元来说就是启动守护进程，对于套接字(socket)单元来说则是绑定套接字，而对于挂载(mount)单元来说则是挂载设备。restart、stop 两个命令的命令格式和其含义类似于 start 命令。

（2）启用单元(enable)，用于启用指定的单元或单元实例，在大多数时候相当于将这些单元设置为"开机时自启动"或"插入某个硬件时自动启用"。如 systemctl enable sshd.service 命令，意味着将 sshd 守护进程设置为开机时自启动。启用(enable)一个单元并不会导致该单元被立即启动(start)，禁用(disable)一个单元也不会导致该单元被立即停止(stop)。但如果使用了--now 选项，则表示将在启用/禁用单元的同时立即启动/停止该单元的工作。

enable 若与--runtime 选项连用，则表示临时启用(重启后将失效)；否则默认为永久性启用。mask、umask 两个命令亦是如此。

5. 查看和设置系统运行级别

此处所提及的运行级别(runlevel)，与传统 Linux 发行版中的运行级别是两个不同的概念。准确地说，是系统中一些用来模拟传统 Linux 中运行级别的预设的 target。而 target 简单来说就是一个 unit 组合，包含多个相关的 unit。启动某个 target 时，systemd 将会启动里面所有的 unit。从这个意义上说，target 这个概念可以引申为"目标状态"，启动某个 target，意味着启动相应的多个 unit，并且让系统进入某个目标状态。

（1）UOS 系统预设了 7 个 target，和传统模式中的 7 个运行级别从形式上一一对应，如表 9-3-6 所示。但从本质而言，其实际功能并非真的对应，尤其是运行级别 2 和 4。

表 9-3-6　预设 target 和传统 Linux 运行级别对照表

传统 Linux 运行级别	对应的功能	预设 target	实际链接到的 target
0	关闭系统	runlevel0.target	poweroff.target
1	单用户模式	runlevel1.target	rescue.target
2	无联网的多用户模式	runlevel2.target	multi-user.target
3	联网的多用户模式	runlevel3.target	multi-user.target
4	保留暂未使用	runlevel4.target	multi-user.target
5	联网并且使用图形界面的多用户模式	runlevel5.target	graphical.target
6	重启系统	runlevel6.target	reboot.target

例 9-3-5　target 本身也是一种单元，因此用 systemctl list-unit-files --type＝target | grep runlevel 命令可以查看当前系统中的所有运行级别 target。如图 9-3-6 所示，输出的每行都代表一个 target，每行两个标题字段，分别是 target 的名字和启用状态。

```
root@admin-PC:~# systemctl list-unit-files --type=target | grep runlevel
runlevel0.target          disabled
runlevel1.target          static
runlevel2.target          static
runlevel3.target          static
runlevel4.target          static
runlevel5.target          indirect
runlevel6.target          disabled
```

图 9-3-6　当前系统查看 runlevel target 的结果

（2）其他 target 操控常用命令。

systemctl get-default 命令可用于查看当前系统所运行的 target。

systemctl list-dependencies graphical.target 命令可用于查看 graphical.target 所包含的所有 unit。相当于老版本 Linux 命令 init 5。

systemctl set-default multi-user.target 命令表示下次启动将进入无图形界面的多用户模式。相当于老版本 Linux 命令 init 3。

systemctl isolate multi-user.target 命令表示下次启动将进入无图形界面的多用户模式，并且在启动后立即停止新的 target 中不需要的进程。

9.3.2　使用 at 命令安排计划任务

日常使用计算机的过程中，用户在命令行输入的命令一般都是需要立即执行的命令。但有些时候，用户则希望在特定时刻（如深夜或凌晨）运行消耗系统资源较多或较为费时间的命令序列，或者是有周期性任务需要在固定周期运行的命令序列，这时候就用到了进度（作业）调度或计划任务命令。在特定时刻一次性运行的命令可以使用 at 命令。

at 非 UOS 默认安装启动命令，需通过［sudo］apt［-get］-y install at 命令下载安装，并通过 systemctl start atd 启动其守护进程，可通过 systemctl enable atd 命令设置其为开机自启动，可通过 systemctl status atd 命令来查看 atd 守护进程的运行状态。

1. at 命令

语法格式：

```
at[选项][时间参数]
```

作用：在指定的时间点一次性执行计划任务命令。

at 命令的常用选项及其说明如表 9-3-7 所示。

表 9-3-7　at 命令的常用选项及其含义

选　　项	含　　义
-f filename	从文件中读取要执行的命令，而不是从标准输入读取命令
-m	任务完成后发送 E-mail 通知用户
-l	列出计划任务队列中已经安排好等待运行的作业，相当于 atq 命令
-d n	删除序号为 n 的任务
-c	查看具体的作业任务

超级用户 root 在任何情况下都可以使用 at 命令。而普通用户是否可以使用 at 命令是由 /etc/at.deny 这个文件决定的，即 at.deny 文件中列出的用户不能使用该命令。空的 at.deny 文件意味着所有用户都可以使用 at 命令。

2. 交互式定义 at 任务

交互式定义 at 任务是使用 at 命令最常用的方式。在命令行输入 at 命令后跟一个时间（常见时间日期格式有 4 种，如表 9-3-8 所示），此时进入 at 命令的计划任务定义界面，会出现 at 命令的提示符，在提示符下输入任务要执行的命令，按 Ctrl＋D 组合键结束录入。如定义成功，会输出任务序号和执行时间，可使用 at -l 命令列出当前系统中所有的 at 计划任务，如图 9-3-7 所示。

```
root@admin-PC:~# at 8:00 Sep 10
warning: commands will be executed using /bin/sh
at> echo "Today is the teacher's day."
at> <EOT>
job 3 at Sun Sep 10 08:00:00 2023
root@admin-PC:~# at -l
3  Sun Sep 10 08:00:00 2023 a root
```

图 9-3-7   交互式定义计划任务，通过 at -l 查看任务

截图中 job 3 意味着刚刚定义的计划任务编号为 3，即相当于在系统中创建了一道编号为 3 的作业，该作业将在指定的时间点执行。

可以将表 9-3-8 中的时间、日期和增量组合使用，举例说明如下。

表 9-3-8   at 命令常用的时间日期格式

时间或日期	格　　式	含　　义
时间	HH：MM［am/pm］ 或 HHMM［am/pm］	（1）在今日的 HH：MM 执行命令。若该时刻已过，则明天此时执行任务。 （2）如时间后声明 am/pm，则为 12 小时制。 （3）也可使用 now、midnight、noon、teatime(16336000)等
日期	［CC］YY-MM-DD 或 MMDD［CC］YY 或 MM/DD/［CC］YY 或 DD.MM.［CC］YY	（1）具体的某年某月某天。 （2）可以使用月份的名称(英文简记)、日期和可选年份指定日期。 （3）可以使用 today、tomorrow、weekday 等字符串
增量	时间点＋number time-unit	number 是数值，time-unit 可以是 minutes、hours、days 或 weeks 等字符串

（1）将工作安排在当前时间晚 10min 后的下一个星期天。

```
at sunday + 10 minutes
```

（2）将工作安排在 2 日后的下午 1 点执行工作。

```
at 1pm + 2 days
```

（3）计划的工作将于 2020 年 10 月 21 日在 12：30 执行。

```
at12:30  1021[20]20
```

（4）安排一个作业自 1h 后执行。

```
at now +1 hours
```

（5）也可以在日期时间格式［［CC］YY］MMDDhhmm［.ss］前使用-t 选项指定日期和时间。

```
at -t 202005111321.32
```

3. 灵活运用管道或者 here-document[①] 输入重定向定义 at 任务

（1）使用管道符案例：echo "Welcome to the UOS World." | at 20:23。

（2）使用重定向符案例：at 20:23 << EOF，按 Enter 键后，进入交互模式，等待用户输入待执行的命令，命令输入结束后，不再合适按 Ctrl＋D 组合键结束录入，而是通过 EOF 字样结束录入。

结束标志不限于使用 EOF 字样，用户可自行定义。

4. 从文件中读入 at 任务

at 命令还可以使用-f 选项从文件中读取计划任务设置，来取代标准输入的录入。

例 9-3-6 在当前目录下用 here-documet 定义一个计划任务文件 atfile001（当然也可以用文本编辑器 vim），然后使用 at -f atfile001 21:00 命令制订计划任务，运行结果如图 9-3-8 所示。

```
admin@admin-PC:~$ cat << EOF > ./atfile001
> echo "Hello, UOS."
> EOF
admin@admin-PC:~$ at -f atfile001 21:00
warning: commands will be executed using /bin/sh
job 11 at Fri Dec  2 21:00:00 2022
```

图 9-3-8 从文件中读取计划任务命令进而制订计划任务

5. 查看 at 任务队列

随着时间的推移，用户可能会忘记在 at 命令队列中设置了多少个尚未完成的任务，可以使用 atq 命令或 at -l 命令来查看 at 命令队列。查看结果如图 9-3-9 所示。

```
root@admin-PC:~# atq
9  Sat Dec  3 20:23:00 2022 a admin
10 Sat Dec  3 20:23:00 2022 a admin
3  Sun Sep 10 08:00:00 2023 a root
```

图 9-3-9 使用 atq 或 at -l 命令查看计划任务队列

6. 查看具体某个已设置的任务内容

使用 at 命令定义的计划任务，UOS 都将自动为其添加任务执行所需环境等信息。用户可以使用 at -c 参数加任务 id 号进行查看。

例 9-3-7 合适 at -c 3 查看图 9-3-9 中编号为 3 的计划任务详情，结果如图 9-3-10 所示。

9.3.3 使用 crontab 命令安排周期性计划任务

at 命令只能定义一次性计划任务，该类计划任务执行结束之后，如还想重复这一操作，就需要重新定义一次。所以，at 命令很难胜任周期性的计划任务，这时候我们就用到了 cron 和 crontab。cron 就是包括 UOS 在内的 Linux 类操作系统下执行周期计划任务的工

---

① Here Document 也被称为 here-document/here-text/heredoc/hereis/here-string/here-script，在 Linux/UNIX 的 shell 中被广泛地应用，尤其在用于输入多行分隔参数给执行命令的场景。除了 shell（包含 sh/csh/tcsh/ksh/bash/zsh 等），这种方式的功能也影响到很多其他语言，如 Perl、PHP 以及 Ruby 等。

```
root@admin-PC:~# at -c 3
#!/bin/sh
# atrun uid=0 gid=0
# mail admin 0
umask 22
LANGUAGE=zh_CN; export LANGUAGE
PWD=/root; export PWD
LOGNAME=root; export LOGNAME
HOME=/root; export HOME
LANG=zh_CN.UTF-8; export LANG
USER=root; export USER
SHLVL=1; export SHLVL
PATH=/usr/local/sbin:/usr/local/bin:/usr/sbin:/usr/bin:/sbin:/bin; export PATH
MAIL=/var/mail/root; export MAIL
cd /root || {
  echo 'Execution directory inaccessible' >&2
  exit 1
}
echo "Today is the teacher's day."
```

图 9-3-10   使用 at -c 3 命令查看计划任务详情

具，可以在无须人工干预的情况下定时并周期性地执行指定任务。由于 cron 本身是一个系统服务（守护进程），无法进行交互，因此要用相应配置文件来告诉 cron 用户想要在何时执行何种任务。cron 服务由 UOS 默认安装，并设置为开机启动运行，故 crontab 命令可直接使用。

1. crontab 命令

语法格式：

```
crontab [-u user] [filename] [选项]
```

作用：可以编辑或删除计划任务表，也可以用于查看任务计划表中的所有计划任务。
crontab 命令常用选项及其含义如表 9-3-9 所示。

表 9-3-9   crontab 命令常用选项及其含义

选　项	含　义
-u user	用于指定用户。如缺省，则默认为当前登录的用户
filename	将 filename 代表的文件作为 crontab 的任务列表并载入 crontab。如选项省略，则表示 crontab 将从标准输入（键盘）接收命令，并将之载入 crontab
-e	(1) 调用编辑器编辑用户的计划任务表。 (2) 首次运行时，UOS 将提醒用户选择使用哪种编辑器来编辑计划任务表。编辑器包括 bin/nano、/usr/bin/vim.basic、/usr/bin/vim.tiny 三种。 (3) 用户也可使用 select-editor 命令来重新选择编辑器
-l	显示用户的任务计划表
-r	从/var/spool/cron 目录中删除用户的计划任务表
-i	删除用户的计划任务表时，要求用户确认

如需限制用户使用 cron，可以将其用户名（每行一个用户）写入禁止用户黑名单文件/etc/cron.deny。该文件默认为空白文件，表示系统中所有用户都可以使用 cron 来定义计划任务。

2. 使用 crontab 命令定义用户计划任务

区别于 at 命令较为复杂的时间格式,crontab 命令时间格式更为统一,更有规律性。运行 crontab -e 命令,系统将自动调用用户选择的编辑器以方便用户定制计划任务。用户定义的计划任务专属该用户自己,定义好的计划任务写入用户配置文件,配置文件以该用户的用户名命名,默认存放在/var/spool/cron/目录下,用户不能通过编辑器直接编辑修改此类配置文件,超级用户 root 除外。

crontab 命令定义计划任务表的具体格式为"分钟 小时 日 月 星期 命令"。各字段的取值范围有分钟为 0~59,小时为 00~23,日为 01~31,月为 01~12,星期为 01~07。当一个字段有多个值时,各个值之间用逗号分隔。未明确取值的时间字段以通配符"*"表示取值范围内所有值。

具体用法可参照表 9-3-10 所示 6 个示例。

表 9-3-10　crontab 定义计划任务示例

时间[命令]格式	含　义
12 22 * * *命令	在 22 点 12 分执行命令
0 17 * * 1 命令	每周一的 17 点整执行命令
0 5 1,15 * *命令	每月 1 号和 15 号的凌晨 5 点整执行命令
40 4 * * 1—5 命令	每周一到周五(即工作日)的凌晨 4 点 40 分执行命令
* /10 4—5 * *命令	每天凌晨 4 点至 5 点间,每隔 10min 执行一次命令
0 0 1,15 * 1 命令	每月 1 号、15 号和每周一①的 0 点整都会执行命令

表 9-3-10 中 crontab 时间格式特殊符号含义如表 9-3-11 所示。

表 9-3-11　crontab 时间格式特殊符号含义

符　号	含　义
星号(*)	代表所有可能的值,例如 month 字段如果是 *,则表示在满足其他字段的制约条件后每月都执行该命令操作
逗号(,)	可以用逗号隔开的值指定一个列表范围,例如,"1,2,5,7,8,9"
半字线(-)	可以用整数之间的半字线表示一个整数范围,例如"2-6"表示"2,3,4,5,6"
斜线(/)	可以用斜线指定时间的间隔频率(步长),例如"0-23/2"表示 0 点至 23 点间每两小时执行一次。同时斜线可以和星号(*)一起使用,例如 * /10,如果用在 minute 字段,表示每十分钟执行一次

3. 制订系统计划任务

系统计划任务的配置文件是/etc/crontab,打开该配置文件,其内容如图 9-3-11 所示。该文件描述了在撰写系统计划任务过程中需要遵循的格式。需要注意的是系统计划任务只能由 root 这个超级用户来编辑修改,普通用户没有修改权限。

---

① 此类时间格式,包括星期几和几月几号,因为它们定义的都是某天,非常容易让管理员混淆日期,最好不用。

```
root@admin-PC:~# cat /etc/crontab
# /etc/crontab: system-wide crontab
# Unlike any other crontab you don't have to run the `crontab'
# command to install the new version when you edit this file
# and files in /etc/cron.d. These files also have username fields,
# that none of the other crontabs do.

SHELL=/bin/sh
PATH=/usr/local/sbin:/usr/local/bin:/sbin:/bin:/usr/sbin:/usr/bin

# Example of job definition:
# .---------------- minute (0 - 59)
# |  .------------- hour (0 - 23)
# |  |  .---------- day of month (1 - 31)
# |  |  |  .------- month (1 - 12) OR jan,feb,mar,apr ...
# |  |  |  |  .---- day of week (0 - 6) (Sunday=0 or 7) OR sun,mon,tue,wed,thu,fri,sat
# |  |  |  |  |
# *  *  *  *  * user-name command to be executed
17 *  * * * root    cd / && run-parts --report /etc/cron.hourly
25 6  * * * root test -x /usr/sbin/anacron || ( cd / && run-parts --report /etc/cron.daily )
47 6  * * 7 root test -x /usr/sbin/anacron || ( cd / && run-parts --report /etc/cron.weekly )
52 6  1 * * root test -x /usr/sbin/anacron || ( cd / && run-parts --report /etc/cron.monthly )
#
```

图 9-3-11　系统计划任务配置文件内容

任务回顾

【知识点总结】

（1）systemd 进程及其作用。

（2）systemctl 系列命令的使用。

（3）at 和 crontab 命令用于定义计划任务。

【思考与练习】

（1）systemd 进程有何缺点？业界是如何评价该守护进程的呢？

（2）systemctl 有哪些常用用法？

项目总结

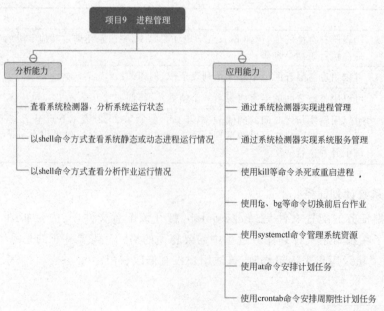

技能图谱

项 目 习 题

（1）kill 命令带信号 9 强杀进程，会不会正确释放进程所占用系统资源？如不能，该如何处理遗留问题？

（2）UOS 系统如何查看某个服务的运行状态？

（3）at 和 crontab 命令用于制订计划任务，各有哪些优缺点？

项目 10

磁 盘 管 理

教学视频

花小新：磁盘和硬盘是同样的概念吗？

张中成：稍微有点差别。在计算机的日常使用中，人们将广义上的硬盘、U盘等用于存储数据的介质都称为磁盘。其中，硬盘是计算机外存储器中的关键组件，是操作系统和用户数据的"家园"。UOS系统将所有程序、数据以文件的方式存储于硬盘，应用程序数据需要时刻读/写硬盘，所以硬盘的操作管理变得尤为重要。如何高效地对磁盘空间进行组织和管理是一项非常重要的技术，大致包括硬盘分区及格式化、文件系统的挂载和卸载、逻辑卷管理器管理配置、磁盘阵列配置、磁盘空间使用情况监测、文件系统的磁盘配额等。

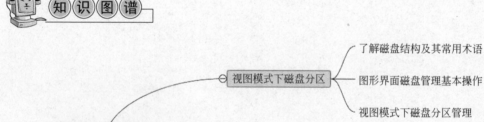

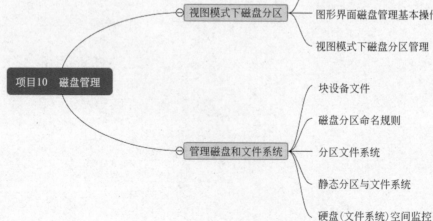

任务 10.1 视图模式下磁盘分区

任务描述

张中成：在 UOS 中对新增硬盘进行分区并创建文件系统，使硬盘能实现自动挂载，可供系统访问使用。

知识储备

10.1.1 了解硬盘结构及其常用术语

1. 硬盘的基本结构

硬盘最基本的组成部分是由坚硬金属材料制成的涂以磁性介质的盘片，不同容量硬盘的盘片数量不等。每个盘片均有两个面，每个面都可用于记录信息。盘片被分成许多扇形的区域，每个区域叫一个扇区，每个扇区可存储 $128×2$ 的 N 次幂（$N=0/1/2/3$）倍的字节数数据。例如，如在基础操作系统 DOS 中每个扇区容量为 $128×2$ 的 2 次幂字节，即 512 字节。盘片表面以盘片中心为圆心，不同半径的同心圆称为磁道。硬盘中，不同盘片相同半径的磁道所组成的圆柱称为柱面。磁道与柱面都是表示不同半径的圆，在许多场合，磁道和柱面可以互换使用。

硬盘每个盘片均有两个面，每个面都有一个磁头，人们习惯上以磁头号来区分磁盘的面。扇区、磁道（或柱面）和磁头数构成了硬盘结构的基本参数，它们之间的关系如图 10-1-1 所示。硬盘中的数据记录可以表示为"××磁道（柱面），××磁头，××扇区"；硬盘容量计算公式为"硬盘存储容量=磁头数×磁道（柱面）数×每道扇区数×每扇区字节数"。

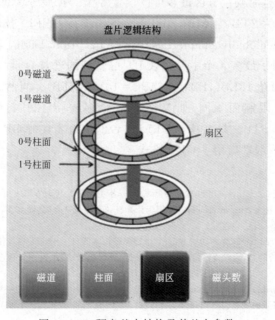

图 10-1-1 硬盘基本结构及其基本参数

2. 磁盘的接口类型

磁盘接口是磁盘与主机(参见项目 8 的"知识储备"部分)系统之间的连接部件,负责在磁盘缓存和主机内存之间传输数据。不同的磁盘接口数据传输速度不同,直接决定着磁盘与主机之间的连接速度,进而影响着程序运行速度快慢和系统性能的好坏。

磁盘接口通常有 IDE、SATA、SCSI 和光纤通道 4 种。其中,IDE[①] 接口的磁盘属早期产品,多用于家用产品中,部分应用于服务器,现基本上已经被淘汰;SCSI[②] 接口的磁盘主要应用于服务器产品;光纤通道接口只用于高端服务器上,价格昂贵;SATA[③] 是新生代磁盘接口类型,已经取代 IDE 接口,部分取代 SCSI 接口,广泛应用于家用和服务器市场。

3. 磁盘分区及分区表格式

将一个大的磁盘空间依据某种规则划分成大小不等的若干区域,每个区域称为一个分区(partition)。用户可以将相同类型的数据放在同一分区中以方便对数据的管理。分区技术使得数据的安全性得到了大幅提高,如某个分区中的数据发生损坏,只需修复损坏的分区即可,不会影响到其他分区中的数据。一块硬盘也可以划分成多个主分区来安装多个不同的操作系统,每个操作系统可以独立地管理分配给它的分区。

硬盘分区并格式化后,才能用于保存数据。实际上,对硬盘进行分区的作用就是将硬盘可存储数据的区域告诉操作系统,让操作系统了解每个分区的起始柱面(或磁道)和结束柱面。这些分区信息一般都包括在一个叫作分区表(partition table)的数据结构中,分区表是一块磁盘中最重要的基础数据。

硬盘分区格式常用的有 MBR 和 GPT 两种。

(1) MBR。全称 Master Boot Record,主引导记录,又称为主引导扇区,是计算机开机后访问硬盘时读取的首个扇区。在 MBR 分区表中最多允许设置 4 个主分区,也可以设置 1 至 3 个主分区+1个扩展分区。也就是说扩展分区只能有一个,如有,则将取代最多 4 个主分区中的 1 个存在,这时候主分区最多可以设置 3 个。扩展分区可以再细分为多个逻辑分区,单分区最大容量为 2TB,且 MBR 格式的分区不支持 UEFI[④] 技术。

(2) GPT。GUID(globally unique IDentifier) Partition Table,全局唯一标识分区表,不再像 MBR 一样受限于最多 4 个主分区,GPT 可管理的硬盘容量也突破了 MBR 格式最大 2TB 的限制,最大可达 18EB(1EB=1024PB=1048576TB)。当然,实际分区数和硬盘容量会因操作系统自身限制而不同,如 Windows 最多支持 128 个 GPT 分区,硬盘容量(NTFS)最大支持到 256TB。只有基于 UEFI 平台的主板才支持 GPT 分区引导启动,新出厂的笔记本等品牌机一般都启用了 GPT 格式。

[①] IDE：integrated drive electronics,即集成驱动器电子,是指把控制器与盘体集成在一起的硬盘驱动器。

[②] SCSI：small computer system interface,一种用于计算机和智能设备之间(硬盘、软驱、光驱、打印机、扫描仪等)系统级接口的独立处理器标准。

[③] SATA：serial advanced technology attachment,串行高级技术附件。SATA 接口使用了嵌入式时钟频率信号,具备了比以往接口更强的纠错能力,能对传输指令(不仅是数据)进行检查,如果发现错误会自动矫正,提高了数据传输的可靠性。

[④] UEFI：unified extensible firmware interface,意为统一的可扩展的固件接口,是一种详细描述类型接口的标准。UEFI 启动是一种新的或升级版的主板引导项,取代了传统的 BIOS,用于将操作系统自动从预启动的操作环境加载到主机上。

4. MBR 格式分区管理

一般而言,以 MBR 格式分区的磁盘可划分为主分区、扩展分区,扩展分区又可划分若干逻辑分区。

1) 主分区

主分区主要存放操作系统的启动或引导程序,用于引导操作系统的启动。通电开机时,系统会找到标识为 Active 的主磁盘分区来启动操作系统。

2) 扩展分区

除主分区外,剩余的磁盘空间就是扩展分区。扩展分区是一个概念,不能直接用于存储数据,也不能直接访问,它只是作为逻辑分区的容器存在,先创建一个扩展分区,然后在扩展分区上创建逻辑分区。一块硬盘最多只能包含一个扩展分区,所以通常把主分区外所有剩余的硬盘空间都划分给扩展分区。

3) 逻辑分区

与主分区不同,扩展分区不能直接格式化,也不能指定磁盘代码。必须将扩展分区再分割成若干区段,再分割出来的每一个区段就是一个逻辑分区。

10.1.2　图形界面磁盘管理基本操作

1. 查看磁盘

磁盘是计算机系统中用于存储数据的硬件设备,包括本地磁盘、外接磁盘和移动存储设备。UOS 系统中磁盘信息可在文件管理器的左侧菜单栏查看,挂载外接磁盘或插入移动存储设备时,可在左侧菜单栏看到相应的磁盘图标,如图 10-1-2 所示。

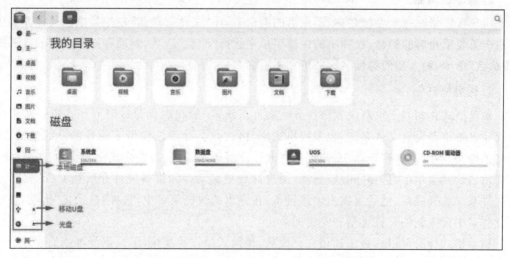

图 10-1-2　UOS 操作系统支持的存储设备类型

(1) 如果磁盘或磁盘中的文件夹经过加密处理,用户查看时则需要输入密码。

(2) 在统信 UOS 系统上,可以查看本地磁盘、外接磁盘或移动存储设备的基本信息,也可以对磁盘进行重命名、安全卸载等基本操作。

(3) 在"文件管理器"左侧菜单栏或计算机界面右击磁盘,在弹出的快捷菜单中选择"属性"选项即可查看磁盘的属性,如图 10-1-3 所示。

图 10-1-3 UOS中某移动磁盘属性示例

2. 弹出磁盘

在"文件管理器"左侧菜单栏或计算机界面右击某磁盘,在弹出的快捷菜单中选择"安全移除"选项,该磁盘将被从磁盘列表中删除,同时该磁盘的所有分区也一并被弹出。

如果要弹出磁盘或光盘,单击菜单栏待弹出磁盘右边的▲按钮可以弹出磁盘或光盘,也可以右击图标,在弹出的快捷菜单中选择"弹出"选项移除光盘。

3. 重命名磁盘

用户可以修改磁盘卷标名称,即磁盘的重命名,在"文件管理器"左侧菜单栏或计算机界面右击需要重命名的磁盘,在弹出的快捷菜单中选择"卸载"选项,然后再次右击该磁盘选择"重命名"选项,输入新的卷标名称即可完成重命名。

4. 磁盘格式化

磁盘格式化相当于重新设置磁盘分区文件系统,一般在磁盘分区时同步完成。对于移动存储设备重新设置文件系统,也需要格式化,格式化会导致该设备上的数据全部被清空,需谨慎操作。在"文件管理器"左侧菜单栏或计算机界面,右击需要格式化的移动存储设备,在弹出的快捷菜单中,选择"卸载"选项,通过卸载把移动存储设备硬件介质和 UOS 操作系统文件系统断开联系,然后再次右击该设备,在弹出的快捷菜单中,选择"格式化"选项,在格式化弹窗中设置新的文件类型和卷标即可。

磁盘格式化时可以选择快速格式化模式,该模式操作速度快,但数据仍可能被通过工具恢复;如想要格式化后的数据无法被恢复,可以取消选中"快速格式化"复选框,然后执行常规格式化操作。

🔧 任务实施

一块新的磁盘在使用前需要被划分成多块不同的区域用来存放不同的数据,这就是磁盘分区。

10.1.3　视图模式下磁盘分区管理

在统信 UOS 安装过程中,已经对本地磁盘划过分区,如无特殊情况不必重新分区。如需对已经分区好的磁盘重新分区,可到"应用商店"下载"分区编辑器",完成重新分区操作。

1. 准备磁盘

为安全起见,建议在虚拟机中完成实验操作。本任务将在虚拟机中新增加一块 10GB 硬盘。如图 10-1-4~图 10-1-9 所示,在虚拟机中添加一块新硬盘。

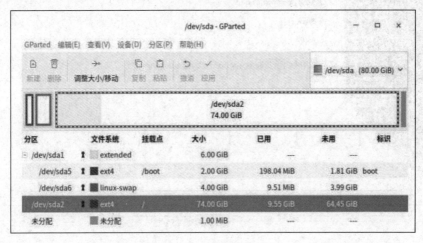

图 10-1-4　准备磁盘(1)

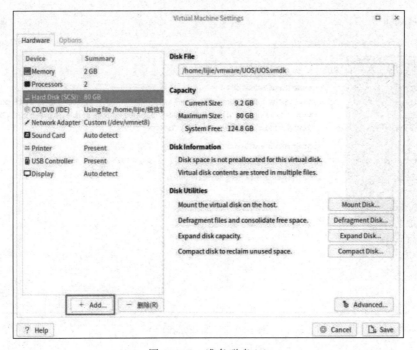

图 10-1-5　准备磁盘(2)

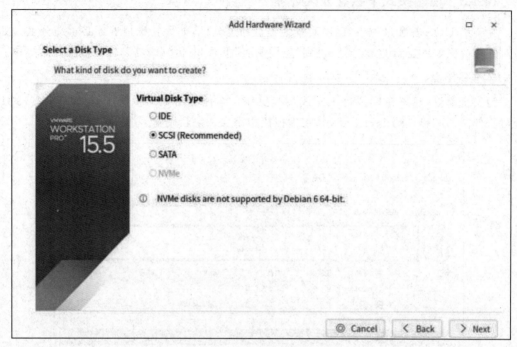

图 10-1-6　准备磁盘(3)

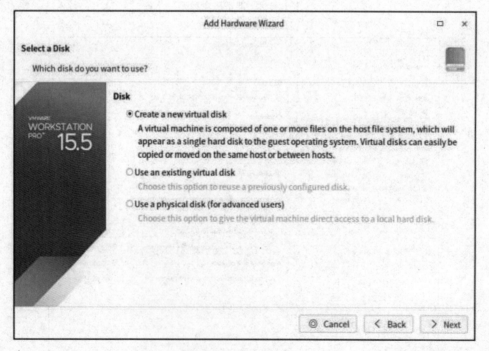

图 10-1-7　准备磁盘(4)

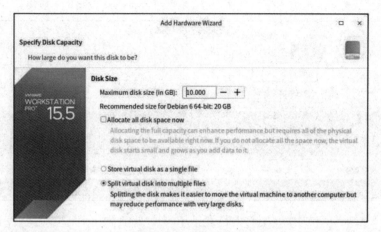

图 10-1-8 准备磁盘(5)

2. 启动分区编辑器

在启动器的搜索栏输入"分区编辑器"可找到该应用程序,双击启动"分区编辑器",会弹出认证窗口,需要输入密码进行认证。

3. 使用分区编辑器重新分区

1)创建分区表

在分区编辑器的管理界面可切换不同磁盘的信息,如图 10-1-10 所示。切换到新增硬盘管理界面,在设置新分区前,单击"设备"创建分区表,如图 10-1-11 所示。

图 10-1-9 准备磁盘(6)

创建分区表操作将删除整块硬盘上的全部数据,须谨慎操作。新分区表类型设置为msdos,如图 10-1-12 所示。

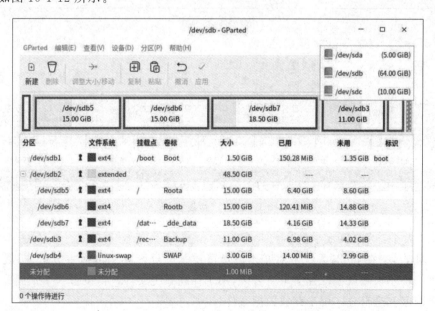

图 10-1-10 创建分区表(1)

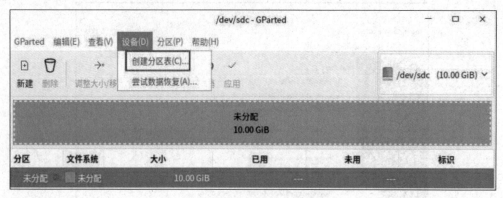

图 10-1-11　创建分区表（2）

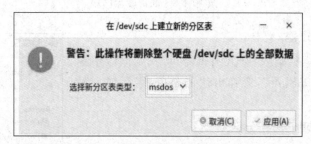

图 10-1-12　新分区表类型设置为 msdos

2）在磁盘上新建分区

选中需要分区的磁盘，在菜单栏中单击"新建"按钮，如图 10-1-13 所示。弹出创建新分区管理界面，在该界面可以设置：①新大小，②创建为，③文件系统，④卷标，如图 10-1-14 所示。

图 10-1-13　"新建"按钮

（1）新大小：为分区大小。

（2）创建为：在 UOS 系统上对基本磁盘可设置的分区类型包括主分区、扩展分区、逻辑分区。一块基本磁盘上设置一个主分区，用于存放系统文件。再设置一个扩展分区，用于容纳逻辑分区。逻辑分区用于存放数据文件。

（3）文件系统：明确存储设备组织文件的方法和数据结构，操作系统中负责管理和存

图 10-1-14 在磁盘上新建分区

储文件信息的软件管理系统,简称文件系统。在 UOS 系统中常见的文件系统包括 ext4、FAT32、JFS 等。

(4) 卷标:这是对一块磁盘或者一个分区的标识,由系统自动或人为手动设置,不唯一。

分区参数设置完毕在该界面单击"添加"按钮可查看新分区的基本参数,参数有误需要修改时,单击"撤销"按钮,创建新分区确认无误后,单击"应用"按钮(见图 10-1-15),再单击"应用"按钮(见图 10-1-16)。创建新分区完毕(见图 10-1-17)。

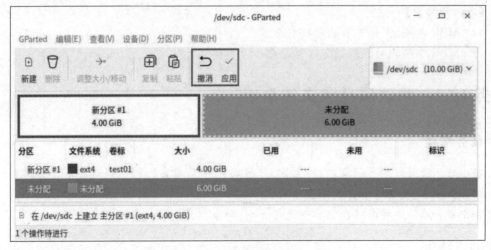

图 10-1-15 "撤销"和"应用"按钮

图 10-1-16 "应用操作到设备"对话框

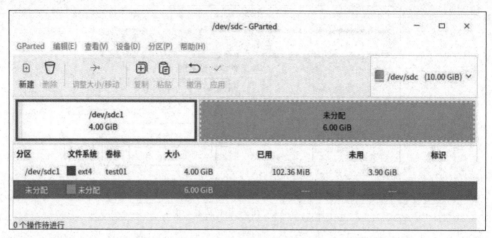

图·10-1-17　在磁盘上完成新建分区

任务回顾

【知识点总结】

（1）磁盘管理相关术语。

（2）图形界面查看和简单操作磁盘。

（3）图形界面分区并格式化磁盘。

【思考与练习】

（1）MBR 和 GPT 格式各有哪些优缺点？

（2）MBR 中逻辑分区起始分区号是多少？为何如此？

任务 10.2　管理磁盘和文件系统

任务描述

花小新：除图形界面的操作外，统信 UOS 还允许管理员（用户）通过 shell 命令行方式实现内容更丰富、更为专业化的磁盘管理。

张中成：本任务将引领我们学会使用 shell 命令方式进行磁盘的静态分区。

知识储备

10.2.1　块设备文件

在 Linux 类操作系统中将一切皆视为文件进行管理，UOS 系统当然也是如此。系统中的设备和设备文件都被存放在/dev 这个一级子目录中，存储设备也不例外。常见存储设备如硬盘、光驱等，一般来说都是块设备（block device），以块（block）的方式存储数据，可以随机访问某个数据块。

可以通过 find 命令查找 UOS 系统中的块设备文件，并通过 ls 命令显示其详细信息，如图 10-2-1 所示。这些块设备文件允许应用程序通过标准输入/输出和系统调用来访问设备

```
root@admin-PC:~# find /dev -type b -ls
   29955     0 br--------    1 root    root      11,   2 12月  5 22:05 /dev/cdrom2
    2531     0 brw-rw----    1 root    disk     253,   5 12月  5 22:05 /dev/dm-5
    2530     0 brw-rw----    1 root    disk     253,   4 12月  5 22:05 /dev/dm-4
    2513     0 brw-rw----    1 root    disk     253,   3 12月  5 22:05 /dev/dm-3
    2510     0 brw-rw----    1 root    disk     253,   2 12月  5 22:05 /dev/dm-2
    2507     0 brw-rw----    1 root    disk     253,   1 12月  5 22:05 /dev/dm-1
    2499     0 brw-rw----    1 root    disk     253,   0 12月  5 22:05 /dev/dm-0
    2488     0 brw-rw----    1 root    disk       8,  16 12月  5 22:05 /dev/sdb
    2487     0 brw-rw----    1 root    disk       8,  32 12月  5 22:05 /dev/sdc
   12440     0 brw-rw----    1 root    cdrom     11,   0 12月  5 22:05 /dev/sr0
   12437     0 brw-rw----    1 root    disk       8,   2 12月  5 22:05 /dev/sda2
   12436     0 brw-rw----    1 root    disk       8,   1 12月  5 22:05 /dev/sda1
   11961     0 brw-rw----    1 root    disk       8,   0 12月  5 22:05 /dev/sda
```

图 10-2-1　UOS 系统中块设备信息

中存储的数据。

截图中显示的一部分信息是主设备(如硬盘)，另一部分是次设备(如硬盘上的分区)，可以通过 lsblk 命令更加直观地查看到哪些是主设备(disk、ROM)，哪些是从属于主设备的次设备(part)，如图 10-2-2 所示。

```
root@admin-PC:~# lsblk
NAME              MAJ:MIN RM  SIZE RO TYPE  MOUNTPOINT
sda                   8:0   0   90G  0 disk
├─sda1                8:1   0  1.5G  0 part  /boot
└─sda2                8:2   0 88.5G  0 part
  └─luks_crypt0     253:0   0 88.5G  0 crypt
    ├─vg0-Roota     253:1   0   15G  0 lvm   /
    ├─vg0-Rootb     253:2   0   15G  0 lvm
    ├─vg0-_dde_data 253:3   0 44.5G  0 lvm   /data
    ├─vg0-Backup    253:4   0   11G  0 lvm   /recovery
    └─vg0-SWAP      253:5   0    3G  0 lvm   [SWAP]
sdb                  8:16   0    5G  0 disk
sdc                  8:32   0    5G  0 disk
sr0                  11:0   1  3.6G  0 rom   /media/admin/UOS 20
```

图 10-2-2　主从设备隶属信息

10.2.2　磁盘分区命名规则

在 Linux 类系统中，每一个硬件设备都映射到一个系统文件，硬盘和光驱等 IDE 或 SCSI 设备也不例外。操作系统为各种 IDE 设备分配了一个由 hd 前缀组成的文件，而对于各种 SCSI 或 SATA 设备则分配了一个由 sd 前缀组成的文件。

当驱动器标识符为"hdxn"时，"hd"表明分区所在设备的类型，这里是指 IDE 硬盘；"x"为盘号(a 为基本盘，b 为基本从属盘，c 为辅助主盘，d 为辅助从属盘)；"n"代表分区，前 4 个分区用数字 1～4 表示，它们是主分区或扩展分区，从分区号 5 开始就是逻辑分区。例如，hda3 表示为第一块 IDE 硬盘上的第 3 个主分区或扩展分区，hdb2 表示为第二块 IDE 硬盘上的第 2 个主分区或扩展分区。SCSI 或 SATA 硬盘标识为"sdxn"，"sd"表示分区所在设备的类型，其余则和 IDE 硬盘标志的含义相同。

10.2.3　分区文件系统

分区后硬盘不能直接用于存储数据，需将分区进行格式化，也就是在分区上建立文件系统之后，才能投入使用。文件系统就是操作系统用来组织磁盘上所存储数据的一种机制，该机制决定了以何种形式在分区上存取数据。

现阶段，Linux 类操作系统核心可以支持数十种文件系统类型，其中常用的文件系统类型如表 10-2-1 所示。在 UOS 系统中默认使用的是 ext4 和 crypto_LUKS 文件系统，后者是通过加密处理的卷组类文件系统。

表 10-2-1 Linux 类操作系统支持的常用文件系统

文件系统	说　明
minix	Linux 最初使用的文件系统，是后面 ext 系列文件系统的先祖
ext	首个扩展文件系统(extended FS)，在 minix 基础上扩展了若干新功能
ext2	标准的 Linux 文件系统
ext3	ext2 的升级版，较之 ext2 增加了日志功能
ext4	ext3 的改进版，提供更佳的性能和可靠性，功能也更加丰富
VFAT	Windows 95/98 系统采用的文件系统，又被称为 MS-DOS 文件系统
NTFS	Windows NT 及以后所有版本 Windows 操作系统共同采用的文件系统
NFS	网络文件系统，主要用于远程文件共享
ISO 9660	大部分光盘所采用的文件系统
NCPFS	Novell 服务器所采用的文件系统
SMBFS	Samba 的共享文件系统
XFS	由 SGI 开发的先进日志文件系统，支持超大容量文件，也是现阶段大多数 Linux 类操作系统默认使用的文件系统
JFS	IBM 的 AIX 使用的日志文件系统
crypto_LUKS	本质而言，是一种通过 cryptsetup luksFormat 进行加密处理的，基于 XFS 或 ext4 等的文件系统，系统将提示"未知的文件系统"

任务实施

本任务中，我们将通过 fdisk 或 parted 命令完成硬盘静态分区操作，使用 mount 命令完成分区挂载，使用 df/du 命令查看文件系统使用情况等。

10.2.4　静态分区与文件系统

1. 用 fdisk 分区工具进行硬盘分区

fdisk 是 Linux 类系统传统的分区工具，简单易用，适用于容量在 2TB 及以下的硬盘分区。

1) fdisk 命令

语法格式：

```
fdisk [选项] 硬盘设备名
```

作用：查看或修改磁盘分区表工具，用于 2TB 容量以下的硬盘分区。

常用选项：-l 可以查看指定硬盘的基本信息和分区表内容，如不指定硬盘，则显示系统中所有硬盘的基本信息和分区表内容。

fdisk 命令的常用子命令及其作用如表 10-2-2 所示。

表 10-2-2　fdisk 命令的常用子命令及其作用

子命令	作　用	子命令	作　用
a	设置启动分区标识	p	在屏幕上打印出分区表内容
d	删除一个分区	t	修改系统分区文件系统标识 ID
l	列出系统支持的分区类型 ID 号	q	退出 fdisk,且不保存先前的操作
m	帮助命令	w	保存正在进行的分区操作,退出 fdisk
n	建立新分区		

2）使用 fdisk -l 命令查看硬盘分区情况

指定查看预装系统硬盘的使用情况,fdisk -l /dev/sda,运行结果如图 10-2-3 所示。

```
root@admin-PC:~# fdisk -l /dev/sda
Disk /dev/sda: 90 GiB, 96636764160 bytes, 188743680 sectors
Disk model: VMware Virtual I
Units: sectors of 1 * 512 = 512 bytes
Sector size (logical/physical): 512 bytes / 512 bytes
I/O size (minimum/optimal): 512 bytes / 512 bytes
Disklabel type: dos
Disk identifier: 0x847ed72a

Device     Boot  Start        End    Sectors  Size Id Type
/dev/sda1   *     2048    3145727    3143680  1.5G 83 Linux
/dev/sda2       3145728  188741631  185595904 88.5G 83 Linux
```

图 10-2-3　UOS 系统预装硬盘情况

上图中前半部分汇总信息如下。

硬盘文件名:硬盘容量(GB)、硬盘容量(具体字节数)、扇区数。

硬盘型号:VMware 虚拟硬盘。

扇区容量(逻辑/物理):512 字节,磁盘的最小逻辑和物理单元,也是该硬盘的最小读写单元。

输入/输出单元(最小值/最佳值):512 字节/512 字节。

硬盘标签类型:dos,表示该硬盘使用 MS-DOS 分区表。

硬盘编号:0x847ed72a。

硬盘分区表(如硬盘尚未分区,该部分将不会输出):包含有 8 个标题字段,其含义如表 10-2-3 所示。

表 10-2-3　fdisk -l 命令输出硬盘分区表标题字段及含义

标题字段	含　义
device	设备文件名
boot	是否为开机引导分区
start	分区起始扇区
end	分区结束扇区,配合 start 使用,表示分区的大小
sectors	分区总共占用扇区数
size	分区容量,以 GB 为单位显示
id	分区文件系统类型标识号,可修改
type	文件系统类型

3）为新添加硬盘 /dev/sdb 新建分区

如图 10-2-2 所示，新添加硬盘[①] sdb 容量为 5GB，拟新建一个主分区，容量为 2GB，拟新建 2 个逻辑分区，容量均分，分区表类型为 MBR。如交互命令操作清单 10-1 所示。

交互命令操作清单 10-1　fdisk 分区操作

```
root@admin-PC:~#fdisk /dev/sdb
Welcome to fdisk (util-linux 2.33.1).
Changes will remain in memory only, until you decide to write them.
Be careful before using the write command.
Device does not contain a recognized partition table.
Created a new DOS disklabel with disk identifier 0xd9e2130f.
Command (m for help): n  #新建分区1
Partition type
   p   primary (0 primary, 0 extended, 4 free)
   e   extended (container for logical partitions)
Select (default p): p #设置为主分区
Partition number (1-4, default 1): 1 #分区号设置为1,默认值为1,也可设置为2~4
First sector (2048-10485759, default 2048): 2018 #设置分区第一个扇区或起始扇区
Value out of range. #因输入值 2018,小于允许的最小值 2048,提示输入值超出范围
First sector (2048-10485759, default 2048): 2048 #设置分区起始扇区,可直接按 Enter 键
                                                  默认最小值为 2048
Last sector, +/-sectors or +/-size{K,M,G,T,P} (2048-10485759, default 10485759):
+2GB #设置分区终止扇区,可输入终止扇区号,也可以以"+nGB(容量单位来自{K,M,G,T,P}B)"。
      需注意,此处仅支持整数值,如容量值含小数点,可向低一级单位换算成整数
Created a new partition 1 of type 'Linux' and of size 1.9 GiB.
#拟设置分区大小为 2GB,系统实际分配 1.9GB
Command (m for help): n
Partition type
   p   primary (1 primary, 0 extended, 3 free)
   e   extended (container for logical partitions)
Select (default p): e #设置为扩展分区
Partition number (2-4, default 2): 4 #设置为 4,可以直接按 Enter 键使用默认值 2
First sector (3907584-10485759, default 3907584):  #直接按 Enter 键,使用默认
                                                     值 3907584
Last sector, +/- sectors or +/- size {K, M, G, T, P} (3907584 - 10485759, default
10485759): #直接按 Enter 键使用默认值 10485759,一般将主分区分配后的硬盘空余部分整体分
      配给扩展分区,然后再在扩展分区中划分逻辑分区
Created a new partition 4 of type 'Extended' and of size 3.1 GiB.
Command (m for help): n
All space for primary partitions is in use.
Adding logical partition 5
First sector (3909632-10485759, default 3909632): #使用默认值
Last sector, +/- sectors or +/- size {K, M, G, T, P} (3909632 - 10485759, default
10485759): +1536MB #1.5GB 换成 1536MB,实际分配空间 1.4GB
```

[①]　新添加硬盘：物理硬盘添加须断电操作，虚拟机状态下通过"设置"菜单添加新硬盘后，须重启系统，新硬盘才能生效。

```
Created a new partition 5 of type 'Linux' and of size 1.4 GiB.
Command (m for help): n
All space for primary partitions is in use.
Adding logical partition 6
First sector (6912000-10485759, default 6912000): #使用默认值
Last sector, +/- sectors or +/- size {K, M, G, T, P} (6912000-10485759, default
10485759): #使用默认值,实际分配 1.7GB
Created a new partition 6 of type 'Linux' and of size 1.7 GiB.
Command (m for help): t #转换分区类型 ID
Partition number (1,4-6, default 6): 5 #选择第 1 个逻辑分区,编号为 5,待转换分区类型 ID
Hex code (type L to list all codes): L #显示所有可用的分区类型 ID
Hex code (type L to list all codes): 8e #设置为 linux 逻辑分区
Changed type of partition 'Linux' to 'Linux LVM'.
Command (m for help): t
Partition number (1,4-6, default 6): 6 #选择第 2 个逻辑分区,编号为 6,待转换分区类型 ID
Hex code (type L to list all codes): 8e
Changed type of partition 'Linux' to 'Linux LVM'.
Command (m for help): p #显示当前硬盘分区表,未正式生效
Disk /dev/sdb: 5 GiB, 5368709120 bytes, 10485760 sectors
Disk model: VMware Virtual S
Units: sectors of 1 * 512 = 512 bytes
Sector size (logical/physical): 512 bytes / 512 bytes
I/O size (minimum/optimal): 512 bytes / 512 bytes
Disklabel type: dos
Disk identifier: 0xd9e2130f
Device     Boot  Start      End Sectors  Size Id Type
/dev/sdb1        2048   3907583 3905536  1.9G 83 Linux
/dev/sdb4        3907584 10485759 6578176  3.1G  5 Extended
/dev/sdb5        3909632  6909951 3000320  1.4G 8e Linux LVM
/dev/sdb6        6912000 10485759 3573760  1.7G 8e Linux LVM
Command (m for help): w #检查上边的分区表情况,如无误,可通过 w 命令将分区表写入硬盘;如
                        有误,需重启分区,则可通过 q 命令放弃操作,并退出 fdisk
The partition table has been altered.
Calling ioctl() to re-read partition table.
Syncing disks.
```

4）将 sdb 硬盘中的第 2 个逻辑分区均分为 2 个逻辑分区

具体操作为,先删除逻辑分区 6,再新建 2 个逻辑分区,容量尽量均分。如交互命令操作清单 10-2 所示。

交互命令操作清单 10-2　使 fdisk 均分已存在分区

```
root@admin-PC:~#fdisk /dev/sdb
Welcome to fdisk (util-linux 2.33.1).
Changes will remain in memory only, until you decide to write them.
Be careful before using the write command.
Command (m for help): d #删除一个已经存在的分区
Partition number (1,4-6, default 6): 6
```

```
Partition 6 has been deleted.
Command (m for help): n
All space for primary partitions is in use.
Adding logical partition 6
First sector (6912000-10485759, default 6912000): #使用默认值
Last sector, +/- sectors or +/- size {K, M, G, T, P} (6912000 - 10485759, default
10485759): +916MB
Created a new partition 6 of type 'Linux' and of size 874 MiB.
Command (m for help): n
All space for primary partitions is in use.
Adding logical partition 7
First sector (8704000-10485759, default 8704000): #使用默认值
Last sector, +/- sectors or +/- size {K, M, G, T, P} (8704000 - 10485759, default
10485759): #使用默认值
Created a new partition 7 of type 'Linux' and of size 870 MiB.
Command (m for help): t
Partition number (1,4-7, default 7): 7
Hex code (type L to list all codes): 8e
Changed type of partition 'Linux' to 'Linux LVM'.
Command (m for help): t
Partition number (1,4-7, default 7): 6
Hex code (type L to list all codes): 8e
Changed type of partition 'Linux' to 'Linux LVM'.
Command (m for help): w
The partition table has been altered.
Calling ioctl() to re-read partition table.
Syncing disks.
```

重新分区后可使用 lsblk /dev/sdb 命令查看硬盘 sdb 新的分区表，如图 10-2-4 所示。比较交互命令操作清单 10-1 中部子命令 p 显示的 sdb 分区表内容，可发现原容量为 1.7GB 的 sdb6 在新的分区表中被分成了容量为 874MB 的 sdb6 和容量为 870MB 的 sdb7。

```
root@admin-PC:~# lsblk /dev/sdb
NAME    MAJ:MIN RM  SIZE RO TYPE MOUNTPOINT
sdb       8:16   0    5G  0 disk
├─sdb1    8:17   0  1.9G  0 part
├─sdb4    8:20   0    1K  0 part
├─sdb5    8:21   0  1.4G  0 part
├─sdb6    8:22   0  874M  0 part
└─sdb7    8:23   0  870M  0 part
```

图 10-2-4　使用 lsblk 命令查看新的分区表情况

2. 使用 mkfs 命令创建文件系统

mkfs（make file system，创建文件系统），事实上，mkfs 是通过调用系列不同的命令来实现创建不同文件系统功能的。可以在输入 mkfs 后，连按两次 Tab 键来查看 mkfs 可以调用的命令。大多数情况下，mkfs 会根据指定的文件系统类型来自动选择需要调用的命令，如图 10-2-5 所示。

```
root@admin-PC:~# mkfs
mkfs          mkfs.btrfs    mkfs.exfat    mkfs.ext3    mkfs.fat    mkfs.minix    mkfs.nilfs2    mkfs.reiserfs   mkfs.xfs
mkfs.bfs      mkfs.cramfs   mkfs.ext2     mkfs.ext4    mkfs.jfs    mkfs.msdos    mkfs.ntfs      mkfs.vfat
```

图 10-2-5　mkfs 命令可以调用的系列命令

1) mkfs 命令

语法格式：

mkfs［选项］分区名

作用：为指定分区创建文件系统。

mkfs 命令的常用选项及其含义如表 10-2-4 所示，表中后三个选项仅在创建 ext 系列或 xfs 文件系统时才生效。

表 10-2-4　mkfs 命令的常用选项及其含义

选　　项	含　　义
-t ＜文件系统类型＞	指定分区的文件系统类型。常用的文件系统类型可参见表 10-2-1 中内容
-L	指定文件系统标签(label)
-b	指定文件系统数据 block 大小
-i	为多少字节容量分配一个 inode

2) 为 sdb 各分区建立相应的文件系统

使用 mkfs 来为/dev/sdb1、/dev/sdb5、/dev/sdb6、/dev/sdb7 分别建立文件系统 XFS、ext4、NTFS。sdb1 和 sdb5 文件系统创建情况如图 10-2-6 所示，sdb6 文件系统与 sdb5 相同，不再截图说明。sdb7 文件系统创建情况如图 10-2-7 所示。

```
root@admin-PC:~# mkfs -t xfs /dev/sdb1
meta-data=/dev/sdb1              isize=512    agcount=4, agsize=122048 blks
         =                      sectsz=512   attr=2, projid32bit=1
         =                      crc=1        finobt=1, sparse=1, rmapbt=0
         =                      reflink=0
data     =                      bsize=4096   blocks=488192, imaxpct=25
         =                      sunit=0      swidth=0 blks
naming   =version 2             bsize=4096   ascii-ci=0, ftype=1
log      =internal log          bsize=4096   blocks=2560, version=2
         =                      sectsz=512   sunit=0 blks, lazy-count=1
realtime =none                  extsz=4096   blocks=0, rtextents=0
root@admin-PC:~# mkfs -t ext4 /dev/sdb5
mke2fs 1.44.5 (15-Dec-2018)
Creating filesystem with 375040 4k blocks and 93888 inodes
Filesystem UUID: c989eb2a-1072-4bd4-a286-f4b23f10d74f
Superblock backups stored on blocks:
        32768, 98304, 163840, 229376, 294912

Allocating group tables: done
Writing inode tables: done
Creating journal (8192 blocks): done
Writing superblocks and filesystem accounting information: done
```

图 10-2-6　使用 mkfs 命令为 sdb1 和 sdb5 创建 XFS 和 ext4 文件系统

```
root@admin-PC:~# mkfs -t ntfs-3g /dev/sdb7
mkfs: failed to execute mkfs.ntfs-3g: 没有那个文件或目录
root@admin-PC:~# mkfs -t ntfs /dev/sdb7
Cluster size has been automatically set to 4096 bytes.
Initializing device with zeroes: 100% - Done.
Creating NTFS volume structures.
mkntfs completed successfully. Have a nice day.
```

图 10-2-7　使用 mkfs 命令为 sdb7 创建 NTFS 文件系统

　　通过命令的运行结果可以看出，mkfs 命令输出的很多信息，均为 XFS 或 ext4 文件系统的参数，这些参数并未在命令中指定，而是命令使用默认值来指定。相当于 mkfs 命令调用了 mkfs.xfs 命令，并且使用默认参数在为分区 sdb1 建立了 XFS 文件系统。同样，调用了 mkfs.ext4，并且使用默认参数在为分区 sdb5 建立了 ext4 文件系统。

　　3）NTFS 文件系统安装与使用

　　NTFS 是 Windows NT 系列所采用的主流文件系统，由于版权原因 Linux 类操作系统目前均默认不支持。如需使用 NTFS 格式，可在 Tuxera 公司官网下载源码包[①]，下载包解压后，可在解压后的文件目录运行源码安装命令“./configure && make && make install”完成安装。

　　具体应用可参见图 10-2-7 所示内容。

3. 使用 mount 命令挂载文件系统（分区）

　　1）在 UOS 系统中，不同分区上的文件系统可通过目录树的挂载点连接

　　语法格式：

```
mount［选项］设备 挂载点（目录）
```

　　作用：挂载文件系统。

　　不带选项执行 mount 命令会显示目前系统中已经挂载的文件系统信息。

　　mount 命令的常用选项及其含义如表 10-2-5 所示。

表 10-2-5　mount 命令的常用选项及其含义

选项	含义
-t ＜文件系统类型＞	指定挂载/列出分区的文件系统类型。常用的文件系统类型可参见表 10-2-1 内容
-L	使用设备标签（label）来指定要挂载的设备
-1	查询系统中已挂载的设备，-1 用于显示设备卷标
-a	自动挂载配置文件/etc/fstab 中声明的设备
-o	选择性挂载，指定挂载时的读、写、可执行等动作参数。具体动作参数如表 10-2-6 所示

表 10-2-6　mount -o 命令动作参数及其含义

动作参数	含义
ro/rw	将文件系统挂载成为只读（ro）属性或可读可写（rw）属性。默认值为 rw
atime/noatime	更新访问时间/不更新访问时间。访问分区时，是否更新文件的访问时间，默认更新
async/sync	此文件系统使用异步（async）/同步（sync）写入的缓存机制，默认为 async
auto/noauto	此分区是否可以通过 mount -a 命令实现自动挂载：auto，可以被自动挂载；noauto，不可被自动挂载。默认值为 auto
dev/nodev	是否允许在此分区上创建设备文件。默认值为 dev

---

　　① NTFS 源码包链接：https://tuxera.com/opensource/ntfs-3g_ntfsprogs-2017.3.23.tgz。

续表

动 作 参 数	含　义
suid/nosuid	是否允许在此分区上使用 suid/sgid 权限。默认值为 suid
exec/noexec	是否允许在此分区上运行二进制可执行文件。默认值为 exec
user/nouser	是否允许普通用户挂载此分区。默认值为 user
usrquata	文件系统是否支持用户磁盘配额，默认不支持
grpquata	文件系统是否支持组磁盘配额，默认不支持
defaults	默认值为 rw、suid、dev、exec、auto、nouser 和 async
remount	重新挂载
relatime	只有当 mtime/ctime 的时间戳晚于 atime 时才去更新 atime
noatime	直接没有 atime，让系统中的 atime 失效
lazytime	如果仅有 inode 变脏，那么控制 inode 下发的时间

2）使用 mount 命令查看系统中已经挂载的分区情况

不带选项和参数执行 mount 命令，可以查看当前系统的所有已经挂载的分区情况，包括系统内核映射到用户空间中的虚拟文件系统。

如果带选项"-t"运行，则可以指定文件系统类型显示相应的挂载分区，如图 10-2-8 所示的就是"mount -t ext4"命令的运行结果，即当前系统中文件系统类型为 ext4 的分区情况。

```
root@admin-PC:~# mount -t ext4
/dev/mapper/vg0-Roota on / type ext4 (rw,relatime)
/dev/sda1 on /boot type ext4 (rw,relatime)
/dev/mapper/vg0-Backup on /recovery type ext4 (rw,relatime)
/dev/mapper/vg0-_dde_data on /data type ext4 (rw,relatime)
/dev/mapper/vg0-_dde_data on /opt type ext4 (rw,relatime)
/dev/mapper/vg0-_dde_data on /root type ext4 (rw,relatime)
/dev/mapper/vg0-_dde_data on /var type ext4 (rw,relatime)
/dev/mapper/vg0-_dde_data on /home type ext4 (rw,relatime)
```

图 10-2-8　mount -t ext4 命令运行结果

3）mount -o 命令指定参数挂载设备

mount 命令可以用-o 选项指定挂载参数，实现不同的挂载模式。如不使用-o 选项指定挂载参数，则其使用的就是默认挂载参数。

例 10-2-1　指定以只读模式（ro）下挂载设备/dev/sdb1，如果设备已挂载，则重挂（remount）。可以使用逗号分隔多个选项，比如 remount 和 ro，并在 sdb1 分区创建一个二进制可执行文件，赋予其可执行属性，测试其执行情况。测试结果如截图 10-2-9 所示。

通过测试可以看出，以 ro 属性挂载 sdb1 分区后，sdb1 分区在创建文件，相当于实施写入动作时就拒绝了用户的操作，赋予权限和运行可执行文件成了空谈。如想实现上述规划，可通过 mount -o remount,rw /dev/sdb1 /mnt/mnt1 命令重新挂载 sdb1 后，再创建文件，修改属性，运行可执行文件。

4）绑定挂载

绑定挂载（bind mount）功能非常强大，可以将任何一个挂载点、普通目录或者文件挂载

```
root@admin-PC:/mnt# mkdir mnt1 mnt5 mnt6 mnt7
root@admin-PC:/mnt# mount -o remount,ro /dev/sdb1 /mnt/mnt1
mount: /mnt/mnt1: mount point not mounted or bad option.
root@admin-PC:/mnt# mount -t xfs -o ro /dev/sdb1 /mnt/mnt1
root@admin-PC:/mnt# lsblk | grep sdb
sdb              8:16   0    5G  0 disk
├─sdb1           8:17   0  1.9G  0 part  /mnt/mnt1
├─sdb4           8:20   0    1K  0 part
├─sdb5           8:21   0  1.4G  0 part
├─sdb6           8:22   0  874M  0 part
└─sdb7           8:23   0  870M  0 part
root@admin-PC:/mnt# cd /mnt/mnt1
root@admin-PC:/mnt/mnt1# touch welcome.bin
touch: 无法创建 'welcome.bin': 只读文件系统
```

图 10-2-9　以 ro 属性挂载 sdb1 分区并测试其写和可执行属性

到其他地方，并可通过 mount -o 命令实现特殊参数的挂载，进而实现同一个目录或文件不同权限的赋予实施。

例 10-2-2　将源目录绑定挂载到目标目录后，可以通过目标目录来访问源目录，如图 10-2-10 所示。

```
root@admin-PC:~# mkdir -p /bind/bind1/sub1 /bind/bind2/sub2
root@admin-PC:~# tree /bind
/bind
├── bind1
│   └── sub1
└── bind2
    └── sub2

4 directories, 0 files
root@admin-PC:~# mount --bind /bind/bind1 /bind/bind2
root@admin-PC:~# tree bind
bind [error opening dir]

0 directories, 0 files
root@admin-PC:~# tree /bind
/bind
├── bind1
│   └── sub1
└── bind2
    └── sub1

4 directories, 0 files
```

图 10-2-10　目录挂载同访示例运行结果

通过绑定挂载，bind2 目录里显示的就是 bind1 目录里的内容了。需注意的是，该例中的 tree 命令需手动安装后才能使用，安装命令"sudo apt install -y tree"。

例 10-2-3　将例 10-2-2 中的 bind1 目录重新以只读属性挂载到 bind2 目录上，将会发现源目录 bind1 仍保持可读写属性，目标目录 bind2 写入操作被拒绝，但在 bind1 目录创建文件后，仍可在 bind2 目录中查看的到。命令组执行结果如图 10-2-11 所示。

截图显示，只读属性挂载的 bind2 命令本身不能执行写入操作，但源目录 bind1 创建的文件仍然出现在了 bind2 这个目标目录中。既实现了挂载目录的同访，又限制了目标目录的写操作，达成实验目的。

```
root@admin-PC:~# mount -o bind,ro /bind/bind1 /bind/bind2
root@admin-PC:~# tree /bind
/bind
├── bind1
│   └── sub1
└── bind2
    └── sub1

4 directories, 0 files
root@admin-PC:~# touch /bind/bind2/sub1/test.txt
touch: 无法创建 '/bind/bind2/sub1/test.txt': 只读文件系统
root@admin-PC:~# touch /bind/bind1/sub1/test.txt
root@admin-PC:~# tree /bind
/bind
├── bind1
│   └── sub1
│       └── test.txt
└── bind2
    └── sub1
        └── test.txt
```

图 10-2-11 目录以只读属性挂载写入测试运行结果

4. 卸载文件系统

1) umount 命令
语法格式：

umount [选项] 设备/挂载点

作用：卸载已挂载的文件系统。
umount 命令的常用选项及其含义如表 10-2-7 所示。

表 10-2-7 umount 命令的常用选项及其含义

选　　项	含　　义
-t ＜文件系统类型＞	卸载指定类型的文件系统
-r	如果卸载失败，试图以只读方式进行重新挂载
-a	尝试卸载所有在/etc/mtab 文件中列出的文件系统，PROC 文件系统除外
-f	强制卸载
-v	显示详细卸载信息

2) 可以分别以设备名或挂载点为操作对象卸载文件系统

如图 10-2-12 所示，以设备名为操作对象卸载 sdb6、sdb7，以挂载点为操作对象卸载 sdb5。

```
root@admin-PC:~# umount -v /dev/sdb7
umount: /mnt/mnt7 (/dev/sdb7) unmounted
root@admin-PC:~# umount -v /dev/sdb6
umount: /mnt/mnt6 (/dev/sdb6) unmounted
root@admin-PC:~# umount -v /mnt/mnt5
umount: /mnt/mnt5 unmounted
```

图 10-2-12 以不同方法卸载 sdb5～sdb7 三个设备

在进行文件系统卸载操作时，有时会遇到卸载失败的情况，此情况是因待卸载文件系统中的文件仍被使用所致。此时 umount 命令会输出错误提示，并提示用户通过 lsof 或 fuser 命令查看哪些文件被占用中，或者是哪个用户和进程打开文件。

5. 使用 parted 命令分区大容量硬盘

1）parted

GNU parted[1]，是 Linux 类系统中较为常用的大容量硬盘分区表创建和编辑的工具，可用于分区创建、分区删除、分区大小调整等操作。

语法格式：

```
parted［选项］［设备［命令].［选项］...
```

作用：创建和操纵硬盘分区表，支持包括 MS-DOS 和 GPT 在内的多种分区类型。parted 命令的常用选项及其含义如表 10-2-8 所示。

表 10-2-8 parted 命令的常用选项及其含义

选项	含　义
-l	显示系统中所有设备上的分区信息
-s	从不提示用户交互操作

parted 命令常用子命令及其含义如表 10-2-9 所示。

表 10-2-9 parted 命令常用子命令及其含义

子　命　令	含　义
help［子命令］	显示（指定子命令）的帮助文档
align-check 类型 分区编号	检查指定分区是否满足分区对齐要求
mklabel 标签类型	创建新的磁盘标签，标签可以是 bsd、loop、gpt、mac、msdos、pc98 和 sun 中的一种
mkpart［分区类型］［文件系统类型］［分区名］起始点 终止点	创建一个新分区
name 分区编号 名称	重命名指定分区。仅限 gpt、mac、pc98 类型的分区使用
print［分区编号］	打印分区表，或者指定分区信息
rescue 起始点 终止点	挽救临近"起始点"至"终止点"区域的丢失分区
resize 分区编号 起始点 终止点	调整指定分区的大小
rm 分区编号	删除指定分区
set 分区编号 标志 状态	改变指定分区的标志
select 设备	选择要操作的存储设备
unit 单位	设置显示的容量单位
quit	退出 parted 命令

---

① parted：partition editor 的缩写。

2) 查看指定硬盘分区情况

parted 的子命令 print 可以输出指定硬盘的分区情况,相较于 fdisk-1,parted 显示信息更加细致,包含分区类型、分区编号、分区大小、文件系统类型等,如图 10-2-13 所示/dev/sdb 的分区信息。

```
root@admin-PC:~# parted /dev/sdb print
Model: VMware, VMware Virtual S (scsi)
Disk /dev/sdb: 5369MB
Sector size (logical/physical): 512B/512B
Partition Table: msdos
Disk Flags:

Number  Start    End      Size     Type      File system  Flags
 1      1049kB   2001MB   2000MB   primary   xfs
 4      2001MB   5369MB   3368MB   extended
 5      2002MB   3538MB   1536MB   logical   ext4         lvm
 6      3539MB   4455MB   916MB    logical   ext4         lvm
 7      4456MB   5369MB   912MB    logical   ntfs         lvm
```

图 10-2-13　parted 的子命令 print 显示 sdb 硬盘分区表信息

截图中输出硬盘总体信息 5 行,分别表示硬盘型号(厂商)、硬盘容量、扇区尺寸(大小)、分区类型(非文件系统类型)、硬盘标志位;分区信息部分共包含 7 个标题字段,其含义如表 10-2-10 所示。

表 10-2-10　parted 子命令 print 输出分区信息标题字段含义

标题字段	含　义
Number	分区编号,即分区设备名中的数字
Start	分区起始位置
End	分区结束位置
Size	分区大小
Type	如果是 MS-DOS 分区,则是分区类型,可能是 primary(主分区)、extended(扩展分区)或者 logical(逻辑分区)之一;如果是 GPT 分区,则是分区名字
File system	文件系统类型
Flags	分区标志,标识了分区的一些状态,如 lvm

3) 使用子命令 mkpart 新建 sdc 硬盘分区表

parted 命令可以使用子命令 mkpart 在命令行模式下直接建立分区,操作相对简单。如图 10-2-14 所示即为使用 parted 子命令 mkpart 为容量为 5GB 的硬盘 sdc 创建分区表的操作结果。第一个操作调用 mklabel 子命令将 sdc 分区表设置为 msdos 类型;中间两个操作使用 mkpart 子命令先后创建容量为 3000MB 的 sdc1 分区和 2368MB 的 sdc2 分区,命令运行过程存在与用户的交互,容易看懂,不多赘述;最后一个操作,调用 print 子命令显示分区后的 sdc 分区情况。

需要注意的是尽管在 mkpart 子命令使用中存在提示用户输入分区文件系统类型(如图 10-2-15 中输入的 ext4)的交互操作,但因 parted 命令自 3.0 版本后不再支持为分区创建文件系统功能,所以命令交互操作中输入的文件系统类型无效。用户仍需使用 mkfs 命令格式化分区后,分区才能正常挂载使用。

```
root@admin-PC:~# parted /dev/sdc mklabel msdos
Warning: The existing disk label on /dev/sdc will be destroyed and all data on this disk will be lost. Do you want to continue?
Yes/No? y
Information: You may need to update /etc/fstab.

root@admin-PC:~# parted /dev/sdc mkpart disk_1 0% 3GB
parted: invalid token: disk_1
Partition type?  primary/extended? p
File system type?  [ext2]? ext4
Start? 0
End? 3GB
Warning: The resulting partition is not properly aligned for best performance.
Ignore/Cancel? I
Information: You may need to update /etc/fstab.

root@admin-PC:~# parted /dev/sdc mkpart disk-02 3GB 5GB
parted: invalid token: disk-02
Partition type?  primary/extended? p
File system type?  [ext2]? ext4
Start? 3GB
End? 5GB
Information: You may need to update /etc/fstab.

root@admin-PC:~# parted /dev/sdc print
Model: VMware, VMware Virtual S (scsi)
Disk /dev/sdc: 5369MB
Sector size (logical/physical): 512B/512B
Partition Table: msdos
Disk Flags:

Number  Start   End     Size    Type     File system  Flags
 1      512B    3000MB  3000MB  primary
 2      3001MB  5369MB  2368MB  primary
```

图 10-2-14　parted 子命令创建 sdc 分区表

```
root@admin-PC:~# swapon
NAME        TYPE      SIZE  USED PRIO
/dev/dm-5   partition   3G 31.8M   -2
/dev/sdc1   partition 2.8G   0B    -3
root@admin-PC:~#
root@admin-PC:~# swapon -s
Filename                    Type         Size     Used   Priority
/dev/dm-5                   partition    3137532  32512  -2
/dev/sdc1                   partition    2929680  0      -3
```

图 10-2-15　使用 swapon 命令查看系统中交换分区使用情况

4）使用 rm 子命令删除分区

使用"parted 硬盘 rm 分区编号"命令删除分区操作很容易，如 parted /dev/sdc rm 2 运行后便会删除 sdc2 分区。

在使用 depart 命令的 rm 子命令删除 MS-DOS 分区中的逻辑分区时需特别小心，因删除序号在前的分区将导致序号在后的所有分区序号相应产生变化，即分区的设备名会发生改变。例如，硬盘 sdb 上有 3 个逻辑分区 sdb5、sdb6 和 sdb7，用 rm 子命令删除 sdb5 后，sdb6 和 sdb7 的名字将自动变更为 sdb5 和 sdb6。分区设备名的变化将导致/etc/fstab 中自动挂载的设备在开机时自动挂载失败，进而导致开机失败。

6. swap 分区

Linux 类操作系统中的 swap 分区，即交换分区，类似于 Windows 中的虚拟内存，作用于内存不足的情形。即把一部分硬盘空间虚拟成内存使用，从而解决内存容量不足的问题。UOS 系统是基于 Linux 的操作系统，所以也可使用 swap 分区来扩充内存容量，默认安装的 UOS 系统会启用 swap 分区。因硬盘的读写速度远远慢于内存读写速度，swap 分区的使用会在解决内容容量不足问题的同时，带来内存访问效率的下降，所以 swap 分区用与不用，设置多大容量是个值得思考的命题。简单地说，如物理内存足够大，如现阶段 16GB 或

32GB 以上容量内存的个人计算机没有必要设置 swap 分区的。

1）查看系统中交换分区使用情况

通常可以使用 swapon [-s]命令来查看正在使用的操作系统中 swap 分区的使用情况，如图 10-2-15 所示。也可以 free -h 命令来查看交换分区总览信息。并可与 lsblk 显示块设备挂载信息对照分析交换分区的使用情况。

截图中的"-s"选项表示以 MB 为单位输出交换分区容量，缺少则以 GB 为单位输出。截图输出的 5 个标题字段含义如表 10-2-11 所示。

表 10-2-11　swapon 命令输出标题字段及含义

标题字段	含　义
NAME	作为交换分区使用的硬盘分区名
TYPE	磁盘类型
SIZE	作为交换分区使用的各分区容量
USED	已经使用的交换分区容量
PRIO	调度优先级值。可以指定 swap 分区 0～32767 的优先级，值越大优先级越高。一般情况下，如用户未指定，核心会自动给 swap 指定一个优先级，这个优先级从−1 开始，每加入一个新的没有用户指定优先级的 swap，会给这个优先级减 1

2）添加和启用一个交换分区

一般情况下，可根据需要将某分区通过 mkswap 命令格式化为交换分区，并通过 swapon 命令挂载新交换分区。如将/dev/sdc2 格式化为 swap 分区，并挂载其为第 3 个 swap 分区，如图 10-2-16 所示。

```
root@admin-PC:~# mkswap /dev/sdc2
mkswap: error: /dev/sdc2 is mounted; will not make swapspace
root@admin-PC:~# umount /mnt/mnt9
root@admin-PC:~# mkswap /dev/sdc2
mkswap: /dev/sdc2: warning: wiping old ext4 signature.
Setting up swapspace version 1, size = 2.2 GiB (2367680512 bytes)
no label, UUID=40fae517-987d-430b-9e6f-556c65feb085
root@admin-PC:~# swapon /dev/sdc2
root@admin-PC:~# swapon
NAME       TYPE       SIZE  USED PRIO
/dev/dm-5 partition   3G   30.5M  -2
/dev/sdc1 partition 2.8G     0B   -3
/dev/sdc2 partition 2.2G     0B   -4
```

图 10-2-16　将/dev/sdc2 格式化为交换分区并将之挂载使用

从截图中可看出，首先需要卸载/dev/sdc2 的挂载，才能使用 mkswap 命令对其进行格式化操作。作为交换分区挂载后，sdc2 调度优先级为−4。

3）删除一个交换分区

禁用交换分区命令为 swapoff，操作结果如图 10-2-17 所示。需注意的是，交换分区禁用后，其所使用的物理分区仍存在硬盘中，为避免造成硬盘空间浪费，建议通过 fdisk 工具删除分区，再创建其他格式的物理分区供常规数据存储使用。当然，也可直接使用 mkfs 命令对禁用的交换分区进行格式化为非交换分区文件系统。

```
root@admin-PC:~# swapoff /dev/sdc2
root@admin-PC:~# swapon
NAME       TYPE      SIZE  USED PRIO
/dev/dm-5  partition  3G 30.5M   -2
/dev/sdc1  partition 2.8G   0B   -3
root@admin-PC:~# swapoff /dev/sdc1
root@admin-PC:~# swapon
NAME       TYPE      SIZE  USED PRIO
/dev/dm-5  partition  3G 30.5M   -2
```

图 10-2-17　先后禁用 sdc2 和 sdc1 两个实验用的交换分区

7. 修改/etc/fstab 实现文件系统开机自动挂载

1) fstab 文件内容及其配置修改

Linux 类操作系统启动时，系统会根据/etc/fstab[1] 这个文件的内容自动挂载分区，常用分区或设备一般都会被添加到该文件中，进而实现开机自动挂载。用 vim 编辑器编辑 fstab 文件，实现 sdb 和 sdc 两块硬盘的自动挂载。编辑内容如图 10-2-18 所示。

```
 1 # /dev/mapper/vg0-Roota
 2 UUID=ae15ad50-cd93-435d-addf-612c60661f7a      /          ext4      rw,relatime      0 1
 3
 4 # /dev/sda1
 5 UUID=56dc6b4a-4e74-4558-8ea8-1a85b1f85e05      /boot      ext4      rw,relatime      0 2
 6
 7 # /dev/mapper/vg0-_dde_data
 8 UUID=071ec725-4d25-4c6c-bca4-2d6c36440d2d      /data      ext4      rw,relatime      0 2
 9
10 # /dev/mapper/vg0-Backup
11 UUID=6c894705-2e41-4e7f-88d4-1f306ca29000      /recovery  ext4      rw,relatime      0 2
12
13
14
15
16
17 # /dev/mapper/vg0-SWAP
18 UUID=c062d582-cc8f-4d6a-b5c6-57f52afba022      none       swap      defaults,pri=-2 0 0
19
20 /data/home /home none defaults,bind 0 0
21 /data/opt /opt none defaults,bind 0 0
22 /data/root /root none defaults,bind 0 0
23 /data/var /var none defaults,bind 0 0
24 /dev/sdb1                                      /mnt/mnt1  xfs       defaults 0 0
25 /dev/sdb5                                      /mnt/mnt5  ext4      defaults 0 0
26 /dev/sdb6                                      /mnt/mnt6  ext4      defaults 0 0
27 /dev/sdb7                                      /mnt/mnt7  ntfs      defaults 0 0
28 /dev/sdc1                                      /mnt/mnt8  ext4      defaults 0 0
29 /dev/sdc2                                      /mnt/mnt9  ext4      defaults 0 0
```

图 10-2-18　/etc/fstab 添加 sdb 和 sdc 两块硬盘后的内容情况

图 10-2-18 所示文件第 1～23 行是 UOS 安装时默认的配置内容，第 24～29 行是用户添加两块测试硬盘 sdb 和 sdc 自动挂载内容，每行均有 6 个字段，自左向右分别标志为 1～6 号字段，字段含义如表 10-2-12 所示。

表 10-2-12　/etc/fstab 文件字段说明

字段	含　义
1 号	待挂载设备或目录，可以是设备名、设备标签、设备 UUID[2]、分区 UUID 或分区标签[3]、目录。截图中 10～36 行中 1～18 行即通过分区 UUID 实现挂载，20～23 行通过目录绑定挂载，24～29 行通过分区名实现挂载

---

① fstab：file system table。

② UUID：Universally Unique Identifier，设备的通用唯一识别码，由系统通过算法生成，保证了任何两个设备的 UUID 都不同，作用类似于人类的身份证号码。UUID 一经生成，则不再变化。

③ 分区 UUID 或分区标签作为待挂载设备这种方式不被 MS-DOS 格式支持，常用于 GPT 分区形式。

字段	含　义
2号	设备挂载点(目录)。交换分区的挂载点为 swap
3号	待挂载设备文件系统类型,交换分区文件系统类型为 swap。目录绑定挂载时,填写 none 即可
4号	设备挂载参数,一般为 defaults;特殊参数选项含义可参见表 10-2-6 内容,此类参数如有多个,可用逗号分隔
5号	设置 dump 命令是否对该文件系统中的文件进行备份,0 表示不备份,1 表示每天备份,2 表示不定期备份。该字段仅作用于 ext2/3/4 文件系统,对其他类型文件系统无效
6号	设置开机时是否通过 fsck 命令检查文件系统,如需检查则设定其检查顺序。根分区一般设为 1,其他文件系统设为 2,如为 0 值或未设定,则 fsck 程序将不检查此文件系统

2) 验证 fstab 文件是否修改成功

可先用 umount -a 命令,依照/etc/mtab 文件内容将所有已经挂载但未正在使用的设备都卸载掉,可比较卸载前后的 lsblk 命令运行结果,也可以用 df 命令查看分区挂载使用情况。接下来,用 mount -a 命令实现与第一步相反的操作,并比较前后两步操作后的设备挂载情况,如配置文件中设定自动挂载的设备或目录都已经正确挂载,说明/etc/fstab 文件无误,可保证正常开机。否则,说明存在错误,需进一步修改,以避免重启或开机时卡在开机自检界面。

10.2.5　硬盘(文件系统)空间监控

通常可以通过 df 和 du 命令实现不同目标的硬盘空间监控,为系统维护提供数据支撑,以避免因硬盘空间耗尽而导致的系统工作异常。

1. 查看文件系统占用空间命令 df

df(disk free)意为硬盘空余空间。使用 df 命令可以查看硬盘空间占用情况,也可以显示所有文件系统的索引节点和数据块的使用情况。

1) 语法格式

```
df [选项] [设备文件名]
```

作用:显示指定设备上文件系统空间的使用情况,如不指定设备,则显示系统中所有的文件系统。

df 命令的常用选项及其含义如表 10-2-13 所示。

表 10-2-13　df 命令的常用选项及其含义

选　项	含　义
-a	显示所有已挂载的文件系统的块(1K)使用情况(包括不占用硬盘空间的虚拟文件系统,如/proc 文件系统)
-k	以 KB 为单位显示
-m	以 MB 为单位显示

续表

选　项	含　义
-h	以人类易读的方式显示大小，即选取合适的数量级单位显示，如 1.5KB、365MB、2GB，而不至于因选取单位量级过高，导致数据归零处理
-i	显示索引节点（inode）的实际使用情况
-t＜文件系统类型＞	显示指定类型的文件系统的磁盘空间使用情况
-x	列出不包含指定类型文件系统的磁盘空间使用情况，与 t 选项相反
-T	显示文件系统类型

2）用 df［-i］［-hT］命令查看文件系统占用情况

df 命令不带选项，将输出系统文件块（block）使用情况，带-i 选项将输出系统中文件索引节点（inode）的使用情况，如图 10-2-19 所示；带-hT 选项将以人类易读方式输出系统正在使用中的所有文件系统块使用情况及其文件系统类型。

```
root@admin-PC:~# df
文件系统                    1K-块       已用        可用  已用%  挂载点
udev                       970456         0     970456    0%  /dev
tmpfs                      204152      1396     202756    1%  /run
/dev/mapper/vg0-Roota    15412168   7384712    7224848   51%  /
tmpfs                     1020760     15648    1005112    2%  /dev/shm
tmpfs                        5120         4       5116    1%  /run/lock
tmpfs                     1020760         0    1020760    0%  /sys/fs/cgroup
/dev/mapper/vg0-_dde_data 45663092  1455672   41858160    4%  /opt
tmpfs                      204152        28     204124    1%  /run/user/1000
root@admin-PC:~# df -i
文件系统                    Inode    已用(I)    可用(I)  已用(I)%  挂载点
udev                       242614       513     242101    1%  /dev
tmpfs                      255190       910     254280    1%  /run
/dev/mapper/vg0-Roota      983040    214469     768571   22%  /
tmpfs                      255190         7     255183    1%  /dev/shm
tmpfs                      255190         7     255183    1%  /run/lock
tmpfs                      255190        17     255173    1%  /sys/fs/cgroup
/dev/mapper/vg0-_dde_data 2916352      4978    2911374    1%  /opt
tmpfs                      255190        31     255159    1%  /run/user/1000
```

图 10-2-19　使用 df 命令输出系统文件数据块和文件索引节点使用情况

输出的标题字段已经汉化，顾名思义可理解其内容，此处不再赘述。

2. 使用 du 命令统计磁盘空间使用情况

du、disk usage 用于显示目录（或文件）各自占用文间的大小，及所有目录（文件）占用的总空间，进而实现磁盘空间的使用情况统计。

语法格式：

```
du［选项］.［目录/文件］
```

作用：显示指定的目录或文件已占用的硬盘总空间，即指定的对象整个文件层次结构所使用的空间大小（使用硬盘 1K 块的数目）。若未指定操作对象，du 将显示当前工作目录占用的硬盘空间。

du 命令的常用选项及其含义如表 10-2-14 所示。

表 10-2-14 du 命令的常用选项及其含义

选项	含 义
-s	仅显示占用的总空间,具体的目录或文件占用空间信息不列出
-a	递归显示指定目录中各文件及其子目录中各文件和其子目录占用的空间
-k	以 KB 为单位显示空间占用情况
-m	以 MB 为单位显示空间占用情况
-h	以人类易读的方式显示大小,即选取合适的数量级单位显示,如 1.5KB、365MB、2GB,而不至于因选取单位量级过高,导致数据归零处理
-l	计算所有文件占用空间,视硬链接文件为独立文件,重复计算其占用空间
-x	仅统计一种文件系统上目录或文件占用空间大小,其他类型文件系统上的目录或文件占用空间情况不统计

du 不带选项和参数,独立运行,将以 KB 为单位显示当前工作目录中的目录和文件占用空间情况,及其所占用的总空间。建议通过 du 命令查看磁盘空间情况时,带-ah 选项,并明确指明操作对象。

任务回顾

【知识点总结】

(1)磁盘分区管理相关术语。

(2)使用 fdisk 命令为硬盘分区,使用 mkfs 格式化分区,使用 mount 挂载分区,使用 swapon 挂载交换分区。

(3)使用 blkid 和 lsblk 命令查看块设备 id 和设备挂载情况。

(4)使用 parted 命令为大容量硬盘分区。

(5)修改/etc/fstab 实现设备开机自动挂载。

(6)使用 df 和 du 命令监控硬盘空间使用情况。

【思考与练习】

(1)fdisk 命令通过 t 子命令设置的分区类型和文件系统是否是一回事?为什么?

(2)parted 命令进行大容量硬盘分区过程中交互输入的文件系统类型是否有效?如无效,则该如何处理?

(3)Linux 类操作系统因版权问题默认不支持 NTFS 格式,如希望 UOS 使用 NTFS 格式,该如何处理?

(4)目录绑定挂载和软链接的作用是否相同?为什么?

(5)硬盘分区名是否可能发生变化?如可能,可以通过哪种方式挂载来避免因分区名变化导致的挂载失败?

项目总结

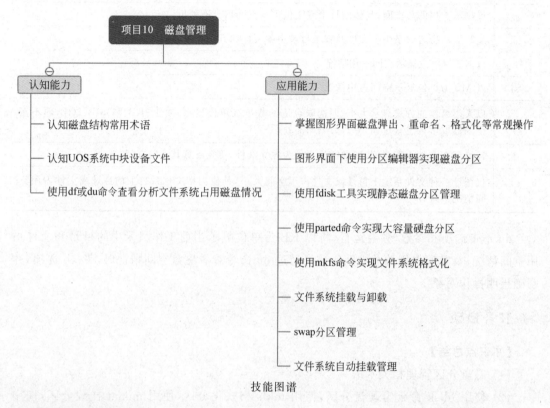

技能图谱

项目习题

（1）请简述 UOS 磁盘命名规则。

（2）UOS 常用的文件系统有哪些？

（3）使用 parted 命令的子命令 rm 删除分区和使用 fdisk 命令的子命令 d 删除分区效果是否完全相同？为什么？

（4）使用 df 和 du 命令查看磁盘空间的效果是否相同？

项目 11

网络管理

教学视频

花小新：我尝试使用统信 UOS 操作系统给计算机联网,我发现需要掌握的网络管理知识也不少。

张中成：下面来系统学习一下网络管理的知识吧！本项目主要介绍三大模块,分别是网络基础设置、网络管理基础、网络管理进阶。其中网络基础设置主要介绍计算机网络中的基础知识,网络管理基础会讲到：connection 修改和 device 管理,这两个知识点是需要我们掌握的。最后一个是进阶的教程,主要涉及利用 nmtui 来编辑连接、启动连接、设置主机名等操作,从网络诊断中学习常用的网络诊断工具,从网络下载我们可以学习如何利用命令的形式下载软件。

知识图谱

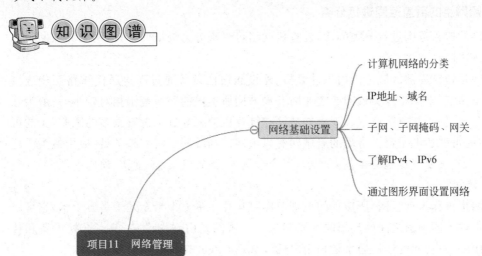

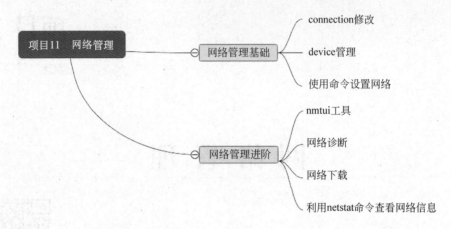

任务 11.1 网络基础设置

任务描述

花小新：计算机网络的分类有几种？我们平时所讲的 IP 地址是什么？域名在这里面扮演的什么角色？子网和子网掩码到底是什么？网关是否就是我们常说的 192.168.1.1？以及目前经常提到的 IPv6，它跟我们常用的 IPv4 到底有什么区别？

张中成：本任务主要目的是带领大家学习计算机网络的基本知识，下面我们就来通过学习，一一解答这些疑问。

知识储备

11.1.1 计算机网络的分类

1. 按照网络的覆盖范围进行分类

从网络的覆盖范围进行分类的话，计算机网络可以被分为局域网、广域网和城域网。

1）局域网

局域网是指在局部区域范围内将计算机、外设和通信设备通过高速通信线路互相连接起来的网络系统，常见于各类校园或企业内。局域网所覆盖的区域范围相对较小，一般为几米至十几千米，但是其连接速率较高。局域网在计算机数量配置上没有太多的限制，少的可以两台，多的可多达上千台。常见的局域网有以太网。局域网是我们最常见、应用最为广泛的一种网络，其主要特点是覆盖范围较小、用户数量少、配置灵活、速度快、误码率低。

2）广域网

广域网也被称为远程网，所覆盖的地理范围可从几十平方千米至几千平方千米，它可以将不同城市或不同国家之间的局域网互联起来。广域网是由终端设备、节点交换设备和传送设备组成的，设备间的连接通常是租用电话线或用专线建造的。

3）城域网

城域网的覆盖范围是在局域网与广域网之间。一般来说，是将一个城市范围内的计算机互联，这种网络的连接距离约为 10~100 千米。城域网在范围上可以说是局域网的延伸，但连接的计算机数量更多。

2. 从网络的交换方式进行分类

从网络的交换方式进行分类,计算机网络可以分为电路交换网、报文交换网、分组交换网和信元交换网。

1) 电路交换网

电路交换与传统的电话转接方式相似,就是在两台计算机相互通信的时候,使用一条实际的物理链路,在通信过程中自始至终使用这条线路进行信息传输,直至其传输完毕。

2) 报文交换网

报文交换网的原理有点类似于电报,转接交换机实现将接收的信息予以存储,当所需要的线路空闲时,再将该类信息转发出去。这样就可以充分利用线路的空闲,减少"拥塞",但是由于不是及时发送,显然增加了延时。

3) 分组交换网

通常一个报文所包含的数据量较大,转接交换机,需要有较大容量的存储设备,而且需要的线路也较长,实时性差。因此,又提出分组交换,即把每个报文分成有限长度的小分组,发送和交换均以分组为单位,接收端把收到的分组再拼装成一个完整的报文。

4) 信元交换网

随着线路质量和速度的提高,新的交换设备和网络技术的出现,以及人们对视频、语音等多媒体信息传输的需求,在分组交换的基础上又发展了信元交换。信元交换是异步传输模式中采用的交换方式。

3. 从网络的使用用途进行分类

从网络的使用用途进行分类,计算机网络可分为公用网和专用网。

1) 公用网

公用网也称之为公众网或公共网,是指由国家的电信公司出资建造的大型网络,一般由一个国家的电信部门管理和控制,网络内的传输和转接装置可提供给任何部门和单位使用。公用网属于国家基础设施。

2) 专用网

专用网是指一个政府部门或一个公司组建经营的,仅供本部门或单位使用,不向本单位以外的人提供该服务的网络。

4. 从网络的连接范围进行分类

从网络的连接范围进行分类,计算机网络可以分为互联网、内联网和外联网。

1) 互联网

互联网是指将各种网络连接起来形成的一个大系统,在该系统中,任何一个用户都可以使用网络的线路或资源。

2) 内联网

内联网是基于互联网的 TCP/IP,使用 WWW 工具,采用防止入侵的安全措施,为企业内部服务,并有连接互联网功能的企业内容网络。内联网是根据企业内部的需求设置的,它的规模和功能是根据企业经营和发展的需求而确定的。可以说,内联网是互联网更小的版本。

3）外联网

外联网是指基于互联网的安全专用网络，其目的在于利用互联网把企业和其贸易伙伴的内联网安全地互联起来，在企业和其贸易伙伴之间共享信息资源。

11.1.2 IP 地址、域名

1. IP 地址

IP 地址是用来区分同一个网络中的不同主机的唯一标识。在网络中，主机与其他机器通信必须有一个 IP 地址，因为在网络中传输的数据包必须携带一个目的 IP 地址和源 IP 地址，路由器依靠此信息为数据包选择路由。IP 地址可以为 32 位（IPv4，4 字节）或 128 位（IPv6，16 字节），通常 IPv4 地址使用点分十进制表示，例如：192.0.2.235。

IP 地址由网络号和主机号两部分组成，其中网络号的位数直接决定可以分配的网络数，主机号的位数则决定网络中最大的主机数。由于整个互联网包含的网络规模不太固定，因此 IP 地址空间被划分为不同的类别，每一类具有不同的网络号位数和主机号位数。

IP 地址共分为 5 类，分别为 A、B、C、D、E 类。

A 类 IP 地址，即在 IP 地址的 4 段号码中第 1 段号码为网络号码，剩下的 3 段号码为本地计算机的号码。如果用二进制数表示 IP 地址，则 A 类 IP 地址由 1 字节的网络地址和 3 字节的主机地址组成。也就是说，A 类 IP 地址中网络标识的长度为 8 位，主机标识的长度为 24 位。A 类 IP 地址的范围为 1.0.0.1 到 127.255.255.254（二进制表示为 00000001 00000000 00000000 00000001～01111111 11111111 11111111 11111110），最后一个地址为广播地址。因此 A 类网络数量较少，有 $126(2^7-2)$ 个，每个网络可以容纳主机数为 $1677721(2^{24}-2)$ 台。

B 类 IP 地址，即在 IP 地址的 4 段号码中前 2 段号码为网络号码。如果用二进制表示 IP 地址，则 B 类 IP 地址由 2 字节的网络地址和 2 字节主机地址组成。也就是说，B 类 IP 地址中网络标识的长度为 16 位，主机标识的长度为 16 位。B 类 I 地址范围为 128.0.0.1 到 191.255.255.254（二进制表示为 10000000 00000000 00000000 00000001～10111111 11111111 11111111 11111110）。因此 B 类网络有 $16383(2^{14}-1)$ 个，每个网络可以容纳 $65534(2^{16}-2)$ 台主机。

C 类 IP 地址，即在 IP 地址的 4 段号码中前 3 段为网络号码，剩下的 1 段为本地计算机的号码。如果用二进制表示 IP 地址，则 C 类 IP 地址由 3 字节的网络地址和 1 字节主机地址组成。也就是说，C 类 IP 地址中网络标识的长度为 24 位，主机标识的长度为 8 位。C 类 IP 地址范围为 192.0.0.1 到 223.255.255.254（二进制表示为 11000000 00000000 00000000 00000001～11011111 11111111 11111111 11111110）。因此 C 类网络有 $2097152(2^{21}-1)$ 个，每个网络最多可容纳 $254(2^8-2)$ 台主机。

D 类 IP 地址被称为多播地址或组播地址。组播地址被用来一次寻址一组计算机，即组播地址标识共享同一协议的一组计算机，其范围为 224.0.0.0 到 239.255.255.255。

E 类 IP 地址不分网络号和主机号，其范围为 240.0.0.0 到 247.255.255.255。E 类地址的第一个字节的前五位固定为 1110。E 类地址目前为保留状态，供以后使用。

需要注意的是×.×.×.0 与×.×.×.255 不可以作为主机的 IP 地址，因此×.×.×.0 用于表示一个网段，×.×.×.255 用于广播地址。

2. 域名

域名(domain name)是由一串用"点"分隔的字符串组成的,网络上的一台计算机或计算机组的名称,通常由三个部分组成。例如:www.baidu.com,其中 www.是网络名,baidu 是主体,.com 是后缀。

用于在数据传输时标识计算机的电子方位(有时也指地理位置,地理上的域名,指代有行政自主权的一个地方区域)。域名是一个 IP 地址的"面具"。域名的目的是便于记忆和沟通的一组服务器地址(网站,电子邮件,FTP 等)。

由于 IP 地址是数字标识,使用时难以记忆和书写,因此在 IP 地址的基础上又发展出一种符号化的地址方案,来代替数字型的 IP 地址。每一个符号化的地址都与特定的 IP 地址对应,这样网络上的资源访问起来就容易多了。这个与网络上的数字型 IP 地址相对应的字符型地址,就被称为域名。

11.1.3 子网、子网掩码、网关

1. 子网

对于一般由路由器和主机组成的互联系统,我们可以使用下列方法定义系统中的子网。

为了确定网络区域,分开主机和路由器的每个接口,从而产生了若干个分离的网络岛,接口端连接了这些独立网络的端点。这些独立的网络岛叫作子网(subnet)。

2. 子网掩码

子网掩码也称为网络掩码。用户通过子网掩码可以很快确认当前主机 IP 地址所属的网络类型,通常网络地址部分为"1",主机地址部分为"0"。因此,A 类 IP 地址的子网掩码为 255.0.0.0,B 类 IP 地址的子网掩码为 255.255.0.0,C 类 IP 的子网掩码为 255.255.255.0。

子网掩码主要用于判断主机发送的数据包是发送给外网还是内网。主机 A 向主机 B 发送数据包,则主机 A 先将自己的子网掩码与目标主机 B 的 IP 地址执行"与"操作。假设主机 B 的 IP 地址为 192.168.0.100,主机 A 的子网掩码为 255.255.255.0,将 IP 地址与子网掩码进行"与"操作的网络地址,结果为 192.168.0.0。主机 A 将此网络地址与主机 B 所在的网络地址做对比。如果网络地址相同,则表明主机 A 与主机 B 在同一个网络中,数据包向内网发送。如果不同,则向外网发送(发送至网关)。

3. 网关

网关又称为连接器或协议转换器,主要用于实现网络连接(两个上层协议不同的网络互联)。网关的实质是一个网络通向其他网络的 IP 地址。例如,网络 A 与网络 B 中,网络 A 的 IP 地址范围为 192.168.1.1～192.168.1.254,其子网掩码为 255.255.255.0。如果没有路由器,两个网络之间不能进行 TCP/IP 通信,因为 TCP/IP 根据子网掩码判定两个网络中的主机处于不同的网络,此时要实现网络间的通信,必须通过网关。这就如同在公司中同一个部门的员工可以直接互相交流,而不同部门的员工想要当面聊天,则需要员工走出办公室门,去其他办公室或会议室,此时的"门"就相当于网路中的网关。

如果网络 A 中的主机要向网络 B 中的主机发送数据包,则数据包需要先由主机转发给

自己的网关,再由网关转发到网络 B 的网关,网络 B 的网关再将其转发给网络 B 主机。

11.1.4　了解 IPv4、IPv6

1. IPv4

IPv4 是互联网协议第 4 版,是计算机网络使用的数据报传输机制,此协议是第一个被广泛部署的 IP。每一个连接 Internet 的设备(不管是交换机、PC 还是其他设备),都会为其分配一个唯一的 IP 地址,如 192.149.252.76,IPv4 使用 32 位(4 字节)地址,大约可以存储 43 亿个地址,但随着越来越多的用户接入到 Internet,全球 IPv4 地址已于 2019 年 11 月已全数耗尽。这也是后续互联网工程任务组(IEIF)提出 IPv6 的原因之一。

2. IPv6

IPv6 是由 IEIF 提出的互联网协议第 6 版,用来替代 IPv4 的下一代协议,它的提出不仅解决了网络地址资源匮乏问题,也解决了多种接入设备接入互联网的障碍。IPv6 的地址长度为 128 位,可支持 340 多万亿个地址。3ffe:1900:fe21:4545:0000:0000:0000:0000,这是一个 IPv6 地址,IPv6 地址通常分为 8 组,4 个十六进制数为一组,每组之间用冒号分隔。

3. IPv4 和 IPv6 的区别

IPv4 和 IPv6 用于用户标识和 Internet 上不同设备之间的通信。IPv4 是 32 位 IP 地址,而 IPv6 是 128 位 IP 地址。IPv4 是数字地址,用点分隔。IPv6 是一个字母数字地址,用冒号分隔。

上文分别详细介绍了 IPv4 和 IPv6 类型。接下来,列举了 IPv4 和 IPv6 之间的八个主要区别。

(1)地址类型。IPv4 具有三种不同类型的地址分别为多播,广播和单播。IPv6 具有三种不同类型的地址分别为任意广播,单播和多播。

(2)数据包大小。对于 IPv4,最小数据包大小为 576 字节。对于 IPv6,最小数据包大小为 1208 字节。

(3)header 区域字段数。IPv4 具有 12 个标头字段,而 IPv6 支持 8 个标头字段。

(4)可选字段。IPv4 具有可选字段,而 IPv6 没有。但是,IPv6 具有扩展 header,可以在将来扩展协议而不会影响主包结构。

(5)配置。在 IPv4 中,新装的系统必须配置好才能与其他系统通信。在 IPv6 中,配置是可选的,它允许根据所需功能进行选择。

(6)安全性。在 IPv4 中,安全性主要取决于网站和应用程序,它不是针对安全性而开发的 IP 协议。而 IPv6 集成了 Internet 协议安全标准(IPSec),IPv6 的网络安全不像 IPv4 是可选项,IPv6 里的网络安全项是强制性的。

(7)与移动设备的兼容性。IPv4 不适合移动网络,因为正如我们前面提到的,它使用点分十进制表示法。IPv6 使用冒号,是移动设备的更好选择。

(8)主要功能。IPv6 允许直接寻址,因为存在大量可能的地址。但是,IPv4 已经广泛传播并得到许多设备的支持,这使其更易于使用。

任务实施

11.1.5 通过图形界面设置网络

登录系统后,需要连接网络,才能接收邮件、浏览新闻、下载文件、聊天、网上购物等。计算机连接网络的方式有多种,用户连接网络时,需要考虑其通信条件、通信量、希望访问的资源、要求响应的速度,以及设备条件等因素。

为能帮助用户选择适合自己的上网方式,下面对网络连接进行简单介绍。

1.连接有线网络

有线网络安全快速稳定,是最常见的网络连接方式。当设置好路由器后,把网线两端分别插入计算机和路由器,即可连接有线网络。有线网络的连接操作非常简单,具体操作步骤如下。

将网线插头的一端插入计算机的网络插孔,另一端插入路由器的网络端口。打开控制中心首页,选择"网络"→"有线网络"→"有线网卡"选项,开启有线网络连接功能,如图11-1-1所示。

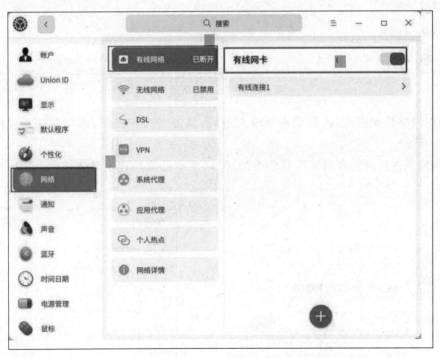

图 11-1-1 连接有线网络

2.连接无线网络

无线网络帮助用户摆脱线缆的束缚,上网形式更加灵活,支持更多设备使用。无线网络的连接操作与有线网络的连接操作类似,具体操作步骤如下。打开"控制中心"首页,选择"网络"→"无线网络"→"无线网卡"选项,开启无线网络连接功能,计算机会自动搜索并显示附近可用的无线网络,如图11-1-2所示。

选择需要连接的无线网络。如果该网络是开放的,单击"连接"按钮,将自动连接到此网

图 11-1-2　无线网络连接

络；如果该网络是加密的，请根据提示输入密码，单击"连接"按钮，即可连接无线网络，如图 11-1-3 所示。

若所选无线网络的右侧显示蓝色小图标，则表示已成功连上该无线网络，如图 11-1-4 所示。

图 11-1-3　输入密码

图 11-1-4　成功连接无线网

3. 连接隐藏网络

为了防止他人扫描到自己的 Wi-Fi，进而破解 Wi-Fi 密码连盗用网络，可以在路由器设置界面隐藏无线网络。设置后，需要手动连接隐藏网络才能上网。

（1）在控制中心首页，单击 按钮。

（2）选择"无线网络"选项，进入无线网络设置界面。

（3）选择"连接到隐藏网络"选项。

（4）输入网络名称、SSID 和其他必填选项。

（5）单击"保存"按钮。

4. 连接个人热点

无线热点将计算机连接的网络信号转换为 Wi-Fi 热点，以供一定距离内的其他设备无线上网。要开启无线热点，计算机必须连接到网络并装有无线网卡，如图 11-1-5 所示。操作步骤如下。

图 11-1-5 连接个人热点

（1）在"控制中心"首页，单击 按钮。

（2）选择"个人热点"选项。

（3）打开"热点"开关，设置热点信息（无线网络中的 SSID 是路由器发送的无线信号的名字）。

（4）单击"保存"按钮。

5. 连接移动网络

当用户处于一个没有网络信号的地方时，可以使用无线网卡来上网。在有电话信号覆盖的任何地方，无线网卡通过运营商的移动数据网络接入宽带服务。

（1）将移动网卡插入计算机上的 USB 接口中。

（2）计算机将根据移动网卡和运营商信息，自动适配并自动连接网络。

（3）在控制中心首页，单击 按钮。

（4）选择"移动网络"选项，查看详细设置信息。

6. 连接拨号网络

拨号上网（DSL）是指通过本地电话拨号连接到网络的连接方式。配置好调制解调器（俗称光猫），把电话线插入计算机的网络接口，创建宽带拨号连接，输入运营商提供的用户名和密码，即可拨号连接到 Internet 上。

（1）在控制中心首页，单击⚫️按钮。

（2）单击 DSL→"创建 PPPoE 连接"按钮。

（3）输入宽带名称、账户、密码。

（4）单击"保存"按钮，系统自动创建宽带连接并尝试连接。

📖 任务回顾

【知识点总结】

（1）计算机网络分类为局域网、广域网、城域网，其按照范围大小排序广域网、城域网、局域网。

（2）IP 地址是用来区分同一个网络中的不同主机的唯一标识。

（3）域名（domain name）是由一串字符组成的，域名指向某一个 IP 地址。

（4）子网，为了确定网络区域，分开主机和路由器的每个接口，从而产生了若干个分离的网络岛，接口端连接了这些独立网络的端点。这些独立的网络岛叫作子网（subnet）。

（5）子网掩码（subnet mask）又叫网络掩码、地址掩码、子网络遮罩，它用来指明一个 IP 地址的哪些位标识的是主机所在的子网，以及哪些位标识的是主机的位掩码。

（6）网关（gateway）又称网间连接器、协议转换器。

（7）IPv4 是 Internet Protocol version 4 的缩写，表示 IP 协议的第 4 个版本。

（8）IPv6 是 Internet Protocol version 6 的缩写，表示 IP 协议的第 6 个版本。

【思考与练习】

（1）简述 IPv4 与 IPv6 的区别，至少说出三种。

（2）计算机网络根据覆盖范围划分可分为哪几种？

任务 11.2　网络管理基础

🖊️ 任务描述

花小新：上面一个任务中，我已经会使用图形化界面的方式来对我们的主机进行网络配置。那么要是我们采取命令的形式来配置网络，我们是否也可以做到？

张中成：这次任务就是带领大家来使用命令的方式来配置我们的网络。

📚 知识储备

现阶段我们查看主机 IP 地址有两种方式，一种是通过 nmtui 图形化界面比较直观地查看主机 IP 地址。第二种是采用命令的形式来查看 IP 地址，一般我们都采用 ifconfig 命令，因为这个命令与 Windows 中 ipconfig 命令很相似。

11.2.1　connection 修改

1. 查看 IP 地址的几种方式

1）ip

ip 命令主要功能在于显示或设置网络设备，本任务主要是用来查看 IP 地址，下面简单介绍一下 ip 命令的用法。

语法格式：

```
ip [OPTIONS] OBJECT {COMMAND | help}
```

ip 命令常用对象及功能如表 11-2-1 所示。

表 11-2-1　ip 命令常用对象及功能

对　象	功　　能
link	网络设备
address	设备上的协议(IP 或 IPv6)地址
addrlabel	协议地址选择的标签配置
route	路由表条目
rule	路由策略数据库中的规则

本次任务主要是显示 IP 地址，由上述表格中可得知，address 这个选项可以帮助到我们查看 IP 地址，指令如图 11-2-1 所示。

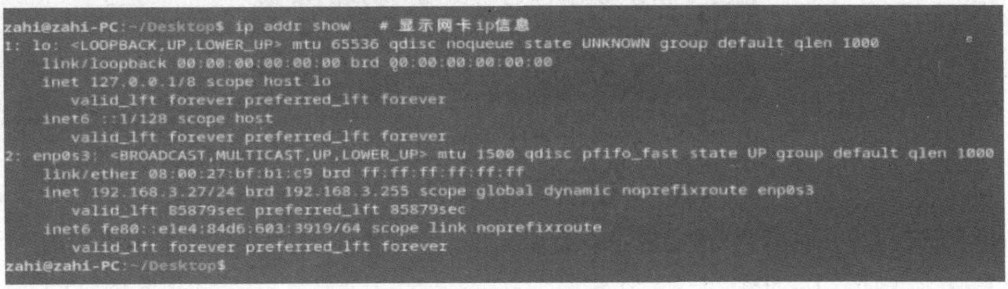

```
zahi@zahi-PC:~/Desktop$ ip addr show    # 显示网卡ip信息
1: lo: <LOOPBACK,UP,LOWER_UP> mtu 65536 qdisc noqueue state UNKNOWN group default qlen 1000
    link/loopback 00:00:00:00:00:00 brd 00:00:00:00:00:00
    inet 127.0.0.1/8 scope host lo
       valid_lft forever preferred_lft forever
    inet6 ::1/128 scope host
       valid_lft forever preferred_lft forever
2: enp0s3: <BROADCAST,MULTICAST,UP,LOWER_UP> mtu 1500 qdisc pfifo_fast state UP group default qlen 1000
    link/ether 08:00:27:bf:b1:c9 brd ff:ff:ff:ff:ff:ff
    inet 192.168.3.27/24 brd 192.168.3.255 scope global dynamic noprefixroute enp0s3
       valid_lft 85879sec preferred_lft 85879sec
    inet6 fe80::e1e4:84d6:603:3919/64 scope link noprefixroute
       valid_lft forever preferred_lft forever
zahi@zahi-PC:~/Desktop$
```

图 11-2-1　查看 IP 地址

2）ifconfig

ifconfig 命令用于显示或设置网络设备。用其查看 IP 地址命令如图 11-2-2 所示。

```
ifconfig [网络设备][down|up][add 地址][del 地址][硬件地址]
```

其部分选项和参数的用法如下。

down：关闭指定的网络设备。

up：启动指定的网络设备。

add 地址：设置网络设备的 IPv6 地址。

del 地址：删除网络设备的 IPv6 地址。

硬件地址：硬件地址分物理地址和逻辑地址。其中物理地址指网卡物理地址存储器中

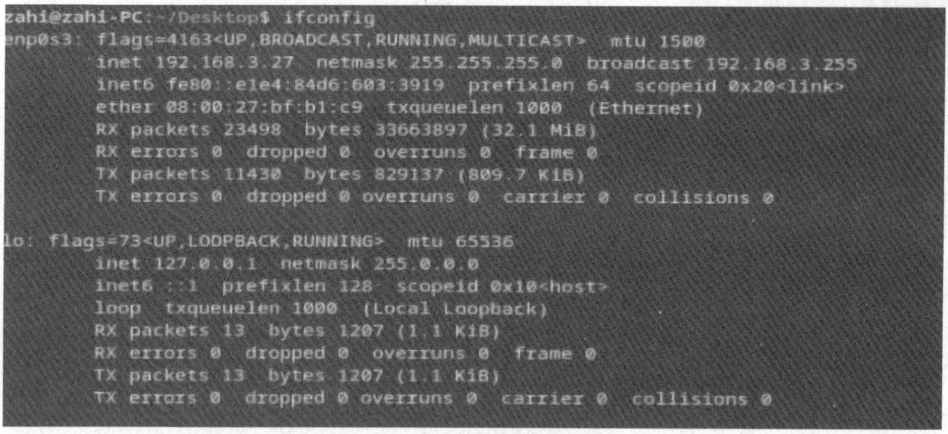

```
zahi@zahi-PC:~/Desktop$ ifconfig
enp0s3: flags=4163<UP,BROADCAST,RUNNING,MULTICAST>  mtu 1500
        inet 192.168.3.27  netmask 255.255.255.0  broadcast 192.168.3.255
        inet6 fe80::e1e4:84d6:603:3919  prefixlen 64  scopeid 0x20<link>
        ether 08:00:27:bf:b1:c9  txqueuelen 1000  (Ethernet)
        RX packets 23498  bytes 33663897 (32.1 MiB)
        RX errors 0  dropped 0  overruns 0  frame 0
        TX packets 11430  bytes 829137 (809.7 KiB)
        TX errors 0  dropped 0 overruns 0  carrier 0  collisions 0

lo: flags=73<UP,LOOPBACK,RUNNING>  mtu 65536
        inet 127.0.0.1  netmask 255.0.0.0
        inet6 ::1  prefixlen 128  scopeid 0x10<host>
        loop  txqueuelen 1000  (Local Loopback)
        RX packets 13  bytes 1207 (1.1 KiB)
        RX errors 0  dropped 0  overruns 0  frame 0
        TX packets 13  bytes 1207 (1.1 KiB)
        TX errors 0  dropped 0 overruns 0  carrier 0  collisions 0
```

图 11-2-2　显示或设置网络设备

存储的实际地址、逻辑地址就是 IP 地址。

下面简单为大家介绍网络设备的开启与关闭，在我们开启关闭之前要确保自己的权限是否属于 root 权限，如图 11-2-3 所示。

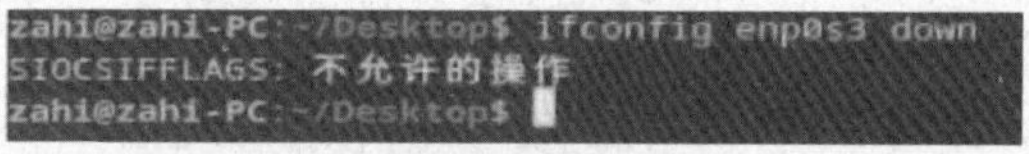

```
zahi@zahi-PC:~/Desktop$ ifconfig enp0s3 down
SIOCSIFFLAGS: 不允许的操作
zahi@zahi-PC:~/Desktop$
```

图 11-2-3　查询权限

我们需要使用 su 指令来切换我们的权限，过程如图 11-2-4 所示。

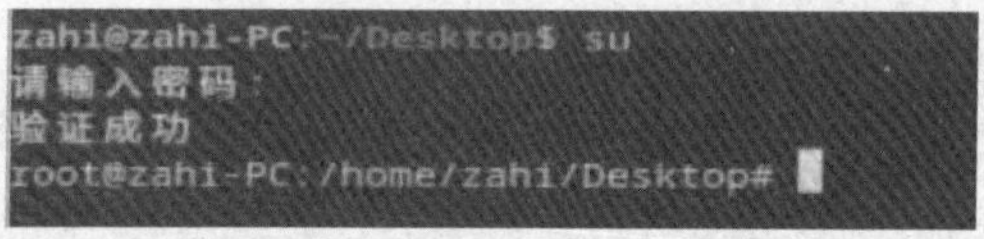

```
zahi@zahi-PC:~/Desktop$ su
请输入密码:
验证成功
root@zahi-PC:/home/zahi/Desktop#
```

图 11-2-4　切换权限

切换到我们 root 权限之后，相信大家发现我们的用户发生了变化，从原来的 zahi 变更为 root。同时我们的提示符也变更了，从$变成了#，之后我们再去开启或关闭我们的网络设备就可以正常使用了，如图 11-2-5 所示。

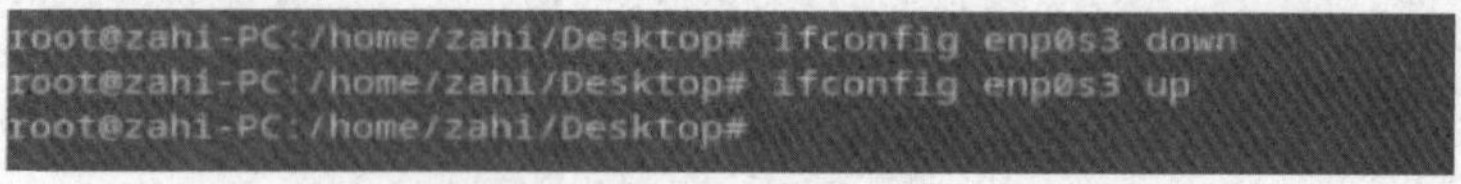

```
root@zahi-PC:/home/zahi/Desktop# ifconfig enp0s3 down
root@zahi-PC:/home/zahi/Desktop# ifconfig enp0s3 up
root@zahi-PC:/home/zahi/Desktop#
```

图 11-2-5　权限变更

3）nmcli

nmcli 命令可以完成网卡上所有的配置工作，并且可以写入配置文件，永久生效。下面就对 nmcli 常用指令进行简单介绍，大家可以根据喜好自行查找。

```
nmcli connection show                   #有线连接查看网卡连接信息
nmcli connection show --active          #显示所有活动的连接状态
nmcli connection add help               #查看帮助
nmcli connection reload                 #重新加载配置
```

注意：在我们 device 管理任务中，我们同样采取 nmcli 指令进行管理。

2. 修改网卡默认命名规则

```
vim /etc/default/grub
GRUB_CMDLINE_LINUX= "net.ifnames= 0 biosdevname= 0" 更改为 eth0 的命名规则
Update-grub
shutdown - r no
```

11.2.2　device 管理

上面在讲解 nmcli 已经提及 device。所以这个环节就给大家简单介绍一些关于如何管理网络设备的指令。nmcli 在网络这块其实发挥着很大的作用，所以希望大家在此处认真学习。接下来简单介绍一些关于管理 device 的指令，大家可以根据喜好自行查找学习。

```
nmcli device show              #查看网卡设备
nmcli device connect ens33     #链接网卡设备，物理连接
nmcli device disconnect ens33  #关闭网卡设
```

任务实施

11.2.3　使用命令设置网络

UOS 系统的网卡的配置统一采用 nmcli 系列命令。

```
配置文件位于/etc/NetworkManager/system-connections/目录
```

例如：

```
nmcli connection show
nmcli connection del ens33 #删除 ens33 配置文件
nmcli connection add type ethernet con - name ens33 ifname ens33 connection.
autocnnect yes
重新生成配置文件并设置其自动连接
```

解释：type 为类型；ethernet 为以太网卡；con-name 为配置文件名字；ifname 为设备名字；connection.autocnnect 为自动连接，默认都写。
例如：

```
nmcli connection modify ens33 ipv4.method manual ipv4.addresses 192.168.200.201/
24 ipv4.gateway 192.168.200.2 ipv4.dns 114.114.114.114 connection.autocnnect yes
```

解释：modfly 为修改配置文件；manual 为手动修改。
最后，需要重新启动服务，不然不生效。

```
systemctl restart NetworkManager
```

任务回顾

【知识点总结】

（1）查看主机 IP 地址的方法：ip、ifconfig、nmcli。

（2）device 管理也是采用的 nmcli 进行管理的。

【思考与练习】

查看 IP 地址的方法_____、_____、_____。

任务 11.3　网络管理进阶

任务描述

张中成：该任务是对上个任务的完善，上面任务我们学的是如何配置网络，但是我们网络配置是否成功还需要本任务的支持，我们配置好网络之后就是见检查网络是否可以正常联网。

花小新：这就是之前了解到的网络诊断？

知识储备

我们通过 nmtui 工具、ping 命令、wget 命令、netstat 命令来进行网络的进阶管理。

11.3.1　nmtui 工具

nmtui 是 Linux 操作系统提供的一个具有字符界面的文本配置工具，在终端窗口中，以 root 用户身份运行 nmtui 命令即可进入网络管理器界面。

该命令是网卡配置图形界面命令，语法格式：nmtui。

（1）配置界面，如图 11-3-1 所示。

（2）选择网络接口，如图 11-3-2 所示。

图 11-3-1　配置界面

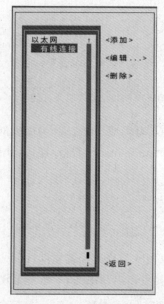

图 11-3-2　选择网络接口

（3）进行相关网络设置，如图 11-3-3、图 11-3-4 所示。

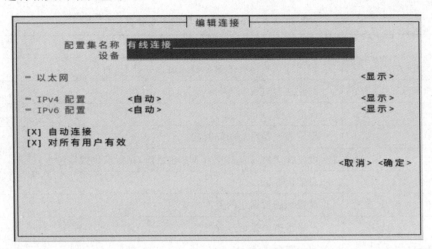

图 11-3-3 进行相关网络设置(1)

（4）返回退出，如图 11-3-5 所示。

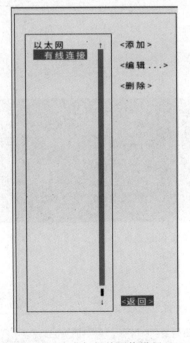

图 11-3-4 进行相关网络设置(2)

图 11-3-5 返回退出

11.3.2 网络诊断

（1）ping 命令的语法格式如下所示。

```
ping
IP 地址(例子)ping www.baidu.com
```

（2）ping 命令常用指令或参数如表 11-3-1 所示。

表 11-3-1　ping 命令常用指令或参数

选　项	功　能
Ctrl+Z	将当前正在运行的命令放入后台并挂起（暂停）
Ctrl+C	终止前台进程
-c	设置次数
-i	指定收发信息的间隔时间
-l	设置在送出要求信息 ICMP 包之前，先行发出数据包
-n	只输出数值
-p	设置填满数据包的范本样式
-q	不显示指令执行过程
-R	记录路由过程
-s	设置数据包的大小
-t	设置存活数值 TTL 的大小

例 11-3-1　连续 ping 3 次，如图 11-3-6 所示。

```
ping -c 3 www.baidu.com
```

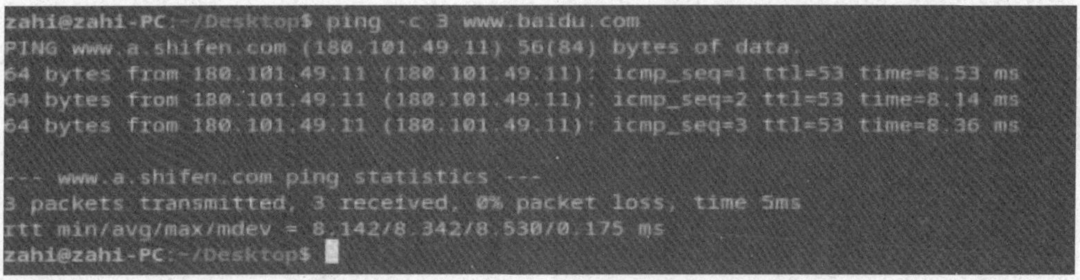

图 11-3-6　连续 ping 3 次

例 11-3-2　连续 ping 3 次，间隔 5s，如图 11-3-7 所示。

```
ping -c 3 -i 5 www.baidu.com
```

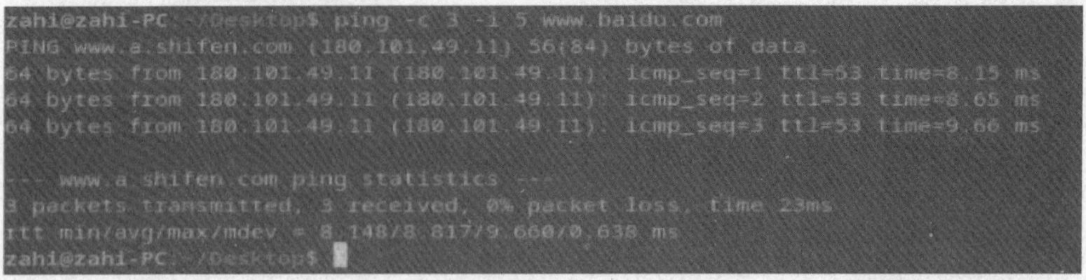

图 11-3-7　连续 ping 3 次，间隔 5s

11.3.3 网络下载

wget 命令是用来从指定的 URL 下载文件。wget 非常稳定,它在带宽很窄和不稳定网络的情况下有着很强的适应能力,如果是因为网络的原因导致下载失败,wget 会不断地尝试下载,直到整个文件下载完毕。如果是服务器打断下载过程,它会再次尝试连到服务器上从停止的地方继续下载。这对从那些限定了链接时间的服务器上下载大文件非常有用。

语法格式:

```
wget〔选项〕地址
```

例如:

```
使用 wget 下载 jdk
```

执行结果如图 11-3-8 所示。

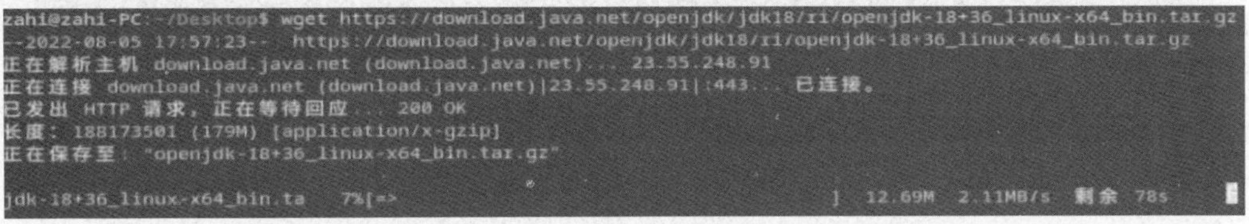

图 11-3-8 使用 wget 下载 jdk

wget 命令常用选项如表 11-3-2 所示。

表 11-3-2 wget 命令常用选项

选项	说 明
-b	启动后转入后台下载,wget 默认把文件下载到当前目录
-O	将文件下载到指定的目录中
-c	断点续传,如果下载中断,那么连接恢复时,会从上次断点开始下载
-P	保存文件之前先创建指定名称的目录
-t	尝试连接次数,当 wget 无法与服务器建立连接时,尝试连接多少次

任务实施

11.3.4 利用 netstat 命令查看网络信息

UOS 系统采用 netstat 命令查看网络状态,能够帮助用户得知整个系统的网络情况,包括网络连接、路由表、接口状态、伪装连接、网络链路和组播成员组等信息。

例如:

(1)列出所有端口(包括监听和未监听),如图 11-3-9 所示。

(2)显示核心路由信息,如图 11-3-10 所示。

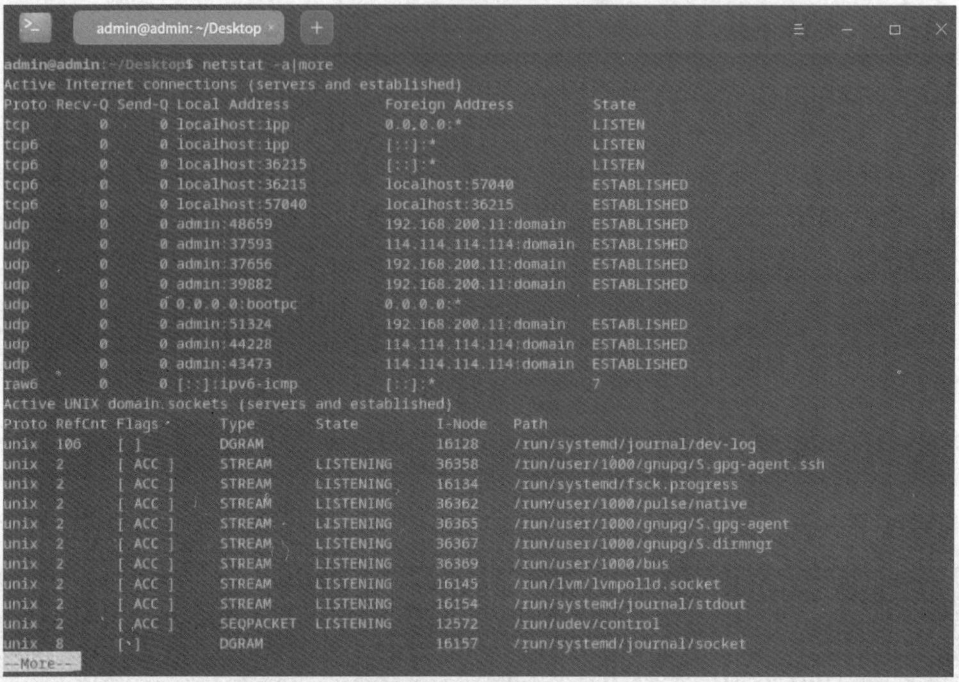

图 11-3-9　列出所有端口

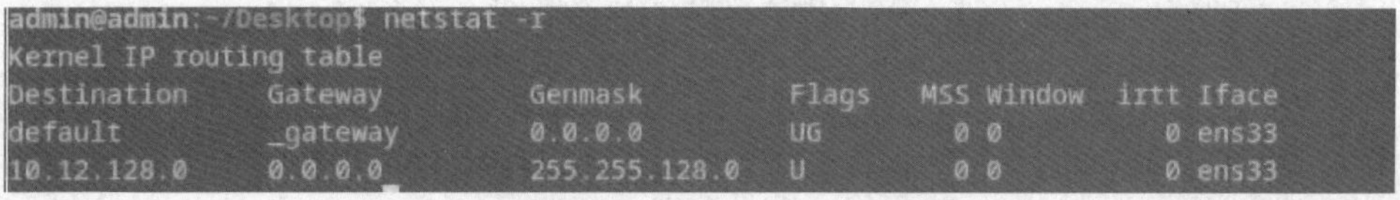

图 11-3-10　显示核心路由信息

（3）显示网络接口列表，如图 11-3-11 所示。

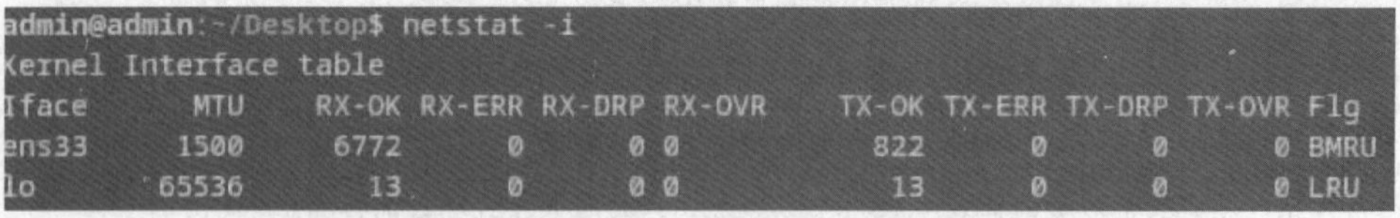

图 11-3-11　显示网络接口列表

任务回顾

【知识点总结】

（1）ping 命令的使用，主要是用来查看目标主机跟网络之间的联通性。

（2）nmtui 是一个用图形化界面管理或查看网络设备的工具。

（3）网络下载 wget，这个不光在 UOS 系统中作为一个网络下载工具，在其他 Linux 系统中也是一样的，由此可见 wget 是我们在学习过程中不可缺少的一环。

【思考与练习】

利用 netstat 查看 80 端口使用情况。

项目总结

本次项目总共分为 4 个部分

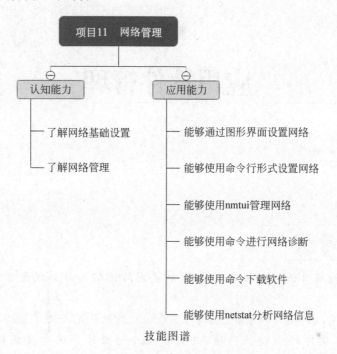

技能图谱

（1）网络基础部分。这个部分主要讲关于计算机网络基础知识，其中包含了网络的分类、IP 地址、域名、子网、子网掩码、网关、IPv4、IPv6 这些基础知识。

（2）网络设置部分。这个部分主要是学习如何给主机进行 IP 地址设置，其中讲了两种方式。第一种采用命令的方式，对我们系统的配置文件进行修改。第二种采用 nmtui 图形化的方式进行直观的修改，两者都可以对网络进行设置。

（3）网络测试部分。该部分在我们配置好网络的时候用来检测主机是否可以正常的联通网络，如果说不行，那我们还要继续上面一步——网络设置。

（4）网络下载部分。这个部分是该任务最简单的一个模块，主要是用 wget 进行软件的下载。

项目习题

（1）IPv4 和 IPv6 的地址长度分别有多少位？
（2）写出连续 ping 5 次、间隔 3s 的命令。
（3）查看端口号命令是什么？
（4）ifconfig 命令作用是什么？

项目 12

应用软件管理

教学视频

花小新：最近项目进展到收尾环节，客户要求给他们的计算机配备统一的基础应用软件。

张中成：在系统的使用和维护过程中，安装和卸载软件是必须掌握的技能，Linux 软件的安装需要考虑软件的依赖性问题，目前在 Linux 操作系统中安装软件已经变得与 Windows 一样便捷。可供 Linux 安装的开源软件非常丰富，Linux 提供了多种软件安装方式，从最原始的源代码编译到高级的在线自动安装和更新。因此，作为 Linux 系统的管理员，必须学会软件的安装、升级、卸载和查询的方法，以便维护系统的管理与使用。

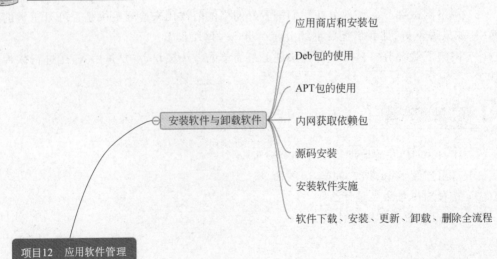

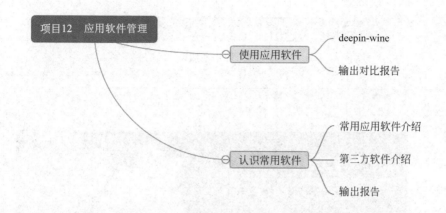

任务 12.1 安装软件与卸载软件

任务描述

张中成：本任务在简单介绍 Linux 软件包管理知识的基础上，重点讲解 UOS 操作系统的软件安装方式和方法，除了传统的 Deb 软件包安装外，还讲解了高级软件包工具的安装方法，这种方式提供了更好的隔离性和安全性，是未来软件包安装的发展方向。

知识储备

Linux 操作系统中的软件安装方式有 3 种，分别是基于软件包存储库进行安装、下载二进制软件包进行安装、下载源代码包进行编译安装。

绝大多数 Linux 操作系统发行版都提供软件包存储的安装方式。该安装方式使用中心化机制来搜索和安装软件。软件存放在存储库中，并通过软件包的形式进行分发。软件包存储库有助于确保系统中使用的软件是经过审查的，并且软件的安装版本已经得到了开发人员和维护人员的认可。软件包对于 Linux 操作系统发行版的用户来说是一笔巨大的财富。

对于那些新开发的或者迭代速度较快的软件，存储库中可能并未收集该软件包，或者存储库中所收集的相应软件包并不是最新的，此时通常可以直接下载官方提供的二进制软件包进行安装。对于开源的软件，还可以直接下载源代码进行安装。而这两种安装方式的难度也依次增大，高级软件包管理工具（如 YUM 和 APT）的出现让这一切变得简单。

12.1.1 应用商店和安装包

1. 应用商店

应用商店是一款集应用推荐、下载、安装、卸载于一体的应用程序。应用商店精心筛选和收录了不同类别的应用，每款应用都经过人工安装并验证。用户可以进入商店搜索热门应用，一键下载并自动安装。

在桌面单击商店图标，如图 12-1-1 所示。

统信系统应用商店的页面如图 12-1-2 所示。

图 12-1-1　单击应用商店

图 12-1-2　应用商店页面

在搜索框中输入关键字可以搜索应用。应用商店提供一键式的应用下载和安装，无须二次处理。在应用商店界面，单击应用旁边的"安装"按钮，可以下载并安装应用。单击搜索框旁边的下载按钮图标进入下载管理界面，可以查看当前应用的安装进度，还可以管理下载记录。

在应用商店界面选择"应用更新"，查看待升级的应用，并选择是否更新应用。还可以查看最近更新的应用列表及信息。

在"应用管理"界面查看可以卸载的应用。找到要卸载的应用，单击"卸载"按钮，如图 12-1-3 所示。除了在应用商店卸载应用外，还可以通过启动器卸载应用，具体操作请参阅"卸载应用"。

2. 安装包

软件包将应用程序的二进制文件、配置文档和帮助文档等合并打包在一个文件中，用户只需要使用相应的软件包管理器来执行软件的安装、卸载、升级和查询等操作。软件包中的可执行文件是由软件发布者进行预编译的，这种预编译的软件包重在考虑适用性，通常不会针对某种硬件平台优化，它所包含的功能和组件也是通用的。目前主流的软件包格式有两种，RPM 和 Deb。Linux 发行版都支持特定格式的软件包，Ubuntu 使用的软件包的格式是 Deb。

图 12-1-3 卸载应用

12.1.2 Deb 包的使用

Deb 是 Debian Packager 的缩写,是 Debian 软件包格式的文件扩展名。Deb 软件包采用.deb 作为文件拓展名。Deb 格式是 Debian 和 Ubuntu 的专属安装包格式。获得 Deb 安装包后,可以直接使用 dpkg 工具进行离线安装,无须联网。其不足之处是要自行处理软件依赖性问题。Deb 软件包需要使用 dpkg 工具进行管理。dpkg 是 Debian Packager 的简写,是 Debian 软件包管理器的基础,用于安装、更新、卸载 Deb 软件包,以及提供 Deb 软件包相关的信息。

可以使用 dpkg 命令对 Deb 软件包进行安装、创建和管理。

dpkg 命令格式如下:

```
dpkg［选项］<软件包名>
```

dpkg 命令各选项及其功能说明如表 12-1-1 所示。

表 12-1-1 pkg 命令各选项及其功能说明

选项	功 能 说 明
-i	安装软件包
-r	删除软件包,但保留软件包的配置信息
-P	删除软件包,同时删除软件包的配置信息
-I	显示已安装软件包列表
-L	显示与软件包关联的文件
-c	显示软件包内文件列表
-s	显示软件包的详细信息
-S	显示软件包拥有哪些文件

当然,使用 RPM 或 Deb 软件包安装也需要考虑依赖性问题,只有应用程序所依赖的库和支持文件都正确安装之后,才能完成软件的安装。现在的软件依赖性越来越强,单纯使用这种软件包安装效率很低,难度也不小,为此推出了高级软件包管理工具。目前主要的高级软件包管理工具有 YUM 和 APT 两种,还有些商业版工具由 Linux 发行商提供。

12.1.3　APT 包的使用

APT(advanced packaging tools)可译为高级软件包工具,是 Debian 及其派生发行版(如 Ubuntu)的软件包管理器。APT 可以自动下载、配置、安装二进制或者源代码格式的软件包,甚至只需要一条命令就能更新整个系统的所有软件。

APT 最早被设计成 dpkg 工具的前端,用来处理 Deb 软件包。dpkg 本身是一个底层的工具,而 APT 则是位于其上层的工具,用于从远程获取软件包以及处理复杂的软件包关系。使用 APT 安装、卸载、更新升级软件,实际上是通过调用底层的 dpkg 来完成的。

常用的 APT 命令行工具被分散在 apt-get、apt-cache 和 apt-config 这 3 个命令当中。apt-get 用于执行与软件包安装有关的所有操作,apt-cache 用于查询软件包的相关信息,apt-config 用于配置 APT。Ubuntu 从 16.04 版本于开始引入 apt 命令,该命令相当于上述3 个命令的常用子命令和选项的集合,以解决命令过于分散的问题。这 3 个命令虽然没有被弃用,但是作为普通用户,还是应首先使用 apt 命令。

apt 命令同样支持子命令、选项和参数。但是它并不是完全向下兼容 apt-get、apt-cache等命令,可以用 apt 替换它们的部分子命令,但不是全部。apt 还有一些自己的命令。apt 常用命令如表 12-1-2 所示。

表 12-1-2　apt 常用命令

APT 命令	被替代的命令	功能说明
apt update	apt-get update	获取最新的软件包列表,同步 etc/apt/sources.list 和 etc/apt/sources.list.d 中列出的源索引,以确保用户能够获取最新的软件包
apt upgrade	apt-get upgrade	更新当前系统中所有已安装的软件包,同时更新软件包相关的所依赖的软件包
apt install	apt-get install	下载、安装软件包并自动解决依赖关系
apt remove	apt-get remove	卸载指定的软件包
apt autoremove	apt-get autoremove	自动卸载所有未使用的软件包
apt purge	apt-get purge	卸载指定的软件包及其配置文件
apt full-upgrade	apt-get dist-upgrade	在升级软件包时自动处理依赖关系
apt source	apt-get source	下载软件包的源代码
apt clean	apt-get clean	清理已下载的软件包,实际上是清除 var/cache/apt/archives 目录中的软件包,不会影响软件的正常使用
apt autoclean	apt-get autoclean	删除已卸载的软件的软件包备份
apt list	无	列出包含条件的软件包(已安装、可升级等)

续表

APT 命令	被替代的命令	功能说明
apt search	apt-cache search	搜索应用程序
apt show	apt-cache show	显示软件包详细信息
apt edit-sources	无	编辑软件源列表

12.1.4 内网获取依赖包

在能访问外网的设备上下载需要的安装包,具体的依赖包可查阅镜像网站,局域网环境离线安装包。例如安装 Python,根据 Python 版本、操作系统版本来选择对应的安装包(如 pandas-0.25.3-cp36-cp36m-manylinux1_x86_64.whl 表示 python 3.6、Linux 操作系统 X86 内核)。然后,利用 FTP 工具将安装包上传到服务器对应文件夹下,离线安装 pandas。如果出现报错,说明安装该程序包之前需要再安装一些底层依赖。比如 pandas 之前需要先装 python_dateutil-2.7.4、pytz-2019.1、six-1.8.0、numpy-1.18.0 等,而且安装包也有对应的版本要求。

12.1.5 源码安装

如果 APT 工具、Deb 包不能提供所需要的软件,就要考虑源代码安装,获取源代码包,进行编译安装。一些软件的最新版本需要通过源代码安装。另外,源代码包可以根据用户的需要对软件加以定制,有的还允许二次开发。

基于源代码的安装方式,一般面向特定的用户和应用场景。例如,针对一些专用的开源软件,官方可能并没有提供源代码以外的安装途径。而基于源代码的安装方式,通常要求用户具有丰富的 Linux 操作和软件开发经验,并且对相关软件的底层原理细节有较为深入的理解。因此,编者不建议初学者采用源代码编译的形式安装程序。

源代码安装是较为复杂的一种安装方式,也是不容易成功的一类安装方式。由于用户的系统环境与软件包提供方的开发环境并不完全一致,容易出现各类问题。

使用源代码方式安装软件的具体步骤如下。

(1) 下载源代码包,一般为压缩包(如 tar.bz2、tar.gz 等格式的压缩包)。

(2) 提取压缩包内的源代码到某个目录。

(3) 在 Shell 终端中切换到源代码文件所在目录。

(4) 执行 ./configure 命令,检测安装平台的目标特征。这一步一般用来生成 Makefle(也可写为 makefile)文件,并为下一步的编译做准备。读者可以通过在 configure 命令后加上各类参数来进行详细控制。

(5) 执行 make 命令,对源代码进行编译。

(6) 执行 sudo make install 指令,安装编译成功的程序。

在执行上述流程之前,需要先配置开发环境。执行如下指令,为后续使用源代码方式安装软件的过程做环境准备。

```
sudo apt install build-essential
```

以上指令的执行结果如图 12-1-4 所示。

图 12-1-4　环境准备

任务实施

12.1.6　安装软件实施

本小节以 APR(Apache portable run-time libraries，Apache 可移植运行库)为例，展示基于源代码进行程序安装的全过程。如果读者想尝试使用源代码安装 Apache HTTP Sever(简称 Apache)，一般需要先安装 APR 库。本任务将以源代码方式安装 APR 库。

APR 是 Apache 的支持库，它提供了一组映射到底层操作系统的应用程序编程接口。如果操作系统不支持特定的功能，APR 将提供一个仿真接口。因此，程序员可以应用 APR 使程序跨不同平台进行移植。

接下来，开始介绍 APR 的下载、编译及安装，具体操作过程以下。

1. 下载源代码

这里的源代码一般被打包到一个压缩包中，其格式为 tar.bz2、tar.gz 等。输入如下指令，下载 apr-1.7.0.tar.bz2。

```
wgethttps://archive.apache.org/dist/apr/apr-1.7.0.tar.bz2
```

以上指令的执行结果如图 12-1-5 所示。

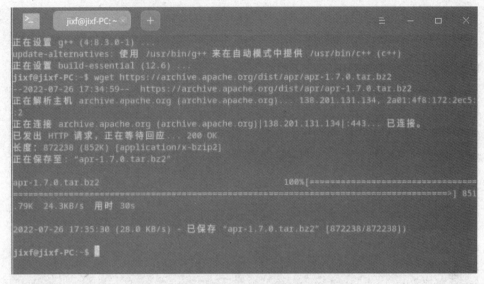

图 12-1-5　下载源代码

2. 提取源代码

提取已下载的压缩包内的文件到当前目录,输入如下指令。

```
jixf@jixf-PC:~$ tar -jxvf apr-1.7.0.tar.bz2
```

以上指令的执行结果如图 12-1-6 所示。

图 12-1-6　解压缩

3. 切换到源代码文件所在目录

在 Shell 程序中切换到源代码所在目录,解压后的文件位于 apr-1.7.0 目录下,可以通过输入如下指令进行查看。

```
jixf@jixf-PC:~$ cd  apr-1.7.0
jixf@jixf-PC:~/apr-1.7.0$  ls
```

以上指令的执行结果如图 12-1-7 所示。

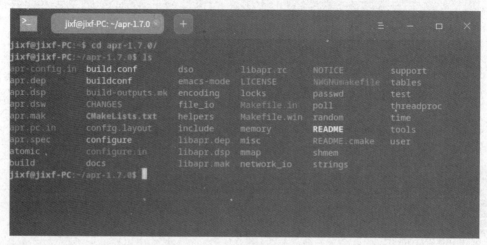

图 12-1-7 查看解压缩结果

4. 执行 ./configure 命令

执行 ./configure 命令，可查看安装平台的目标特征，并生成 Makefile 等文件，输入如下指令。

```
jixf@jixf-PC:~/apr-1.7.0$  ./configure
```

以上指令执行成功后的结果（部分截图）如图 12-1-8 所示。

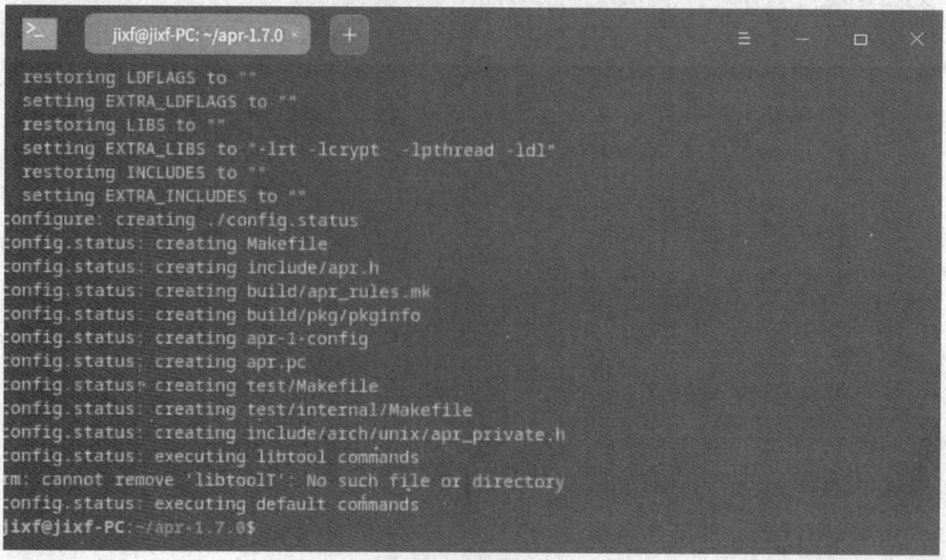

图 12-1-8 ./configure 命令执行成功

5. 执行 make 命令

输入 make 指令，基于上一步生成的 Makefile 文件，对源代码进行编译。

```
jixf@jixf-PC:~/apr-1.7.0$ make
```

以上指令的执行结果如图 12-1-9 所示。

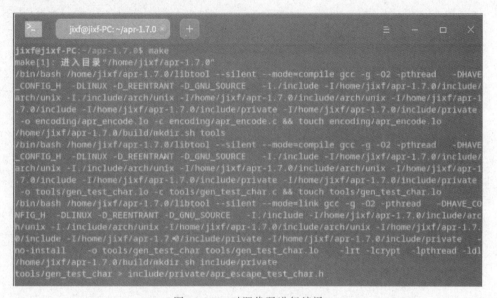

图 12-1-9 对源代码进行编译

这一步耗时较长，也容易出错。发生错误的主要原因在于各类支撑包的版本变化。本实例中源代码包的依赖关系较为简单，因此在编者当前的系统配置下顺利通过了编译。make 命令执行成功后的结果如图 12-1-10 所示。

图 12-1-10 编译成功

6. 安装编译好的程序

执行 sudo make install 命令，安装已编译的程序，输入如下指令。

```
jixf@jixf-PC:~/apr-1.7.0$ sudo make install
```

以上指令的执行结果如图 12-1-11 所示。

图 12-1-11　使用 root 权限进行程序安装

注意：这一步需要超级用户权限，否则会报错。

12.1.7　软件下载、安装、更新、卸载、删除全流程

1. APT 管理

（1）安装/卸载"sl"软件。

确认当前系统中是否已经安装了"sl"软件，执行结果如图 12-1-12 所示。

图 12-1-12　确认系统是否安装程序

（2）安装"sl"软件，输入如下命令。

```
jixf@jixf-PC:~$ sudo apt install sl
```

执行结果如图 12-1-13 所示。

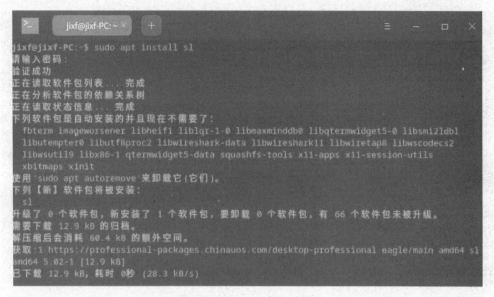

图 12-1-13　APT 安装 sl 程序

（3）使用"sl"这个软件，输入如下命令。

```
jixf@jixf-PC:~$ sl
```

执行结果如图 12-1-14 所示。

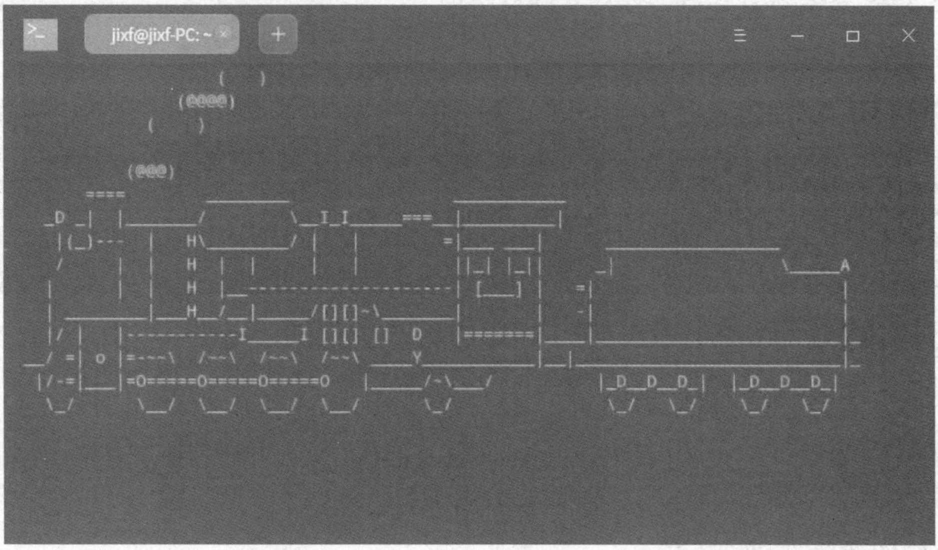

图 12-1-14　sl 程序运行结果

（4）卸载"sl"这个软件，输入如下命令。

```
jixf@jixf-PC:~$ sudo apt remove sl
```

执行结果如图 12-1-15 所示。

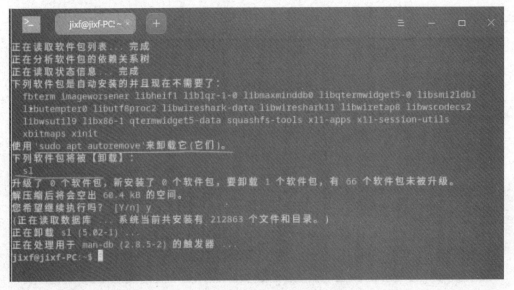

图 12-1-15　apt 卸载 sl 程序

2. Deb 软件包管理

（1）查看 Deb 软件包。

确认当前系统已经安装了"sl"软件，输入如下命令。

```
jixf@jixf-PC:~$ dpkg -s sl
```

执行结果如图 12-1-16 所示。

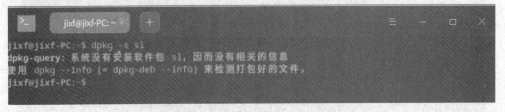

图 12-1-16　确认系统是否安装程序

（2）下载 deb 包软件，输入如下命令。

```
jixf@jixf-PC:~$ wget http://ftp.de.debian.org/debian/pool/main/s/sl/sl_5.02-1
+b1_amd64.deb
```

执行结果如图 12-1-17 所示。

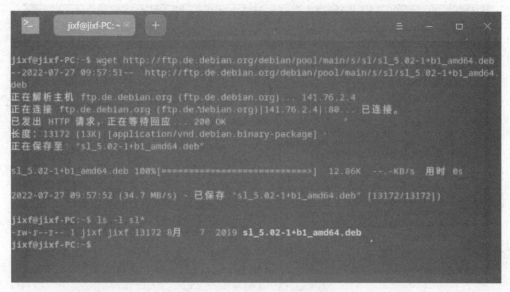

图 12-1-17　下载 sl 程序 deb 包

（3）安装"sl"软件，输入如下命令。

```
jixf@jixf-PC:~$ sudo dpkg -i sl_5.02-1+b1_amd64.deb
```

执行结果如图 12-1-18 所示。

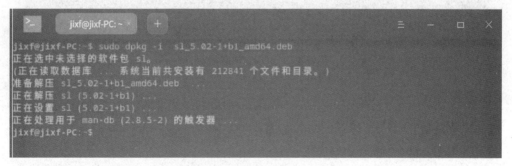

图 12-1-18　dpkg 安装 sl 程序 deb 包

（4）使用"sl"这个软件，输入如下命令。

```
jixf@jixf-PC:~$ sl
```

执行结果如图 12-1-19 所示。

（5）卸载"sl"这个软件，输入如下命令。

```
jixf@jixf-PC:~$ sudo dpkg -P sl
```

执行结果如图 12-1-20 所示。

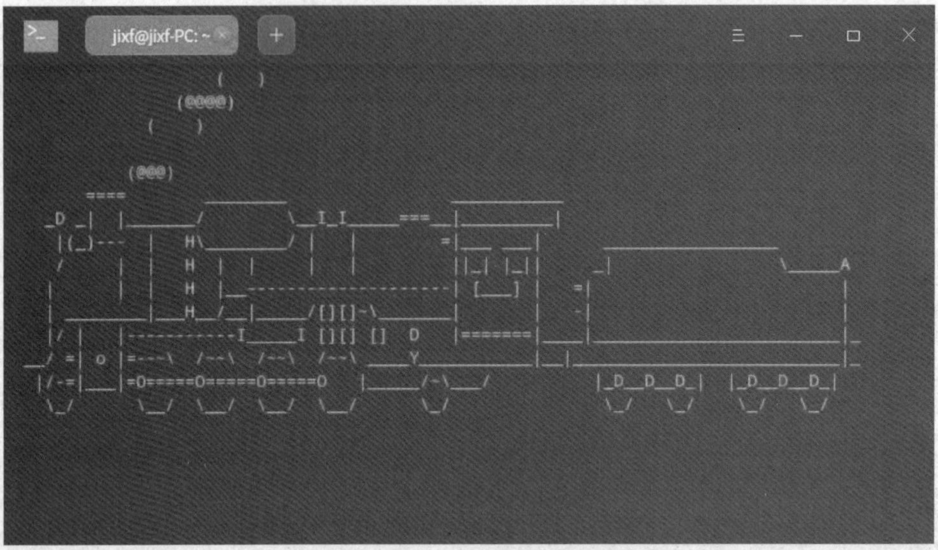

图 12-1-19　sl 程序运行结果

图 12-1-20　dpkg 卸载 sl 程序

任务回顾

【知识点总结】

（1）deb 包、apt 包、源码包的使用。

（2）deb 管理软件。

（3）apt 管理软件。

【思考与练习】

软件包安装有哪几种方式？简述各自的特点。

任务 12.2　使用应用软件

任务描述

花小新：Windows 操作系统下所支持的应用和 Linux 操作系统的好像不太一样。

张中成：那下面我们就比较不同操作系统下软件基本操作的体验，如安装、更新、卸载软件等，在 UOS 系统上安装各类软件应用程序。

知识储备

UOS/Deepin 中提供了安装应用软件的几种方法,有 UOS 应用商店、UOS 终端使用命令行查找、安装、卸载应用、星火应用商店、软件官网下载安装包、Debian 软件库找 deb 包等。

Wine 是"wine Is Not an Emulator"的首字母缩写,它是一个能够在多种 POSIX 兼容操作系统(如 Linux、macOS 以及 BSD 等操作系统)上运行 Windows 应用程序的兼容层,是一个开源软件。Wine 不像虚拟机软件一样模拟整个 Windows 操作系统,而是把 Windows API 调用动态转换成本机的 POSIX 调用。相对虚拟机方式来说,Wine 消耗的内存大大减少,性能与在 Windows 操作系统上运行几乎一样。

12.2.1 deepin-wine

为了使统信 UOS 更加友好地运行 Windows 软件,统信 UOS 桌面版操作系统集成了 Wine 软件。deepin-wine 是统信 UOS 自带的 Wine,是由统信 UOS 的 Wine 开发团队为迁移国产软件而研发的 Wine 的一个分支。统信 UOS 的 Wine 开发团队始终以国内用户需求为主导,不仅努力解决了很多关键难题,还先后迁移了 TIM、QQ、微信、企业微信、钉钉、迅雷、Foxmail、百度网盘、银行网银 7.0 以及 RTX 2015(腾讯公司推出的企业级实时通信平台)等拥有海量用户的软件产品到统信 UOS 中,使统信 UOS 更加满足大多数国内用户的日常使用需求。同时,统信 UOS 的 Wine 开发团队紧跟 Wine 社区步伐,向 Wine 上游提交的补丁超过 40 个,合并到主干代码的补丁超过 20 个。

任务实施

本任务将介绍在 UOS 操作系统下用 Wine 来安装和使用钉钉的方法,同样的方法其他 Linux 发行版可参考借鉴,如 Debian、Linux Mint、优麒麟 Ubuntu Kylin 等。

1) 安装 wine

在终端窗口输入如下命令。

```
jixf@jixf-PC:~$ sudo apt update
jixf@jixf-PC:~$ sudo apt install wine
```

执行结果如图 12-2-1 所示。

安装成功,输入 wine,可以查看到已经有相关的命令,至此,安装完毕。执行结果如图 12-2-2 所示。

2) 下载钉钉的 Windows 版安装包

在终端窗口输入如下命令。

```
jixf@jixf-PC:~$ wget
https://download.alicdn.com/dingtalk-desktop/win_installer/Release/DingTalk_
v5.0.0.82.exe
```

执行结果如图 12-2-3 所示。

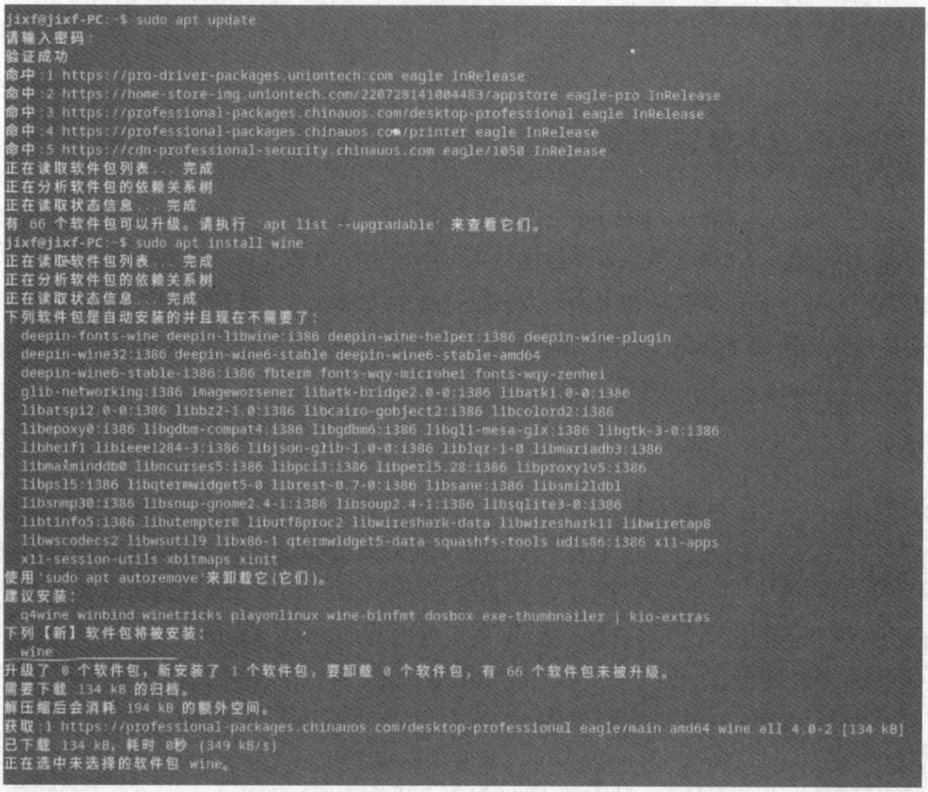

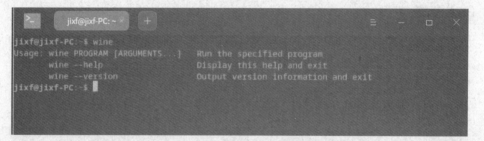

图 12-2-1　安装 wine

图 12-2-2　wine 安装成功

图 12-2-3　wget 下载钉钉 Windows 版安装包

3）安装软件

在终端窗口输入如下命令。

```
jixf@jixf-PC:~$ wine ./DingTalk_v5.0.0.82.exe
```

执行结果如图 12-2-4～图 12-2-7 所示。

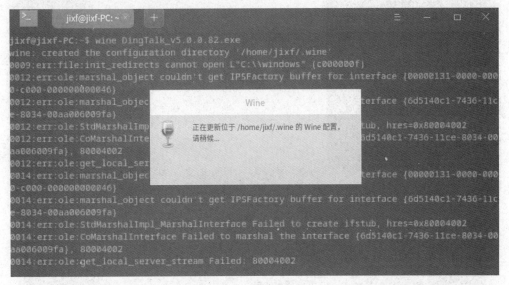

图 12-2-4　配置 wine

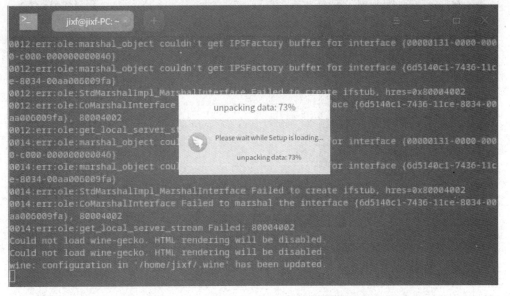

图 12-2-5　解压 Windows 版钉钉安装包

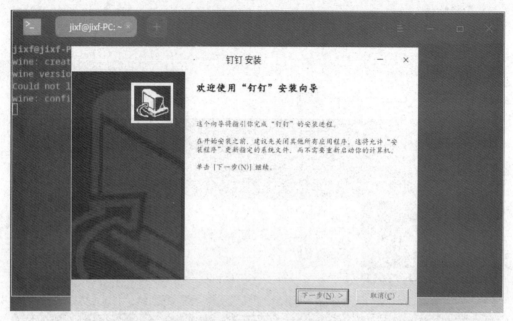

图 12-2-6　安装 Windows 版钉钉

图 12-2-7　Windows 版钉钉安装成功

12.2.2　输出对比报告

对比分析报告：各类软件的优缺点。

选题：请根据应用的软件的分类，在每一类软件中选择几款产品进行比较和分析，分别总结它们的优缺点。

报告要求：采用 PPT 的形式展示。

考核方式：采取课内发言，时间要求 3～5min。

评估标准：如表 12-2-1 所示。

表 12-2-1　评估标准

任务名称： 各类软件的优缺点	任务承接人：	日期：
任 务 要 求	评 分 标 准	得 分 情 况
总体要求：请根据应用的软件的分类，在每一类软件中选择几款产品进行比较和分析，分别总结它们的优缺点	描述评分项并将分数分给每一个评分项	
评价人	评价说明	备注
个人		
老师		

参考资料：

1）优点

（1）系统预装的软件。对于普通用户来说最基本的应用如浏览器、音视频播放器、输入法、邮件、图片相册、计算器、日历、画板等，系统都预装好了。

（2）应用商店日常应用基本具备。UOS 采用闭环生态，系统应用只能从应用商店中下载。除系统内置应用外（UOS 浏览器、UOS 播放器等，内置应用已可满足正常办公娱乐需求），商店应用还有社交沟通（QQ、微信，其中 QQ 适配较一般）、网络应用（360 安全浏览器、火狐浏览器、迅雷等。其中 360 浏览器适配优于火狐浏览器，但当前性能均劣于 UOS 浏览器）、音乐欣赏（网易云）、视频播放（360 万能播放器，与 UOS 播放器相比略有卡顿）、办公学习（WPS、系统自带）等。

（3）统信 UOS 助手，这个功能很好，可以将手机上的照片、视频导到计算机上，大大提供了工作和学习上的便捷。

2）缺点

（1）UOS 的应用市场覆盖的范围还不广，很多软件需要用户自己找 Linux 版的下载回来安装，这一点上比较麻烦。

（2）软件应用的关联度不高，兼容性需要提高。比如在 UOS 里面安装 QQ 软件后，无法使用 QQ 软件再安装其他 QQ 应用（如 QQ 音乐），提示"找不到模块"的错误，而通过 UOS 的应用商店可以安装成功。系统应用只能从应用商店中下载，这种闭环是否影响用户操作体验。

任务回顾

【知识点总结】

（1）UOS 安装软件的方式。

（2）deepin-wine 的安装和使用。

【思考与练习】

（1）请简述 Wine 安装钉钉软件的步骤流程。

（2）请描述 Snap 包管理的使用流程。

（3）如何使用二进制包安装 WPS 软件？请简单描述。

任务 12.3   认识常用软件

任务描述

花小新：办公软件、游戏软件、社交软件……应用软件分类的方式有好多种呀！

张中成：本任务我们就介绍一下统信 UOS 应用商品的软件，针对不同分类下的软件产品进行基本安装、软件操作，了解软件应用的功能和作用。最后可以结合操作体验，对软件进行一个综合性的评价。

知识储备

UOS 的系统自带很多应用。打开左下角的启动器按钮，我们就可以进入应用程序界面，这个有点类似 macOS 的 Launch Pad 或者是安卓平板的应用程序抽屉。在这个界面的第一屏、第二屏我们可以看到很多系统自带的应用程序，比如浏览器、文件管理器、应用商店、音乐、影院、截屏录屏、邮箱、终端、系统监视器、软件包安装器等。预装的应用程序基本满足了用户的基础需求，整体完成度很高。

UOS 的应用商店和 macOS 的应用商店很像，操作方式也比较类似。不过没有软件购买的这个环节，因为软件都是免费下载安装使用的。应用商店主要有首页推荐、下载排行、网络应用、社交沟通、音乐欣赏、视频播放、图形图像、游戏娱乐、办公学习等。

12.3.1   常用应用软件介绍

应用商店提供了很多日常使用的软件，如浏览器、播放器、社交软件、办公软件等。

1. 网络浏览器

360 安全浏览器、Edge 浏览器、火狐浏览器、QQ 浏览器。

目前也加入了 chrome，普通用户选一款浏览器就可以，况且还有系统自带的浏览器。

2. 办公

WPS、福昕阅读器、腾讯会议、向日葵远程控制、OneNote、Xmind。

办公软件方面满足了基础性办公需求。对于需要专业性软件的办公方式，需要看对应的专业性软件有没有 Linux 版本的，有的话需要下载回来自己安装。

3. 沟通聊天方面

QQ、微信、企业微信、TIM、阿里旺旺、钉钉、Skype 等。

聊天沟通方面的软件能够满足用户的日常沟通需求。

4. 音乐播放器方面

因为大家都使用的是网络音乐播放器，所以重点关注网络音乐播放器，包括网易云音乐、虾米音乐、QQ音乐等。对于各类音乐播放器的资源支持还不够完善。

5. 视频播放器方面

同样关注网络视频播放器,包括腾讯视频、优酷、爱奇艺等。视频播放器软件能够满足用户的日常需求。

对于各类网络视频播放器,UOS的应用市场的资源支持还不够。要看其他的各个视频播放软件有没有Linux版本的,有的话,用户可直接在网络上下载Linux版安装。

12.3.2 第三方软件介绍

1. 悟空图像

国内图像处理软件大多使用的是国外产品Photoshop。Photoshop使用门槛高、免费续费价格高、存在一定的信息安全问题。悟空图像—国产PS图像处理软件,核心代码为原生代码、拥有自主知识产权、安全可靠,实现对同类产品的替代。软件提供文档及演示报告插图、海报宣传、图片一键批量处理、创意创作、AI智能处理等全新体验服务,将图像处理门槛降低,让图像处理大众化、普惠化。同时,悟空图像的一键抠章、AI智能海报、批量图片处理、创意拼图等各类创新功能已成为企业"智能提效"的新动力。

2. 手机应用

统信UOS兼容Android运行环境,此次推出的Android App解决了用户多样化的应用需求。一批热门安卓应用,包括微信、QQ、同花顺、企业微信、今日头条、学习强国、抖音、爱奇艺、腾讯会议、钉钉等在统信UOS应用商店推出。ARM平台的统信UOS用户只需在应用商店中搜索相关应用名称或在Android专题中,选择一键安装即可使用。据悉,在统信UOS上使用Android App与手机等移动平台上的体验一致,可以完美运行。

任务实施

针对应用商店"网络应用"分类下的多个浏览器进行下载和操作体验。

12.3.3 输出报告

不同种类应用输出报告如表12-3-1所示。

表12-3-1 不同种类应用输出报告

序号	软件分类	安装流畅 1~20分	界面适配 1~20分	用户体验 1~20分	功能是否齐全 1~20分	有无较大不足 1~20分	总评
1	社交沟通						
2	网络应用						
3	视频播放						
4	影像编辑						
5	便捷生活						
6	编程开发						

评分标准

非常满意:17~20分。

满意：13~16 分。

一般：9~12 分。

不满意：5~8 分。

非常不满意：1~4 分。

 **任务回顾**

【知识点总结】

（1）常用应用软件的介绍。

（2）第三方软件的介绍。

【思考与练习】

（1）简述应用商店软件的分类以及对应的软件。

（2）举例介绍同一类的几个软件，比较它们的优缺点。

项目总结

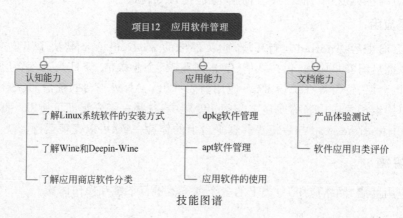

技能图谱

 **项目习题**

1. 选择题

（1）卸载一款软件的办法是（　　）。

    A. 在软件商店里面卸载　　　　　　　　B. 在控制中心卸载

    C. 在桌面上右击软件直接卸载　　　　　D. 在桌面上右击软件属性卸载

（2）打开应用商店之后发现不能正常安装软件包的原因是（　　）。

    A. 没有打开开发者模式　　　　　　　　B. 系统安装有问题需要重装

    C. 系统没有激活　　　　　　　　　　　D. 普通用户没有权限

（3）在 UOS 操作系统上面安装 apache，需要安装的软件包名是（　　）。

    A. http　　　　　　B. httpd　　　　　　C. apache2　　　　D. apache

（4）下面（　　）是 apache 的全局配置文件。

    A. /var/www/html/index.html

B. /etc.apache2/ports.conf

C. etc/httpd/httpd.conf

D. /etc/apache2/apache2.conf

（5）MariaDB 数据库备份文件为/opt/uos.sql,如何将数据导入/回复到数据库 nsd 中,数据库密码为"txuox"?（　　）

A. mysql -u root -ptxuox nsd ＜ /opt/uos.sql

B. mysql -u root -p txuox nsd ＞ /opt/uos.sql

C. mysql -u root -p txuox nsd ＜ /opt/uos.sql

D. mysql -u root -ptxuox nsd ＞ /opt/uos.sql

（6）UOS 桌面版操作系统都有（　　）。

A. 办公模式　　　　　B. 普通模式　　　　　C. 娱乐模式　　　　　D. 特效模式

（7）UOS 桌面版操作系统打开开发者模式,都需要下面（　　）操作。

A. 获取机器信息　　　　　　　　　　B. 改写 json 文件

C. 导入机器信息　　　　　　　　　　D. 导入离线证书

（8）安装源码包时需要安装编译工具有（　　）。

A. g--　　　　　　　B. c++　　　　　　　C. make　　　　　　　D. gcc

（9）dpkg 使用下列（　　）选项可以卸载软件包。

A. -i　　　　　　　B. -L　　　　　　　C. -r　　　　　　　D. -P

2. 填空题

使用 apt 安装 vsftpd 的命令是_____,使用 dpkg 安装 vsftpd 的命令是_____。

附　录

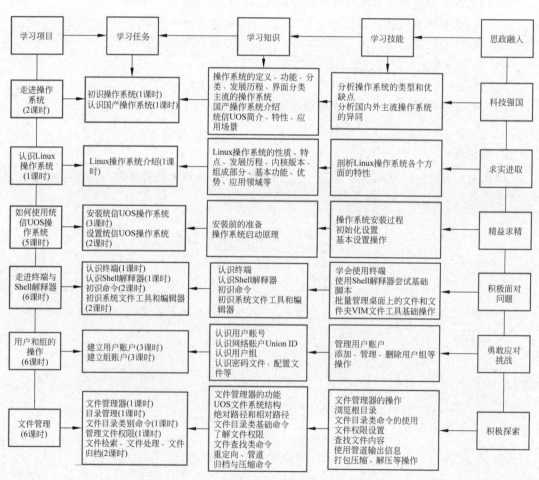

附录 A　核心任务矩阵

学习项目	学习任务	学习知识	学习技能	思政融入
走进操作系统(2课时)	初识操作系统(1课时) 认识国产操作系统(1课时)	操作系统的定义、功能、分类、发展历程、界面分类 主流的操作系统 国产操作系统介绍 统信UOS简介、特性、应用场景	分析操作系统的类型和优缺点 分析国内外主流操作系统的异同	科技强国
认识Linux操作系统(1课时)	Linux操作系统介绍(1课时)	Linux操作系统的性质、特点、发展历程、内核版本、组成部分、基本功能、优势、应用领域等	剖析Linux操作系统各个方面的特性	求实进取
如何使用统信UOS操作系统(5课时)	安装统信UOS操作系统(3课时) 设置统信UOS操作系统(2课时)	安装前的准备 操作系统启动原理	操作系统安装过程 初始化设置 基本设置操作	精益求精
走进终端与Shell解释器(6课时)	认识终端(1课时) 认识Shell解释器(1课时) 初识命令(2课时) 初识系统文件工具和编辑器(2课时)	认识终端 认识Shell解释器 初识命令 初识系统文件工具和编辑器	学会使用终端 使用Shell解释器尝试基础脚本 批量管理桌面上的文件和文件夹VIM文件工具基础操作	积极面对问题
用户和组的操作(6课时)	建立用户账户(3课时) 建立组账户(3课时)	认识用户账号 认识网络账户Union ID 认识用户组 认识密码文件、配置文件等	管理用户账户 添加、管理、删除用户组等操作	勇敢应对挑战
文件管理(6课时)	文件管理器(1课时) 目录管理(1课时) 文件目录类别命令(1课时) 管理文件权限(1课时) 文件检索、文件处理、文件归档(2课时)	文件管理器的功能 UOS文件系统结构 绝对路径和相对路径 文件目录类基础命令 了解文件权限 文件查找类命令 重定向、管道 归档与压缩命令	文件管理器的操作 浏览根目录 文件目录类命令的使用 文件权限设置 查找文件内容 使用管道输出信息 打包压缩、解压等操作	积极探索

核心任务矩阵 1

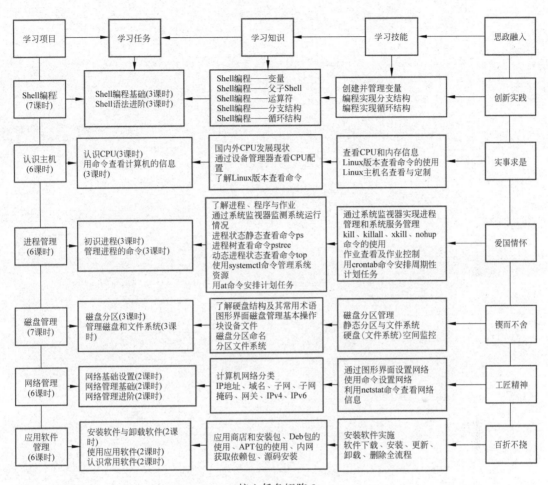

核心任务矩阵 2

附录 B 答案与解析

答案与解析